Klaas Jarchow (Hrsg.)

DIE NATUR UND WIR

Klaas Jarchow (Hrsg.)

DIE NATUR UND WIR

Nature Writing Festival 2025
Rückblick und Ausblick

KJ|M BUCHVERLAG

1. Auflage Mai 2026

Hasenhöhe 26, 22587 Hamburg
www.europeanessays.eu
ISBN 978-3-96194-261-9
Vertrieb: KJM Buchverlag, Hamburg
www.kjm-buchverlag.de

Satz, Gestaltung: Svenja Wiese, Hamburg
Cover: Rothfos & Gabler, Hamburg, unter Verwendung einer
Zeichnung von Rüdiger Tillmann
Korrektorat: Christiane Müller, Hamburg
Druck & Bindung: Scandinavian Print Group DE GmbH,
Neustadt a. d. Aisch

Bei Fragen zur Produktsicherheit wenden
Sie sich bitte an: info@jarchow-media.de

Mehr zu unseren Büchern:
www.kjm-buchverlag.de
www.europeanessays.eu

Inhaltsverzeichnis

Klaas Jarchow: Vorwort

Dieses Buch wirft den Blick zurück auf das Nature Writing Festival, das im Juni 2025 in Hamburg stattfand. 44 Veranstaltungen an 22 Orten mit 55 Mitwirkenden nennt die Zählung für die fünf Festivaltage.

Der Titel des Festivals ist auch der Titel des vorliegenden Buches: DIE NATUR UND WIR – interessanterweise wurde ich zu diesem Titel allerjüngst in einem Zoom-Gespräch gefragt, ob ich diese begriffliche Setzung noch verwenden wolle, den Begriff »Natur« abgegrenzt vom »Menschen« …? Das ist eine sehr aktuelle und berechtigte Frage und führt zielgenau hinein in die Zusammenstellung sowohl des Festivals als auch des vorliegenden Buches. Beides ist programmatisch offen und in der Form weit gestaltet worden. Wissen aus den Natur- und Geisteswissenschaften, Formen und Anwendungen aus Literatur, Bildender Kunst und Musik stehen nebeneinander. Der Begriff Nature Writing wurde als Anker und nicht normativ verwendet, nicht zur Klärung des Genres, sondern als Sujet, Orientierung auf den Gegenstand: Natur. Womit wir wieder bei der eingangs gestellten Frage sind: Welche Natur? Und wo verorten wir darin die Lebewesen inklusive des Menschen? Für mich ist die Formulierung DIE NATUR UND WIR offen für sowohl Befragungen als auch Antworten gemeint.

Das Festival hat meiner Beobachtung nach in begeisternder Weise das »Geheimfach Natur« in den unterschiedlichsten Facetten geöffnet und seine Wirkmächtigkeit bestätigt. Durch die Vielzahl der Veranstaltungen hindurch hat es ein Publikum geschaffen, das den vorgeschlagenen ›Themenball‹ durch die fünf Tage ›rollen‹ ließ und auf vielfältigste Weise Antworten erhielt. Dieses inhaltlich wie formal offene Konzept setzen wir in diesem Buch wie auch mit der parallelen neuen Veranstaltungsreihe der NATURGESPRÄCHE fort.

An den Anfang des Buches habe ich eine kleine Ouvertüre namens **APROPOS NATURE WRITING** gestellt, die die genannte Weite der

Betrachtungen erneut vorstellt: Mara-Daria Cojocaru, Birgit Lutz, Bernhard Malkmus und Doris Feil haben hierfür Texte geschrieben. Ich habe eine eigene kleine Textnote dem hinzugefügt. Diese Zusammenstellung hätte auch andere Texte des vorliegenden Bandes enthalten können, auch im Weiteren finden sich Texte, die sich mit dem Thema DIE NATUR UND WIR und dem Nature Writing theoretisch wie praktisch beschäftigen. Wie geschrieben – es ist die Ouvertüre.

Dem folgt, wie beim Festival selbst, eine weitere kleine ›Vorveranstaltung‹, Hartmut Böhme stellt drei Künstler und eine Künstlerin mit ihren **BILDERN DER NATUR** vor – auch hier gilt: Es gibt sehr unterschiedliche Ansätze der Betrachtung und Präsentation von Natur.

Der folgende **RÜCKBLICK** auf das Festival stammt aus drei Herkünften: kurzen Transkriptionen aus den Gesprächen auf dem Festival, einigen Texten, die Grundlage der Gespräche waren (zum Teil bearbeitet für diesen Band) sowie den Berichten und Gedanken der vier ›Festivalschreiberinnen‹, vier Studentinnen der Universität Hamburg, die wir gebeten haben, das Festival zu begleiten und davon zu berichten: Clara Gold, Marie Husar, Julia Klinckmann und Bianka Schaffus. Ich danke sämtlichen Autorinnen und Autoren für die Freigabe der **bearbeiteten Wortbeiträge** für diesen Band! **Diese sind nicht für Zitate freigegeben.**

Der vierte Teil des Buches enthält **AKTUELLES** von den Schreibtischen und aus den Geräten einiger Festival-Autorinnen und -Autoren. Ich bedanke mich sehr herzlich für die Bereitschaft, den Festivalgedanken auf diese Weise weiterleben zu lassen!

Wie das Festival scheint mir auch dieses Buch dazu beizutragen, einen Resonanzraum um das Thema DIE NATUR UND WIR (inklusive der oben genannten Fragestellungen) und die Präsentations- und Gestaltungsformen im Nature Writing aufzubauen, von wissenschaftlichen, botanischen, dokumentarischen bis lyrischen, philosophischen, experimentellen und weiteren Zugängen ausgehend.

Ich bedanke mich noch einmal bei allen Mitwirkenden, dem Festivalteam, den Unterstützenden und Fördernden! Und ich danke denen, die darüber hinaus zum hier vorliegenden Buch beigetragen haben!

APROPOS
NATURE
WRITING

Mara-Daria Cojocaru: Λ

Für Hilal Sezgin

Und
Sagt der Tod, Strenge im Ton.

Und weiter? Fragst du.
Nichts weiter, er zeigt dir die Blüten, die Knospen, die Früchte, die rottenden.

Und, sagt der Tod, Strenge im Ton.

Und weiter? Fragst du.
Nichts weiter, er zeigt dir die Raupen in den faulenden Früchten, den schimmernden Wicklerkokon.

Und, sagt der Tod.

Und weiter? Fragst du.
Nichts weiter, er zeigt dir die Spinne, die baumelt vom Ast, entwickelt ihr Netz wie du das Gedicht im Kopf, mit System.

Und, sagt der Tod.

Und weiter? Fragst du.
Nichts weiter, er zeigt dir den Wickler im Netz der Spinne, wie sie sich gütlich tut, er zeigt dir die Wespe, zwischen den Ästen, die gerne in menschlichen Siedlungen lebt.

Und, sagt der Tod, Strenge im Ton.

Und weiter? Fragst du.
Nichts weiter, er zeigt dir einen Haufen Blätter, Gedichte, welche die Wespe zernagt und verspeichelt, apropos Nature Writing, und daraus ihre Brutzellen baut.

Und, sagt der Tod, Strenge im Ton.

Und weiter? Fragst du.
Nichts weiter, er zeigt dir die jagende Wespe, die spielenden Katzen, die tapsenden Waschbären, wie die Wespe ihre Larven in Lehmtopf nach Lehmtopf in deinem Schreibtisch verlegt. In jedem wartet eine gelähmte lebende Spinne für den Wespennachwuchs. Du haderst mit Gott und der Welt.

Und, sagt der Tod.

Und weiter? Fragst du.
Nichts weiter, er zeigt dir die heitere Alte mit Enkeln, bei den spielenden Katzen. Er zeigt dir, wie du den Kopf hebst, du siehst ein Waschbärkind in Not.

Und, sagt der Tod.

Und weiter? Fragst du.
Nichts weiter, er zeigt dir die Leiter, die Rettung, die Feier des Lebens, und: wie man anderen Tieren nicht in den Rücken fällt.

Weiter? Fragt der Tod.

Nichts weiter, sagst du. Ich schau nur, versuch, zu begreifen – es ist ein strenges und.

Eine Gedankensammlung nach dem Nature Writing Festival

Birgit Lutz: Wir brauchen Schönheit, dringend

Seit einigen Jahren hat sich ein Unterton eingeschlichen, wenn ich gefragt werde, von meinen Reisen zu berichten. Ein getragener, mitfühlender, irgendwie-wissender. Manchmal werde ich gar nicht gefragt, sondern es wird vorab festgestellt: »Du siehst das ja, wie es aussieht. Immer schlimmer. Wie alles wegschmilzt.« Darüber soll ich reden.

Nun muss ich sagen, ich habe ja selber damit angefangen. Ein ganzes Buch habe ich über die Arktis geschrieben, darüber, wie schön sie ist, ihre Landschaften, Tiere, Menschen, Geräusche und Lichter. Und wie sie sich verändert. Landauf, landab halte ich Vorträge darüber, öffentlich, an Schulen, bei Firmen, Vereinen. Ich zeige und erzähle, wie es aussieht. Wie es bald nicht mehr aussieht. Und dann versuche ich, zu motivieren. Konkrete Schritte zu ergreifen, gegen den Klimawandel. Freude an der PV-Anlage. Kreiere Gemeinschaftsgeist: Wir sind nicht allein, wir sind ja viele.

Besagtes Buch zu schreiben, war kräftezehrend; es wurde mein *Nachruf auf die Arktis*, mein Buch über die gewaltige Landschaft und den Klimawandel Spitzbergens und der Welt. Ich musste manchmal pausieren, einfach einige Tage nicht mehr daran arbeiten. Ich sprach mit vielen Wissenschaftlern; einige weinten. Sie weinten, weil sie ständig geschockt sind von ihren eigenen Forschungsergebnissen, ihren Beobachtungen, und noch mehr: von der immer noch währenden Untätigkeit derer, die unsere Welt weiterhin bewohnbar halten müssten. Manche erzählten mir von der Schönheit der Umgebung, in der sie arbeiteten, und ich hörte ihre Begeisterung, aber immer auch ihre große Traurigkeit.

Nun habe ich ein weiteres Buch geschrieben, mit Geschichten aus Spitzbergen. Ein leichtes Natur- und Reisebüchlein, würde ich es nennen. Um die spitzen Berge geht es darin und um die Tafelberge, um die Schreie aus tausend Vogelkehlen, die den Sommer lang als Melodie über allen Inseln schallen, um die kleinen Blümchen in der arktischen Wüste, um alte, heroische und weniger heroische Geschichten, die sich in dieser Landschaft zugetragen haben. Es ist eine Liebeserklärung an eine Inselwelt, wie sie nicht mehr sein wird. Ein paar Seiten beschäftigen sich auch mit dem großen Wandel, natürlich, und auch mit Geopolitik. Aber der große Teil des Buchs dreht sich darum, wie wunderbar, wie wundervoll, wie wunderschön diese Inseln sind, wie diese Weite wirkt auf den Menschen und umgekehrt.

Dieses Buch zu schreiben, hat Freude gemacht. Die Lesungen daraus, bei denen ich viele Fotos zu den Geschichten zeige, sind erfüllende Abende. Die Menschen sind beseelt, am Ende. Ich auch. Unsere Welt, so schön.

Nach den ersten Lesungsabenden zu diesem Buch begann ich darüber nachzudenken, ob die Menschen es nicht viel dringender bräuchten, mehr über das Schöne und weniger über die Probleme der Natur zu hören. So wie ich innerlich wie eine fröhliche Blume aufblühte, als ich das Geschichtenbuch schrieb, nach der großen Gefühlsdürre während des Klimawandelbuchs.

Mitten in diese Überlegungen hinein platzte das Nature Writing Festival und gab mir die Antwort. Denn es trug sich dort zu, dass just das Reden über die Schönheit und Wertigkeit der Natur eines Abends Kritik hervorrief. Am Ende einer der Veranstaltungen meldete sich ein Herr zu Wort, durchaus erbost. Wir redeten da über Wildnis, das ganze Festival ergehe sich in tiefsinnigen Plaudereien, dabei sei es doch allerhöchste Zeit, die wahren Probleme anzugehen, sagte er, ungefähr. Man könne doch nicht nur so dahinreden, man müsse den schrecklichen Zustand der Welt und seine Ursachen benennen und die Menschen zum Handeln auffordern.

Man mag dem Mann recht geben: Natürlich muss man endlich handeln. Natürlich muss man die Probleme benennen und ihre Ursachen.

Doch man mag ihm auch widersprechen, was eine ganz erstaunliche, junge Frau auch tat: Man müsse auch einmal nur sagen dürfen, wie schön etwas ist. Man könne nicht immer nur über das Schlechte reden. So sagte sie ganz entschieden in Richtung des Manns, und erst herrschte Stille, dann brandete Applaus.

Ist es irrelevant und sträflich, über die Schönheit der Natur zu schreiben und zu sprechen, ohne ihre Bedrohung zu thematisieren, oder ist gerade dieses Weglassen heute beinahe überlebenswichtig? So klangen diese beiden Pole.

Noch ein anderes, immer mulmiger werdendes Gefühl, plagte mich schon länger: Wenn wir nur die Schönheit beschreiben, beuten wir unsere Natur dann ebenso aus wie das beispielsweise eine Minenabbaugesellschaft macht – nur eben auf unsere Weise, mit Wörtern? Eine mir bekannte Künstlerin kritisiert beispielsweise fotografische Darstellungen der Arktis, die immer wieder nur die Faszination des Eises, der gewaltigen Größe und Schönheit wiedergeben, ohne jemals deren enorme Bedrohung zu thematisieren, das reine Benutzen der diesen Landschaften innewohnenden Ästhetik also, zum Zweck der Unterhaltung und Erhebung der Menschen. Seitdem ich mich mit ihrer Kunst beschäftigt habe, sehe ich viele Eisberg-Fotos mit anderen Augen. Machte ich nicht genau das Gleiche? Bildete ich in manchen Texten nicht auch einfach nur die Ästhetik ab, benutzte die Arktis also, ohne den aus ihr gellenden Hilfeschrei ebenso wiederzugeben? War ich eine Ausbeuterin?

Auf diesem Festival, auf dem ich auch den Texten anderer lauschen durfte, die so schön über Küstenseeschwalben schrieben, wie ich das noch nie gehört hatte – und hätte ich noch nie eine gesehen, ich hätte sofort irgendwo hinfahren wollen, diese Vögelein zu beobachten –, schärfte sich in mir der klare Gedanke: Zwischen den oben beschriebenen Polen liegt eine ganze Welt. Mehrere Dinge müssen nebeneinander existieren dürfen, und alle sind auf ihre Weise relevant. Wir brauchen die Hilfeschreie. Aber wir brauchen auch unbedingt das Schreiben und Sprechen über die Wunder, die Schätze der Natur und was sie uns geben können. Wir brauchen sie so, wie Blumen Sonne brauchen und Wasser. Heute mehr denn je. Nach dem Festival fühlte ich mich wie aufgetankt. Nach meinem vielen Reden und Schreiben über den Wandel hatte ich in diesen Texten einen Trost gefunden, von dem ich gar nicht wusste, dass ich ihn so dringend brauchte.

Was wäre auch die Alternative? Wie schreibt man über die Natur in einer Zeit, in der sich auf unserer Welt alles sehr schnell verändert, in der Tierarten verschwinden und Küstenlinien neu gezeichnet werden, in der Eis schmilzt und aufgetaute Klippen abbrechen? Bedeutet Schreiben über die Natur fortan, dass wir nur noch über deren Hinsterben sinnieren dürfen, nur noch den fortwährenden Verlust beschreiben, seien es Lebewesen oder Landschaften?

Das Nature Writing Festival hat mich aufgeweckt und mich fühlen lassen, wie traurig, wie fatal eine solche Entwicklung wäre. Wie schön waren diese Texte, die dort vorgetragen wurden! Und ich hörte sie gemeinsam mit anderen Menschen, die diese Erde liebten und schätzten. Wie erfüllend war das. Verbindend, auch! Würden wir aufhören, solche Texte zu erschaffen, in der die Wunder unserer Natur und unsere Freude ihres Erlebens beschrieben werden, würden wir aufhören, uns über die Schönheit der Natur auszutauschen – unsere Welt würde ja zweimal verschwinden, und paradoxerweise in den Texten zuerst, noch während es ja noch lange nicht zu spät ist, noch während es ja noch so viel beinahe unbeschreiblich Schönes gibt. Das darf doch gar nicht sein!

So viele Szenen fielen mir ein, die ich mit Menschen in der Arktis erlebt hatte. Denn ich schreibe nicht nur über die Arktis, ich nehme meine Leserinnen und Leser auch mit, mitten ins Eis hinein, ins tröpfelnde. Ich fahre mit ihnen auf den Spuren meiner Bücher um Spitzbergen herum, sammle Müll mit ihnen, unter anderem, den wir für das Alfred-Wegener-Institut analysieren. Diese Sammlungen wirken in allen Gästen. Manche aber sehen nach so einer Strandreinigung nur noch Müll, überall. Wir gehen an Traumplätzen an Land, und natürlich liegen am Strand die üblichen Fischernetze, Paketbänder, Plastikbrösel. »Schau«, sagen sie dann, »auch wieder nur Müll«. Und sind traurig. Sie stehen an Orten, die nur wenige Menschen der Welt jemals überhaupt zu sehen bekommen. Feiern nicht dieses Gefühl des So-weit-ins-beinah-Unbekannte-Vordringens, auch nicht die erschütternde Schönheit, die sie umgibt. Sondern trauern um den Verlust einer unberührten Welt, trauern um all die Vögel und Säugetiere, die an dem ganzen Unrat verenden, und schuldig fühlen sie sich auch.

Weil das ja der Müll von uns allen ist. Der Aufenthalt in der Natur, in einer der berauschend schönsten Regionen der Welt, wird für sie zu einer Reise mit viel Traurigkeit.

Wenn das auch ein wünschenswerter Teileffekt dieser Reisen ist, auf denen ich den Menschen die Welt so zeigen will, wie sie wirklich ist, und nicht nur ein bereinigtes, beschönigtes Arktis-Bilderbuch – so wäre die Reise doch unvollständig, wir wären geradezu an unserem Ziel vorbeigereist, wenn es dabei bliebe.

Die Menschen sollen staunen, bewundern, Neues erfahren. Sie sollen ergriffen sein von dieser Umgebung und Liebe in sich spüren, zu diesen Bergen, den Tieren, den Blümchen, dem Eis. Sie sollen sich freuen darüber, dass es so etwas Schönes gibt, und sie das auch noch sehen dürfen. Sie sollen erfahren, wie wunderschön unsere Welt ist, hineinlaufen in diese Landschaften und die Arme ausbreiten, sich in die Tundra fallen lassen und die Wärme der arktischen Sonne spüren, wenn einen Moment der Wind nicht weht, sich auf den Bauch rollen und eine kleine Blume anstaunen. Auftanken. Wer nicht selbst dort sein und das alles sehen und erleben kann, muss Texte darüber lesen können dürfen, die ihm all das beschreiben!

Um unserer Welt als schreibender Mensch zu helfen, sind viele Mittel recht. Viele Wege. Wir können Wissenschaft vermitteln, Wissen und Fakten verbreiten, Zusammenhänge verdeutlichen, Ursachen und Wirkung darstellen. Anklagen. Entlarven.

Doch Schreiben ist auch eine Kunst, und Kunst kann Menschen ganz anders erreichen, ganz andere Menschen, auf ganz andere Weise, und ganz andere Wirkung entfalten. Nature Writing wird damit in der Zeit des großen Wandels zu einem Mittel, Liebe zur Natur und ein Gemeinschaftsgefühl unter jenen zu kreieren, die diese Liebe empfinden – und dadurch eine große Kraft.

Und die brauchen wir. Wir brauchen Kraft, um dem, was nun kommt, zu begegnen. Wer nur trauert, ist geschwächt. Unsere Welt ist schön, sie ist ein unermesslicher Schatz, der uns gegeben ist. Die Natur ist der Raum, in dem der Mensch zuhause ist, in dem er Energie schöpfen oder Entspannung finden kann; aus der Freude über die Schönheit erwächst Liebe – und was wir lieben, schützen wir. Wir müssen diese Schönheit weiter beschreiben, den Wert unserer Welt durch unsere Texte weiter ehren, und die Menschen weiter in ihrer Liebe zu dieser Erde bestärken, denn nur so kann weiter die Kraft und Energie wachsen, unsere Natur zu beschützen. Wichtig ist allein, dass wir tun, was wir können. Manchmal kann man das eine besser als das andere; helfen kann alles. Also lasst uns lesen, lasst uns schreiben! Und lasst uns wieder gemeinsam schwelgen in bezaubernden Texten über die Schönheit unserer Welt!

Bernhard Malkmus: Heimatliteratur. Was heißt Nature Writing heute?

Was ist der Mensch im totalen Anthropozentrismus?

In einer Zeit exponentieller technologischer Beschleunigung mit unabsehbaren Folgen für menschliche Raum- und Zeiterfahrung stellt sich die Frage nach unserem In-der-Welt-Sein neu. Unsere Weltverhältnisse folgen mittlerweile fast vollständig der Raumlogik von Verbrennungsmotoren. »Das Gebäude der Freiheit ruht auf dem immer weiter ausgreifenden Fundament der fossilen Brennstoffe«, schreibt Dipesh Chakrabarty[1]; anders gesagt: Was wir idealistisch als ›Freiheit‹ für uns reklamieren, ist im Wesentlichen Epiphänomen unserer Mobilitätstechnologien. Die Verbrennung fossiler Energieträger definiert unseren Bewegungsradius und unser Bewegungsempfinden – und hat über Jahrzehnte die Bahnung von Raum und Zeit in unseren neuronalen Netzwerken verändert. W. G. Sebald entwickelt in *Ringe des Saturn* eine kurze Geschichte der Moderne am Leitfaden der Verbrennung:

> »Die Verkohlung der höheren Pflanzenarten, die unaufhörliche Verbrennung aller brennbaren Substanz ist der Antrieb für unsere Verbreitung über die Erde. Vom ersten Windlicht bis zu den Reverberen des achtzehnten Jahrhunderts und vom Schein der Reverberen bis zum fahlen Glanz der Bogenlampe über den belgischen Autobahnen ist alles Verbrennung, und Verbrennung ist das innerste Prinzip eines jeden von uns hergestellten Gegenstandes. [...] Die von uns ersonnenen Maschinen haben wie unsere Körper und wie unsere Sehnsucht ein langsam zerglühendes Herz.«[2]

Unsere Weltverhältnisse folgen auch der Logik der Fotografie, die uns glauben macht, wir könnten uns alles einverleiben und gleichzeitig alles vom Leib halten: Die Welt muss völlig in Besitz genommen und zugleich auf maximale Distanz gehalten werden können. Wir wollen oft nur zwischen unseren Weltbildern leben und nichts mehr mit der Welt zu tun haben. Resonanz mit der Welt, und das heißt auch Schmerz an der Welt, muss im Bild simuliert werden – eine Dynamik, die durch die Digitalisierung dramatisch beschleunigt wird. Diese Simulation erscheint uns realer als die Welt selbst; die Eigendynamik des Simulierens greift immer systemischer in die ökologische Realität ein.

Diesen Zustand als ›Entfremdung‹ zu bezeichnen, haben wir uns schon seit längerem abgewöhnt – teils, weil der Begriff manchen zu ›marxistisch‹ klingt; teils, weil wir aus guten Gründen allen Verweisen auf nicht-entfremdete Ursprünge mit Skepsis begegnen; teils, weil wir das Trugbild der Macht, die wir über die Natur errungen zu haben glauben, nicht aufzugeben bereit sind. (Deswegen müssen wir uns immer wieder das Mantra vorbeten, dass der Mensch sowieso schon längst die gesamte Welt überformt habe, und jede Vorstellung des ›Wilden‹ und eines vom Menschen ›unberührten‹ Land- oder Himmelsstrichs als – im besten Falle – gefühlsduselige Nostalgie brandmarken.) Dieser Unwille, Entfremdung zu denken, ist insgeheim getragen von der hegemonialen Arroganz des Industrialismus mit seinen kolonialistischen Ansprüchen, denen die Unverfügbarkeit der Natur – ihre Wildheit – nicht im Weg stehen darf. Hinter dieser Akzeptanz des totalen Anthropozentrismus steht aber auch eine enorme Verdrängungsleistung: Unter Aufbietung all unserer Kräfte stecken wir den Kopf in den Sand, um uns nicht mit der Dynamik dieser Entfremdung auseinandersetzen zu müssen. Schon längst ist die Fixierung unserer Kultur auf »Naturbeherrschung« umgekippt in »Naturzwang«, wie es Adorno und Horkheimer bereits in den 1940er Jahren analysierten: Naturzwang ist die Selbstunterdrückung des Menschen, der sich angewöhnt hat, sozioökonomische Strukturen als naturwüchsig und unveränderlich wahrzunehmen.

Entfremdet sind wir von den Zyklen der Natur, die uns umgeben: Jahreszeiten, Migrationszyklen von Zugvögeln, Blühzyklen von Wildblumen, Lebenszyklen von Wattwürmern und Maikäfern – und all die anderen Eigenzeiten von verschiedenen Lebewesen, deren Beobachtung uns daran erinnern könnte, dass wir nicht alleine auf diesem

Planeten leben. Entfremdet sind wir von der Vorstellung, dass uns die Erde gegeben ist und nicht erst durch unsere gestalterische Potenz erarbeitet werden muss. Entfremdet sind wir von fast jedem bewussten Zusammenleben mit anders-als-menschlichen Lebewesen. Deswegen wird die Implosion der Artenfülle, die einst unsere reichstrukturierte Kulturlandschaft prägte, kaum mehr wahrgenommen, wird der ›stumme Frühling‹ unserer ausgeräumten Landschaften kaum mehr als solcher bezeichnet, wird die schwindelerregende Verdrängung nichtmenschlicher Lebensformen aus unserem kulturellen Gedächtnis und unserer Einbildungskraft achselzuckend hingenommen als bedauerlicher Kollateralschaden einer vermeintlich schicksalhaften Entwicklung, die als Amelioration zu betrachten wir uns anerzogen haben.

Zum Umgang mit all diesen Aspekten unserer gegenwärtigen Situation hat das Nature Writing Einiges beizutragen.

Warum Nature Writing?

Nature Writing ist ein Bündel literarischer Traditionen, die in der Verbindung von genauer Beobachtungsgabe und bewusster Sprachsuche auf je spezifische Formen der Entfremdung reagieren – oder sie vorwegnehmen. Das bedeutet mitnichten, dass sich hier Vorstellungen eines nichtentfremdeten nativistischen Ursprungs Ausdruck verschaffen; ein Sensorium für Entfremdung und Sich-Fremdwerden kann sich unabhängig von einer klaren Vorstellung davon entwickeln, wie eine nicht-entfremdete Heimat aussehen könnte. Man kann spüren, dass etwas faul ist im Staate Dänemark, ohne zu wissen, wie es richtig laufen müsste. Und in der Tat zeichnet sich das angelsächsische Nature Writing weitgehend dadurch aus, nicht auf Pastorale oder Idylle zurückzugreifen. Vielmehr entwirft es oft eine implizite Sozialkritik oder utopische Erweiterung der sozialen Einbildungskraft vor dem Hintergrund genauer Naturbeobachtung und ermöglicht damit die nötige Selbstdistanz und Befreiung der Sprache aus Begriffskorsetten und anthropozentrischen Selbstreflexionsschleifen.

Die tiefste der vielen Paradoxien unserer Tage liegt darin, dass wir unsere systemische Abhängigkeit von der Natur empirisch so gut wie nie zuvor verstehen, gleichzeitig aber affektiv immer stärker in die Illusion verstrickt sind, wir könnten im selbstgeschaffenen Kokon einer zweiten Natur besser leben. Geistig haben sich viele schon aus der Wirklichkeit der Biosphäre verabschiedet. Je dringlicher wir Appelle zum Schutz der Arten formulieren, desto weniger lassen wir uns ansprechen von anderen Lebensformen in unserer Mitte. Je mehr wir über planetare Grenzen wissen, desto weniger Erfahrungswissen haben wir über nicht-menschliche Lebensformen. Je genauer wir die Erdsysteme erforschen, desto weniger Ehrfurcht haben wir vor der Biosphäre als unserer eigentlichen Lebenswirklichkeit. Dabei stellt die Biosphäre und ihre systemische Integrität den einzigen konsensfähigen metaphysischen Rahmen einer pluralistischen Gesellschaft dar.

Jede Tier-, Pilz- und Pflanzenart, die wir in den Lebensgemeinschaften verlieren, in die unsere Leben als Menschen eingeflochten sind, ist eine Mahnung, dass wir uns in unserer selbstfixierten Vereinzelung die einzige Heimat zerstören, die wir haben. Jede Begegnung mit einer anders-als-menschlichen Lebensform ist eine Gelegenheit, diesen fatalen blinden Flecken in unserem Weltbild zu überwinden. Wir können wieder sehen lernen, was uns die industrielle Beherrschung der Welt und ihre digitale Vervielfachung im Bild auszublenden lehren. Nature Writing beginnt mit solchen Begegnungen und stellt die Frage nach unserer Heimat in dieser Welt neu. In einer Zeit, in der diese Frage wieder aggressiv nativistisch und ethnozentrisch gestellt wird, verweist es beharrlich auf die ökologische Dimension menschlichen Lebens, Überlebens und Zusammenlebens.

Oft wird der Begriff des Nature Writings im deutschsprachigen Zusammenhang entlang der Vieldeutigkeit des Begriffs ›Natur‹ erweitert und pluralisiert. Das kann bei allem Erkenntnisgewinn, der damit verbunden ist, dazu führen, dass die Auseinandersetzung mit der angelsächsischen Tradition (was im anglo-amerikanischen Kontext auch den direkten Bezug auf Alexander von Humboldt und Goethe einschließt) unterbleibt; dabei hat gerade diese Auseinandersetzung das Potenzial, aufgrund ästhetischer und philosophischer Reibungen produktive Kreativenergien freizusetzen und die weltanschaulich eingefahrenen Naturdiskurse aus bestimmten epistemischen Fallen zu lösen.

Wichtige Aspekte des Nature Writings: Eine Anregung

Im Folgenden werden manifestartig zentrale Aspekte des klassischen Nature Writings vorgestellt und deren Bedeutung für das Schreiben in, mit und über Natur in der Gegenwart erörtert:

(1) Der morphologische Blick, das heißt das geduldige Abtasten natürlicher Phänomene und ihrer Gestaltvielfalt mit den fünf Sinnen, ist in der Tradition des angelsächsischen Nature Writings die Grundlage jeden Schreibens in, mit und über die Natur. In der Zuwendung zur Gestaltvielfalt der Natur beginnen wir sie als Selbstausdruck des Lebens zu verstehen, die zumindest ansatzweise durch »zarte Empirie«, wie Goethe es in *Wilhelm Meisters Wanderjahre* formuliert, in sprachlicher Ausdrucksvielfalt gespiegelt werden kann. Sowohl die Beobachtung als auch die Sprachsuche nach dem passenden Wort und der angemessenen Kadenz erzwingen von dem oder der Schreibenden ein Loslassen: die Vorherrschaft des Begrifflichen muss aufgegeben werden. Diese Ethik des Lassenkönnens in der Anschauung ist auch ein Sich-Ausliefern an die Sprache, ein Sich-der-Sprache-Anvertrauen. Es schafft die Voraussetzung für eine Fähigkeit, die uns Menschen zu philosophischen Wesen und damit – im Sinne der griechischen Philosophie – erst eigentlich zu Menschen macht: die Fähigkeit zu staunen, bei Aristoteles: thaumazein (*Metaphysik* 982b 12).

(2) Mit dem morphologischen Blick verbunden ist der ethologische Blick: die Bereitschaft und Geduld, natürliche Phänomene nicht nur in ihrer Gestalt, sondern auch in ihrem Verhalten und dadurch auch in ihrer Wechselwirkung mit anderen Lebewesen wahrzunehmen als Ausdruck einer bestimmten Lebenswelt und als Teil einer je spezifischen Biozönose. Diese Fähigkeit schließt Menschen, Tiere, Pflanzen und Pilze ebenso ein wie auch die Tiefenzeit der Geologie. Die für die mittelalterliche Seinsordnung ikonische Skulptur des Bamberger Reiters zeigt eine unbekannte gekrönte Figur auf einem Pferd auf einem mit Pflanzen überwucherten Sockel: darunter eine Teufelsfratze, über dem Haupt ein Baldachin mit dem himmlischen Jerusalem. Im Nature Writing steigt der Reiter (=Mensch) von seinem Pferd, richtet seinen Blick auf die Prozesse des Lebens und er-

kennt in Wechselwirkungen eine dynamische Ordnung des Seins: die werdende und gestaltende Natur (natura naturans), im Gegensatz zur seienden Natur (natura naturata).

Ein gutes Beispiel für den Blick auf die Eigenbewegung der natürlichen Dinge jenseits menschlicher Bilder und Konzepte ist Peter Handkes *Kleine Fabel der Esche von München* aus *Noch einmal für Thukydides*, die so beginnt:

> »Die Esche stand (steht) inmitten eines fast wiesengroßen, vom Verkehr durchbrausten Gartens, bei weitem der massigste Baum da, im Zentrum von München, und ich kannte sie schon seit langem. [...] An einem Tag Ende Oktober 1989 aber, dunkles klares Herbstlicht und Sturm, trat der Baum aus seinem üblichen, wie auch immer liebgewordenen Bild heraus und überraschte als ein Ort des Geschehens. Ort des Geschehens? Nein, die Esche selbst wurde (von einem Bild) zum Geschehen.«[3]

(3) Dieser Fokus kann in bestimmten Fällen auch zu einem Blick auf das Leben als Metamorphose führen: Wir erfahren die Übergängigkeit von menschlichem und tierischem Leben, wir erfahren uns als Symbiosen mit anderen Lebewesen und als Teil einer Geschichte des Lebens: als eine empfindungsfähige Kreatur unter Anderen, als »Leben, das leben will, inmitten von Leben, das leben will«,[4] wie es Albert Schweitzer formulierte. In der schreibenden Suche nach einer Sprache für das Lebensgewebe werden grundsätzliche Fragen über das menschliche Leben aufgeworfen – und über die Sprache als Erfahrungsraum, der Resonanz innerhalb dieses Lebensgewebes ermöglicht oder blockiert. Was bedeuten Ehrfurcht und Staunen vor der Vielfalt des Lebens angesichts seiner technologischen Zähmung? In welcher Beziehung steht der Akt des Schreibens zur Bewusstwerdung dieser Metamorphosen des Lebens? Und nicht zuletzt: Was ist der Mensch zwischen Sprachwerdung und Bewusstwerdung seiner ökologischen Beschaffenheit und Verstrickung?

In der wissenschaftlichen und ästhetischen Praxis des Nature Writings gehen diese drei Blicke dem Schreiben voraus, ist Schreiben immer verwickelt mit Anschauung und Forschung – sei es bei ›Klassikern‹ wie

Gilbert White, Alexander von Humboldt, Henry David Thoreau und Jean-Marie Fabre oder bei Schriftstellerinnen im 20. Jahrhundert wie Rachel Carson, Annie Dillard, Kathleen Jamie. Überhaupt zeichnen sich die verschiedenen Formen des Nature Writings dadurch aus, dass ihnen weniger formalästhetische oder stilistische Kategorien zugrunde liegen als vielmehr kulturelle Praktiken der Anschauung: Grundlagenwissen, Genauigkeit und Erlebnisfähigkeit sind, beispielsweise, für Harry Martinson Fundamente für glückendes Nature Writing, wie er in seinem Essay *Über Naturschilderung* schreibt. Die Versprachlichung greift nicht der Begegnung und Beobachtung vor, sondern verleiht ihr nachträglich Gestalt. Sie wird dadurch oft auch zu einer Reflexion über Erinnern, Nachträglichkeit und das Verhältnis von Sprache und Wirklichkeit. »Lass die / Dinge liegen; leg / die Worte dazu, aber lass / die Dinge liegen«, schreibt Inger Christensen in *alfabet*[5]. Es ist die treffendste Kurzästhetik des Nature Writings. Wissenschaftsgeschichtlich ist Nature Writing eine Form der Citizen Science; philosophisch eine Einübung ins Staunen und in die Demut. Beides stößt auf hartnäckigen Widerstand der modernistisch geprägten Ästhetik, die formale Innovation großschreibt und im Phantasma einer creatio ex nihilo die Apotheose der Kunst betreibt. Nature Writing ist immer auch eine scharfe Kritik von Kunst als Ersatzreligion und setzt mit den drei Blicken eine philosophische Grundhaltung dagegen, die im Zeitalter des Ökozids besonders relevant ist und mit diesen Fragen zusammenhängt:

(4) Der Mensch erfährt sich einerseits als Teil einer mit anderen Tieren geteilten Evolutionsgeschichte, andererseits jedoch ist er aufgrund seiner »exzentrischen Positionalität«, wie es Helmuth Plessner beschreibt, je immer schon verschieden: Er projiziert sein Leben in die Zukunft; er *ist* Leib und *hat* zugleich einen Körper, das heißt er verhält sich nicht nur *mit*, sondern auch *zu* seiner Körperlichkeit und ökologischen Verfasstheit. Begegnungen mit anders-als-menschlichem Leben konfrontieren ihn mit der Unverfügbarkeit der Natur, die im zeitgenössischen Diskurs so systematisch verdrängt wird, mit ihrer Nicht-Zähmbarkeit, mit ihrer Wildheit. Wichtiger Bestandteil dieser Alteritätserfahrung ist das Auffällig-Werden ihrer Eigenzeiten und ihrer Eigensprachen.

So haben die Berge der Cairngorms im Osten Schottlands ihre eigene Zeit, oder genauer: beherbergen sie verschiedene Eigenzeiten von Lebewesen, die sie zu lebenden Bergen machen, wie Nan Shepherd in *The Living Mountain* schreibt:

»I have wanted to come to the living things through the forces that create them, for the mountain is one and indivisible, and rock, soil, water and air are no more integral to it than what grows from the soil and breathes the air. All are aspects of the entity, the living mountain. The disintegrating rock, the nurturing rain, the quickening sun, the seed, the root, the bird – all are one. Eagle and alpine veronica are part of the mountain's wholeness. Saxifrage – the ›rock-braker‹ – in some of its loveliest forms, *Stelloris*, that stars with its single blossoms the high rocky corrie burns, and *Azoides*, that clusters like soft sunshine in their lowest reaches, cannot live apart from the mountain. As well expect the eyelid to function if cut from the eye.«[6]

So sprechen die Spuren eines Rentiers auf einem Wildwechsel ihre eigene Sprache, die von Vertrautheit mit den eigenen Lebensbedingungen zeugt, wie in Tomas Tranströmers »Im März '79«:

»Überdrüssig aller, die mit Wörtern, Wörtern, aber keiner Sprache daherkommen,
fuhr ich zu der schneebedeckten Insel.
Das Wilde hat keine Wörter.
Die ungeschriebenen Seiten breiten sich nach allen Richtungen aus!
Ich stoße auf Spuren von Rentierhufen im Schnee.
Sprache, aber keine Wörter.«[7]

(5) In der Fähigkeit des Nature Writings, nicht-menschlichen Eigenzeiten und Eigensprachen Ausdruck zu verleihen und damit – paradoxerweise – ihre grundsätzliche Unverfügbarkeit darstellbar zu machen, vollzieht sich oft auch eine Transzendierung der egozentrischen Struktur des menschlichen Bewusstseins. Der sprachanalytische Philosoph Ernst Tugendhat hat die Egozentrizität als anthropologisch universelle Sorge um sich selbst definiert: Der Akt des Ich-Sagens bezieht

sich auf die Sprecherin, ohne sie zu identifizieren; das Ich objektiviert sich selbst und wird sich damit der Tatsache bewusst, dass es auch andere Ich-Sager gibt: »Jeder ›ich‹-Sager scheint sich absolut wichtig zu nehmen, aber er hat, mehr oder weniger ausdrücklich, ein Bewusstsein davon, daß auch andere sich wichtig nehmen und daß er sich in einer Welt befindet, in der er selbst auch anderes wichtig nehmen und schließlich sich selbst angesichts der Welt als mehr oder weniger unwichtig ansehen kann.«[8]

Dieser Umstand ermöglicht Zeit- und Zukunftsbewusstsein – und damit zweckgerichtetes (statt nur situationsbezogenes) Wollen. Darin liegt die Potenz und die Tragik des Menschen: Er kann sein Handeln an Vorsätzen orientieren und damit Selbstbestimmtheit trotz widriger Bedingungen erlangen; er kann sich aber auch an Vorsätzen orientieren, die Teil einer wirklichkeitsverzerrenden Ideologie sind. Die Fähigkeit, sich an übergeordneten Zwecken auszurichten, kann beispielsweise zum ›guten Leben‹ führen oder zu einem rassistischen Weltbild verführen. Diese Zweckorientierung bedeutet für den Menschen allerdings auch eine große Belastung: Er muss sich ständig selbst kontrollieren, um das unstillbare Bedürfnis nach Anerkennung und Liebesbestätigung vorübergehend stillen zu können. Das egozentrisch strukturierte Bewusstsein des Menschen leidet also an sich; es handelt sich um ein »Leiden an *sich* in dem engen Sinn, daß man an dem leidet, was in der eigenen Hand liegt, der Selbstaktivierung«[9]. Die prinzipielle Unverfügbarkeit des Lebens lässt sich nicht durch unablässige Selbstaktivierung bewältigen.

Vor diesem Hintergrund und angesichts des Staunens über den Kosmos, ist es – um des ›guten Lebens‹ und der ›Seelenruhe‹ (ataraxia) willen – sinnvoll, das eigene Wohl von diesen Formen der Selbstaktivierung zu emanzipieren und »seine affektive egozentrische Verwicklung im ganzen weniger wichtig zu nehmen«[10]. Der Mensch könne sich »in die Welt zurückstellen« und sich »von der Welt her« sehen.[11] Diese Fähigkeit, die eigene Egozentrizität zu relativieren oder gar zu transzendieren, nennt Tugendhat Mystik. Eine so verstandene Mystik ist für ihn eine »begründete Möglichkeit des guten Lebens« und jedem Menschen grundsätzlich zugänglich. Da dieser Mystik auch eine Motivation innewohnt – das Bedürfnis nach Seelenfrieden – lässt sie sich als gleichzeitige Aufgabe der egozentrischen Perspektive und deren Fortsetzung auffassen. Es geht also bei diesem anthropologischen Mystikbegriff um die Transformation des Selbstverständnisses, nicht um die eines Weltbildes wie beim religiösen Mystikverständnis. Menschen, schreibt Tugendhat, »sind offenbar hingabebedürftig, sie brauchen normalerweise etwas, das nicht sie sind, auf das hin sie ihre Egozentrizität ohne Egoismus im engen Sinn ausleben können.«[12]

Nature Writing zeichnet sich dadurch aus, dass es seine Leserinnen und Leser dazu verführt, sich weniger wichtig zu nehmen angesichts des Lebensgewebes, und eine Selbstrelativierung einzuüben, die andere Lebensformen in ihrer Gestalt (morphe), in ihrem Verhalten (ethos) und in ihren Metamorphosen als Gegebenes hinnimmt, das nicht erst durch Nutzung und Extraktion Wert gewinnt. Moralphilosophisch dürfte dieser Aspekt eine der wichtigsten Leistungen des Nature Writings sein. Die oben genannten drei Blicke sind kulturelle und ästhetische Praktiken, die diese ›mystische‹ Selbstzurücknahme leisten können.

(6) Die Frage nach dem verantwortungsvollen Umgang mit der dem menschlichen Bewusstsein eigenen Egozentrizität hängt auch zusammen mit unserem Verhältnis zur Natur. Während für eine Haltung im Sinne von Tugendhats Mystik die Vorstellung einer sich selbst überlassenen Natur als Wildnis gut vorstellbar ist, tut sich die in ›westlichen Kulturen‹ dominante ›egozentrische‹ Haltung schwer mit jeglichem Naturkonzept jenseits totaler Kontrolle. Daher wird oft in sozialkonstruktivistischer Manier darauf beharrt, dass Natur schon lange nicht mehr existiere oder sowieso nur Projektion sei; daher wird oft in sozialdarwinistischer Manier betont, die Menschheit sei mit ihrer erdsystemverändernden Technologie auch nur eine geologische Kraft, der man ihren Lauf lassen müsse. Wildnis ist ein Gegenkonzept zu dieser gefährlichen Vereinfachung unseres Weltverständnisses. Sie ist das sozial-ökologische Pendant zur individuellen Fähigkeit, sich weniger wichtig zu nehmen: Wenn wir Tugendhats Mystik nicht auch kollektiv umsetzen als bewussten Teilrückbau der totalitären Industrialisierung

des gesamten Landes (und des gesamten Ozeanbodens), werden wir bald planetare Grenzen erreichen, deren Überschreiten die Biosphäre grundsätzlich verändern wird – mit unabsehbaren Folgen für die Menschheit.

Miteinander vernetzte Großschutzgebiete, zum Beispiel Nationalparks, erfüllen in diesem Zusammenhang zentrale Funktionen jenseits ihrer ökosystemischen Aufgaben: Sie sind (1) Begegnungsorte mit dem verdrängten Wilden in unseren Landschaften; (2) Begegnungsorte mit der Unverfügbarkeit von Natur; (3) Erfahrungsorte jenseits der allgegenwärtigen Logik der industriellen Effizienz; (4) Orte für die wissenschaftliche Datenerfassung ökologischer Prozesse außerhalb ihrer anthropogenen Überprägung; (5) gesellschaftliche Experimentierorte für die Einübung des Lassenkönnens und der ›mystischen‹ Selbstzurücknahme als einem zentralen Bestandteil politischer Resilienz. Nature Writing kann einige dieser öffentlichen Aufgaben von Schutzgebieten im Experiment der Sprache unterstützen. Es eröffnet einen Vorstellungsraum und eine Sprache, die einerseits den Menschen als Teil der Natur beschreibbar macht, andererseits auch anthropogene systemische Störungen deutlich benennt. Das bedeutet auch, unsere oft verdrängte Verstörung angesichts des Auftrennens des Lebensgewebes zu artikulieren und so erlebbar zu machen.

Dem in diesem Zusammenhang oft vorgebrachten Argument, es gäbe in vielen Weltregionen keine Wildnis mehr, kann man als Nature Writer literarisch erwidern: durch die Veranschaulichung der immer noch völlig wilden Tiefen der Biosphäre (deep biosphere) oder die Schilderung von erinnerter Wildnis jenseits unserer Gegenwartsfixierung; durch die Fokussierung auf Wildnis als natura naturans: als Summe der resilienten regenerativen Prozesse, die auf Ruderalflächen und in waste lands scheinbar ewigkeitstaugliche Totalversiegelung als kurzlebige Episode entmystifiziert; durch die Verschriftlichung von Erinnerungen an ökosystemisch resiliente Landschaften und durch die imaginative Ergänzung gestörter Landschaften durch eine ästhetische Praxis der ökologischen Postmemory; in der literarischen Trauerarbeit am Verlust des Lebensgewebes als Heimat.

Wildnis in einem Land ohne Wildnis denkbar zu machen, ist keine pastorale Restitution, sondern das Gegenteil: die der Zukunft zugewandte Sicherung des Versehrten und Gestörten als Heimstatt für unsere nomadische Existenz, die bewusste Selbstverwilderung als Selbstbescheidung angesichts des Ökozids und seiner systematischen Verdrängung. »In wildness lies the preservation of the world,« schrieb Henry David Thoreau bereits 1851 in seinem Essay *Walking*.[13] Welche Welt wollen wir heute bewahren: *unsere* Welt oder *die* Welt?

(7) Thoreau hatte die kulturelle Bedeutung von Wildnis bereits im Blick, als er in *Walden* von der »Morgenarbeit« schrieb. Damit meint er die immer wieder zu erneuernde Regeneration der Sprache, die nicht durch ihre ständige selbstreferenzielle Selbstbespiegelung zu leisten ist, sondern nur dadurch, dass die Sprache den Elementen, Lebenszyklen und ökologischen Realitäten, in die sie eingebettet ist, ausgesetzt wird. »Morgenarbeit« ist für ihn eine experimentelle Praxis der Resonanz, ein aufmerksames Überprüfen des Sprachgebrauchs, der mit der Zeit immer zur Hülsenhaftigkeit und dogmatischen Verhärtung neigt. Nature Writing hält das Haus der Sprache bewohnbar, da es dafür sorgt, dass die Sprache nicht in die Isolation und begriffliche Versteinerung führt, sondern geschmeidig, lebendig, auf die Zukunft des Lebens hin ausgerichtet bleibt.

Gleichzeitig, betont Stanley Cavell in *The Senses of Walden*, erfahren wir auf Schritt und Tritt die Unangemessenheit der Sprache, durch die wir uns in der Wirklichkeit beheimaten. Schreiben als »Morgenarbeit« ist eine Form der Auseinandersetzung mit dieser Unangemessenheit: ›Morning work‹ wird zu ›mourning work‹, zur Trauerarbeit. In dieser doppelten Bewegung verstehen wir unsere Einbettung in die Natur und unsere gleichzeitige Fremdheit in ihr. Was Thoreau in seinem Text leiste, so Cavell, sei eine groß angelegte Praxis des »neighboring nature« – der immer wieder neu bestimmten Nachbarschaftsbeziehung. Am Ende des Kapitels *Brute Neighbors*, beispielsweise, schildert Thoreau seine Begegnung mit einem Eistaucher, der ihn morgens mit seinem »wilden Gelächter« aus dem Schlaf reißt und mit dem er sich tagsüber vom Kanu aus in ein Fangspiel verstrickt. Der Eistaucher – göttliche Tricksterfigur und instinktiv handelnde Kreatur in einem – nimmt ihn mit auf eine Reise, die ihn den vertraut geglaubten Walden Pond erst genau erkunden lässt. Diese Begegnung zwingt Thoreau zu einem schöpferischen Umgang mit der Natur, die man sich immer wieder vertraut machen muss, die jedoch nur als wilde Natur lebendig bleibt. Der Eistaucher lässt sich nicht domestizieren, und ihn zum Nachbarn zu haben, bedeutet, auf der Hut und auf den Kairos seines wilden Gelächters vorbereitet zu sein.

Doch nicht nur mit Tieren ist so eine Einübung in die Nachbarlichkeit möglich, wie Esther Kinsky in ihrem Prosagedicht *Say: Dogrose* zeigt:

> »Der Fluss zeigt sich als Schlagader der Ebene, so leise und pulslos er auch fließt, an diesem Mittag rosenfarben durchzogen von perlenden Wolken aus Rot, vom ausgewaschenen Schlachtzeug flussaufwärts jenseits der Boote am Schotterstrand, lebendiges Farbwerk im Wasser, Schlieren in Auflösung, Flussrosen sich zerblätternd, nach Süden hin verädernd, verästelnd mit der Strömung zu kleinen zarteren Läufen, Kinderadern im unsteten Gelände unter den Regenpfeifern, vielfingriges tastendes Münden, während die Rosenspur verschwimmt.«[14]

(8) Cavells Reflexionen über *Walden* haben auch eine demokratietheoretische Dimension. Für ihn ist die Sprachästhetik in *Walden* eine Kunst, sich in der Sprache zu beheimaten. Die Sprache als Wohnung muss allerdings immer wieder aufs Neue bewohnbar gemacht werden, sonst wird sie dogmatisch und lässt uns unbehaust zurück. Thoreau habe hier seiner Furcht vor dem Demokratieverlust der Vereinigten Staaten Mitte des 19. Jahrhunderts Ausdruck verliehen – und dieser Furcht seine doppelte Praxis des ›mo(u)rning work‹ entgegengesetzt. Seine Sprache möchte den Eistaucher (loon) nicht, wie die Bewohner der Gegend – »at least ten men to one loon« –, mit Fallen stellen, sondern seine Spur in der Sprache bewahren, seine Lebendigkeit auf die Sprache abfärben lassen:

> »His usual note was this demoniac laughter, yet somewhat like that of a water-fowl; but occasionally, when he had balked me most successfully and come up a long way off, he uttered a long-drawn unearthly howl, probably more like that of a wolf

than any bird; as when a beast puts his muzzle to the ground and deliberately howls. This was his looning – perhaps the wildest sound that is ever heard here, making the woods ring far and wide. I concluded that he laughed in derision of my efforts, confident of his own resources.«[15]

Thoreaus Nature Writing wird damit zu einer fundamental demokratischen Praxis: Indem er die Ambivalenz der Sprache inszeniert, öffnet er sie für ihre spielerische Gestaltbarkeit – und macht sie damit resilient für ideologische Zurichtung und dogmatische Manipulation. Nature Writing in Thoreaus heute sehr aktuellem politischen Sinne ist einer Sprache verpflichtet, die von uns fordert, gleichermaßen als Geschöpfe und Schöpfende teilzuhaben am Leben – als biosphärische Bürgerschaft. In unseren Tagen ist ein solches Selbstverständnis als Citoyen ein Akt des zivilen Ungehorsams.

Schlussgedanken

In einer Zeit

- der globalen Überprägung von Natur durch die industrielle Eigendynamik von Produktion und Kapital;
- der systematischen Dezimierung von Artenfülle und Artenvielfalt;
- des Verschwindens von Wissen und Sprache über natürliche Phänomene;
- der kognitiven Dissonanz, die uns sehenden Auges falsch handeln lässt,

muss der vielzitierte Satz von Brecht an einer Stelle umgeschrieben werden:

»Was sind das für Zeiten, wo
Ein Gespräch *ohne* Bäume fast ein Verbrechen ist.
Weil es ein Schweigen über so viele Untaten einschließt!«[16]

Sich auf die Eigenzeit und Eigensprache nicht-menschlicher Lebewesen einzulassen und eine menschliche Sprache dafür zu finden, ist heute hochpolitisch. Ein solches Schreiben lenkt den Blick auf unsere eigentlichen Lebensbedingungen – und auf den Verblendungszusammenhang, der uns glauben macht, wir könnten außerhalb der Natur leben. Die Tradition des Nature Writings, wie es sich im 19. Jahrhundert herauskristallisierte und dann vor allem seit den 1980er Jahren im britischen New Nature Writing neu kodifiziert wurde, ist eine kombinierte naturkundlich-literarische Praxis, die wichtige kreative, wissenschaftliche und politische Kräfte freisetzen kann. Dazu gehört es auch, den selbstzerstörerischen Zivilisationsbruch zu benennen, den die Naturvergessenheit unserer Tage bedeutet. Dazu gehört es auch, dem allgegenwärtigen Homogenisierungsdruck auf die Sprache eine, an den Metamorphosen der natürlichen Phänomene geschulte Sprache entgegenzusetzen. Dazu gehört es auch, über Natur als das zu schreiben, was unseren Begriffen und Technologien letztlich unverfügbar bleiben wird – und zugleich als das, was unsere wichtigste Heimat ist. Denn Nature Writing ist im eigentlichen Sinne des Wortes genau das: Heimatliteratur.

1 Dipesh Chakrabarty, »The Climate of History: Four Theses.« *Critical Inquiry*, vol. 35, no. 2, 2009, 197–222, hier: 208.
2 W.G. Sebald, *Die Ringe des Saturn. Eine englische Wallfahrt*. Frankfurt am Main: Fischer 1995, 202–203.
3 Peter Handke, *Kleine Fabel der Esche von München*. Göttingen: Wallstein 2022, 19.
4 Albert Schweitzer, *Die Ehrfurcht vor dem Leben. Grundtexte aus fünf Jahrzehnten*. München: Beck 2003, 111.
5 Inger Christensen, *alfabet / alphabet*, üb. Hanns Grössel. Münster: Kleinheinrich 2022, 99.
6 Nan Shepherd, *The Living Mountain*. London 2011, 48
7 Tomas Tranströmer, *Sämtliche Gedichte*, üb. Hanns Grössel. München: Hanser 1997, 177.
8 Ernst Tugendhat, *Egozentrizität und Mystik*. Eine anthropologische Studie. München 2004, 30.
9 Ebd., 63
10 Ebd., 39
11 Ebd., 125
12 Ebd., 86–87
13 Esther Kinsky, *Heim.Statt*. Gedichte. Berlin 2025, 126
14 Henry David Thoreau, *Walking*, in: William Rossi (Hg.): Walden, Civil Disobedience, and Other Writings. New York: Norton 2004, 260–287, hier: 273.
15 Stanley Cavell, *The Senses of Walden*, Viking Press New York City 1972
16 Bertolt Brecht, Werkausgabe, Bd. 9. Frankfurt am Main: Suhrkamp 1967, 722.

Aktualisierter Einführungstext zur Veranstaltung »Die Natur spricht – was spricht sie?«, 20.6.2025/hier 2026
Siehe auch weitere Texte und Bilder (Seite 160 ff.)

Doris Feil: Die Natur spricht – was spricht sie?

Nature Writing erzählt in vielen Stimmen: Die einen finden in der Natur Schönheit und Sinneseindrücke, den anderen ist sie ein Ort der Wissenschaft. Wiederum andere fühlen sich zum Waldbaden ermutigt. Manche sehen in ihr die göttliche Schöpfung, manche gar das Sein.

Nicht die schlechtesten Geschichten haben mit einem plötzlichen Ruf der Natur begonnen. Man denke nur an Robert Musils Erzählung *Die Amsel*. Ein zivilisatorisch eingebundenes und sehr modernes Subjekt lässt sich vom Gesang einer Amsel berühren und bricht ins Unbekannte auf. Auch die Philosophin Vinciane Despret hört in ihrer Stadtwohnung jeden Morgen einer Amsel zu, die vor ihrem Fenster sitzt. Schließlich schreibt sie ihr Buch *Wie der Vogel wohnt*. Beide Texte sind sehr unterschiedlich und doch wurden beide von einer Amsel inspiriert, einer sehr besonderen Botschafterin der Natur, wie es scheint.

Nature Writing hängt also weniger damit zusammen, was Natur ist, sondern viel mehr damit, was wir sind und was wir in ihr suchen. Das, könnte man sagen, ist psychologischer Common Sense. Doch die Grundsätzlichkeit dieses selbstgetönten Universums ist uns selten einsichtig. Die Kognitionswissenschaften gebrauchen in diesem Zusammenhang den Begriff der kognitiven Transparenz: Die Art und Weise, wie wir unser Erkenntnisobjekt – in diesem Fall die Natur – wahrnehmen, wird von der Verfasstheit unseres Bewusstseins mitbestimmt, von unserer körperlichen Ausstattung, von unseren Erfahrungen. Im weiteren Sinn auch von unserer Sprache, die mit unserer Begriffsbildung verbunden ist, und von unserer Kultur, die diese Sprache prägt. Das allerdings, darauf zielt der Ausdruck der Transparenz oder »Durchsichtigkeit« in diesem Fall, ist uns in großen Teilen nicht präsent. [1] Wir blicken durch all die vorgeschalteten Erkenntnisbedingungen hindurch und glauben, nur den Baum, den Berg, den Himmel zu erfassen und sofort zu wissen, was das ist – die Realität eben. Aber es ist eine (für uns plausible, teils sehr stabile) Variante der Realität, nicht allein im Blick auf die Wahrnehmungswelten anderer Lebewesen, sondern, so müssen wir hinzufügen, wenn wir Sprache, Kultur und persönliche Prägung in Anschlag bringen, auch im Blick auf unsere eigenen Möglichkeiten der Naturerkenntnis.[2]

Für unseren Alltag scheint das zunächst eine geringe Rolle zu spielen. Hier bewegen wir uns in einer Realität, die kognitiv naiv ist und sich wohl aus gutem Grund evolutorisch herausgebildet hat: Die Person, die sich angesichts eines Tigers überlegt, welche Vorstellung eines Tigers sie wahrnimmt, verliert wertvolle Zeit. Die Person, die das Gesehene so schnell wie möglich in ein Ja-Nein-Schema einordnet und handelt, hat bessere Chancen zu überleben. Letzterer würden wir gesunden Menschenverstand bescheinigen. Der Verstand der ersteren hingegen scheint höchst ungesund, weil tödlich.

Ist dieser gesunde Menschenverstand nicht alles, was wir brauchen? Ist er nicht das verlässliche Denken, dem schon unsere Vorfahren folgten und das sich bewährt hat? Ist er vielleicht sogar die Natur selbst, das also, worauf die Evolution sich verlassen hat? Und stellt sich hier nicht alles aus gutem Grund ganz einfach dar? Tiger: ja oder nein, Mensch: Mann oder Frau, Sippe: eigen oder fremd. Doch andererseits, wenn wir uns heute den Zustand der Natur ansehen, den dieser Menschenverstand in seiner binären Durchschlagskraft hervorgebracht hat, dann sollten wir ihm nicht unbesehen die Führung bei unseren Entscheidungen und Diskursen anvertrauen – eben weil ein großer Teil an unerkannter Einschränkung und Projektion in ihm ist, die das, was Natur sonst noch zu sagen hätte, verhängt, übertüncht und einfärbt und möglicherweise die falschen einfachen Antworten auf immer komplexere Probleme liefert.

Zeitgenössische Wissenschaft beschreibt mit dem Begriff der kognitiven Transparenz also offenbar doch etwas, das uns sehr viel mehr angeht, als wir meinen. Sie spricht auf ihre Weise ein großes Thema der Erkenntnisforschung an, das schon lange existiert: 1781 hat Kant in seiner *Kritik der reinen Vernunft* die Erscheinung »für uns« von dem Ding »an sich«, das »nicht erkannt« werden könne, getrennt und eine der größten Erschütterungen in der Geistesgeschichte ausgelöst.[3] Warum? Kant legt dar, dass die Dinge, die unsere Realität ausmachen, nicht einfach nur »sind«, sondern von uns durch Wahrnehmung und Denken auch von Grund auf hergestellt werden. Baum, Berg und Himmel, Natur und Welt erscheinen durch bestimmte Erkenntnisvorgänge in unserem Geist, selbst wenn diese Vorgänge in Teilen nicht erfahrbar (sprich transparent) sind.

Kleists heftige Kant-Krise gibt uns eine Idee davon, was dieser Gedanke ausgelöst hat: Kleists Vorstellung von Wahrheit, die er bis dahin für göttlich verbürgt und kosmologisch gültig hält, bricht zusammen, indem ihm klar wird, dass er die Natur nur so sieht, wie ein Mensch sie auffassen kann, relativ also und zugeschnitten. Es kommt ihm vor, als trüge er stets »grüne Brillengläser«. Intuitiv begreift er auch, dass sich diese nun relativierte menschliche Sichtweise immer weiter in gesellschaftlich unterschiedliche und letztlich subjektive Varianten und Differenzen aufsplittern lässt.[4] Indem Kleist sich aus der Vorstellungswelt des einfachen, unhinterfragten Daseins vertrieben sieht, scheint auch die Verbindung zum wahren Sein, das Natur und Mensch eint, gekappt. Nicht nur Kleist, sondern die Epochen der deutschen Klassik und Romantik, müssen mit diesem Problem umgehen.[5]

Fühlen wir uns ähnlich, wenn eine neue Welle der Erkenntniskritik unsere Wahrheiten infrage stellt? Denn nicht nur Grundprozesse der Kognition haben sich als weitgehend »durchsichtig« erwiesen, auch der kulturelle und sprachliche Einfluss auf unsere scheinbar so sicheren Fakten erweist sich als immens und größtenteils unbemerkt. Nichts scheint mehr Halt zu geben, wenn weite Teile der Welt die Universalität unseres aufgeklärten Denkens ablehnen, wenn Genderforschung Tatsachen, die jahrhundertelang einzig gültig waren, so nicht mehr bestätigt. Und da wir mit Letzterem schon ganz nah an dem sind, was bisher als naturgegeben und biologisch betrachtet wurde, müssen wir uns eingestehen, dass auch unsere gesamte Naturauffassung auf den Prüfstand gestellt wird (durch indigene Naturkonzepte zum Beispiel oder feministische Naturwissenschaft). Viele meinen daher, die

Rückkehr zum gesunden Menschenverstand und seinen einfachen, binären Kategorien könne all diese Verunsicherungen aufhalten und unser Dasein wieder verlässlich machen. Ein Programm, das man auch schon zu Zeiten Kants vorgeschlagen hat.

Kant selbst hat allerdings Einwände. Einige davon gehören bis heute zu den dynamischsten Ideen des kritischen Denkens. Sie treiben auch die beständige De- und Rekonstruktion seiner Philosophie an, machen problematische Meinungsbestände immer wieder sichtbar und führen immer wieder zu Revisionen unserer Wissensbestände.

Kant möchte keinesfalls behaupten, dass es Wahrheit nicht gebe und alles nur Ansichtssache sei. Er möchte vielmehr zeigen, wo die Grenzen und Bedingungen von menschlicher Wahrheit liegen, um Aberglauben und Grenzüberschreitungen entgegenzuwirken. Heute würden wir sagen: Verschwörungstheorien und ethische Beliebigkeit findet er nicht so prickelnd – viel zu dünn für das, was der menschliche Geist schon allein durch seine Existenz von uns fordert. Kant schaut sich deshalb jene grünen Brillengläser, von denen Kleist spricht, genauer an. Er fragt sich, was es bedeutet, dass alle Menschen diese Brillen tragen, und beobachtet, nach welchen Urteilsregeln die eingefärbten, kleinen Ausschnitte, die wir zu sehen bekommen, zu einer objektiven oder intersubjektiven Erkenntnis abgeglichen werden können. Wo genau die Grenzen zwischen analytischen Wahrheiten, wissenschaftlichen Fakten, Narrativen, Meinungen und erfundenen ›Alternative Facts‹ zu ziehen sind, muss weiter diskutiert und adjustiert werden. Aktuell wird die dringende Notwendigkeit solcher Differenzierungen wiederentdeckt.[6]

Relevant im Blick auf unser Naturverständnis ist insbesondere die Frage, was uns zur Erkenntnis antreibt. Dabei unterscheidet Kant den Verstand von der Vernunft. Auch diese Unterscheidung, meine ich, sollte wieder mehr ins Zentrum unserer Aufmerksamkeit rücken: Die Vernunft, so Kant, fordere »Totalität« und lege den Phänomenen der Realität immer wieder »die Sache an sich selbst« unter.[7] Das Wesen der Vernunft scheint also unter anderem darin zu bestehen, uns anzustoßen, dieses nie erweisliche »Ding an sich« in immer neu zu entdeckender Offenheit zu umkreisen und zu erkunden. Vernunft möchte wissen, was die Wirklichkeit von Bäumen und Bergen, Menschen und Amseln außerdem noch sein könnte. So verflüssigt sie die starren Realitäten des Verstandes.

Die Wahrheit, die wir erhalten, mag durch unsere Brillengläser eingefärbt sein. Sie mag auch nur ein kleiner Ausschnitt der Natur und der Welt sein, während uns das übrige verdeckt ist. Andere werden folgen und den Schleier an anderer Stelle heben. Denn Vernunft, so könnte man sagen, sucht Wahrheit um der Wahrheit willen. Sie sucht sie unentwegt, weil sie weiß, dass sie ihrer nur in Teilen habhaft werden kann – einfach deshalb, weil Erkenntnis bedeutet, dass immer etwas ausgeschlossen wird, um eine bestimmte Position zu vertreten. Dieses Ausgeschlossene aber wird die Vernunft sich wieder vorlegen und prüfen müssen, um ihrem Streben nach Totalität Genüge zu tun. Wissend, dass sie das Ding »an sich« nie erreichen kann, erzeugt Vernunft auf diese Weise ihren eigenen Antrieb. Ihre Felder sind überall dort, wo ihre beständige Suche durch Freiheit ermöglicht wird, in den freien Wissenschaften und Künsten, in freier Meinungsäußerung und Willensbildung.

Der Verstand hingegen bildet Kategorien und Begriffe, um die Daten der Sinne zu strukturieren und Einzelfälle beurteilen zu können. In seinem logischen Vorgehen setzt er unter anderem binäre Ausschlussverfahren ein, doch nicht nur diese. Wenn Vernunft ihn befeuert, kann er in seiner Reflexion über die Natur und das Bewusstsein des Menschen weit gelangen, sogar – das füge ich mit Hölderlin im Nachgang zu Kant hinzu – zurück zu jenem Sein, das scheinbar gekappt wurde.[8] Wenn Vernunft ihre dynamische Funktion nicht ausübt, arbeitet der gesunde, menschliche Verstand allerdings mit dem, was er im Allgemeinen vorfindet. Das heißt mit dem, was herrschende Macht- und Wissensverhältnisse etabliert haben. Er wird dies effizient tun und Realitäten kaum hinterfragen, sondern sie, sobald sie ihm hinreichend logisch erscheinen, annehmen und optimieren.[9] Er wird uns damit auch bereit machen für die nächste Entscheidung über Kampf oder Flucht.

Was hat Kleist eigentlich in seiner Krise getan? Rückwärts ging es nicht mehr. Deshalb zog er sich erst einmal in seine ›Bubble‹ zurück, wandte sich der Literatur, nicht den Wissenschaften zu. Vielleicht hoffte er, sich die Welt ein bisschen so malen zu können, wie sie ihm gefiel. Trotzdem beschäftigte er sich in seinen Texten weiter mit Traum und Wirklichkeit, Schuld und Unschuld, Freiheit und Bedingtheit. Er konnte nicht anders. Die Vernunft arbeitet an ihrem eigenen Werk. Wenn es nicht die Forschung ist, stellt sie Fragen mit Hilfe der Kunst.

Nature Writing, schwebend zwischen Wissenschaft, Kunst und (hoffentlich auch) Unterhaltung, wird weder mit gesundem Menschenverstand allein noch mit einem Rückzug in eine »Bubble« weit kommen. So wie wir es heute kennen, macht es sich bewusst, dass auch die Fakten der Biologie Narrative einer besonderen Art sind, dass sinnliche Evidenz und naturwissenschaftliche Versuche von unseren Vorstellungen und Systemen beeinflusst werden. Doch dies ist nur ein erster Schritt. Der zweite, ganz entscheidende besteht für mich darin, alternative Erlebens-, Wissens- und Verhaltensmöglichkeiten angesichts von Natur aufzuzeigen.

Vielversprechend finde ich Ansätze, die einen anderen Erfahrungsraum als das abgegrenzte Selbst erkunden und von dorther einen veränderten Umgang mit unserer Umwelt gewinnen wollen, wie zum Beispiel Thomas Metzinger vorschlägt.[10] Bedeutende Positionen, wie sie Lynn Margulis oder Donna Haraway vertreten, sähe ich gerne weiterhin erörtert und verständlich gemacht. Sie betrachten nicht das Binäre, sondern die Übergänge und Symbiosen in der Natur, um ökologisches und soziales Verhalten aus solchen Erkenntnissen abzuleiten.[11] Genaues Hinsehen steht heute mehr denn je an, wenn wir uns der Natur zuwenden: Durch Nature Writing könnten wir lernen, dass manche Pflanzen Selbsterhaltung und gemeinschaftliches Handeln besser verbinden als wir.[12] Und wir könnten uns fragen, ob auch die Amsel Raum für Ausdruck braucht, einen Ausdruck, der ihr mehr bedeutet als Reviermarkierung und Balzverhalten.[13]

Gleichzeitig muss Nature Writing mit dem Unbehagen umgehen, das entsteht, wenn durch diese denkerischen Alternativen die Stereotype unserer sogenannten naturgegebenen Realität verflüssigt werden. Dass solche Gefühle bestehen, daran dürfte, sobald wir uns den aktuellen Diskussionen über Weltklima, Wärmepumpen, Ernährung und biologische Geschlechter zuwenden, kein Zweifel sein.

Nature Writing hat in diesem Zusammenhang also eine große psychologische Aufgabe zu bewältigen. Wie können wir schreiben, ohne reflexhafte Abwehr auszulösen? Wie können wir lesen, ohne abzuwehren? Und wie nachdenken, ohne sofort den Alltagsverstand herbeizurufen? Denn wenn wir die Wahrheitssuche der Vernunft abtun und sie als Verstiegenheit beiseiteschieben, schaden wir uns, statt uns zu stabilisieren.

Wir stärken nämlich jene, die gerade eine Schrumpfversion des Alltagsverstandes, den auch sie gesund nennen, zur einzigen Wirklichkeit machen wollen. Wenn es nach ihnen geht, wird bald nichts Grundsätzliches mehr die Realitäten unterscheiden, die in Russland, China, den USA und vielen kleinen Möchtegern-Autokratien hergestellt werden. Sie werden alle ausgesprochen simpel sein und darauf ausgelegt, uns innerhalb eines Freund-Feind-Schemas gefangen zu halten und zu manipulieren. Um dies zu erreichen, wird schon heute ein Feldzug gegen freie Forschung und freie Kunst geführt, die Feindinnen einer schrumpfenden Wirklichkeit. Dieser Feldzug geschieht im Namen der Natur, eines Naturverständnisses, das sich aus eben diesen einfachen Stereotypen zusammensetzt, zu denen wir in Gefahrensituationen eine starke Neigung haben.

Doch solche Reduktionen sind nur so lange wahr, solange wir uns auf schlichte Dualismen festlegen lassen. Denn Natur ist, das hat naturwissenschaftliche Forschung längst gezeigt, so viel weitreichender als das: Sie ist verschränkt, kooperativ und in ständigen Übergängen begriffen. Dies wird umso mehr spürbar, je größer die Zeiträume werden.

In diese großen Zeiträume sind wir Menschen mit der Beeinflussung des Klimas definitiv eingetreten. Wir werden freie Forschung und freie Kreativität mehr denn je brauchen, um mit diesen Zeiträumen umzugehen, ökologische Fragen zu stellen und Antworten zu suchen. Und wir sollten uns von keiner Seite einen binären Bären aufbinden lassen. Diese ökologischen Fragen interagieren und verschwimmen mit psychologischen, wirtschaftlichen, ethischen, sozialen und spirituellen, auch (und das nicht zu knapp) mit ästhetischen Fragen. Wir werden also jenen Teil in uns dringend brauchen, der wissensdurstig und schöpferisch ist und der schlicht etwas Neues lernen möchte:

nicht nur weil das Altbekannte nicht mehr ausreicht, um unsere Probleme zu lösen, sondern weil es um die Sache, die Natur »an sich« geht und um unsere Verbindung zu ihr.

Mit diesem Plädoyer für neue geistige Möglichkeiten, in denen wir wieder beweglich werden und Natur sich mit anderen Potenzialen zeigen kann, möchte ich meinen philosophischen Ausblick beenden. Zur Probe aber möchte ich noch einen weiteren Schritt vorschlagen, sagen wir aus der Sicht der Kunst.

Wir könnten in diesem neu eröffneten Raum der Möglichkeiten beginnen, wieder wahrzunehmen, genauer und erst einmal ausschließlich wahrzunehmen. Wir könnten auf eine schnelle Einordnung verzichten, unsere Sinne einsetzen und bemerken, wie Natur uns erscheint: Wie der Duft eines Tannenbaums sich mit dem Geruch des Zimmers vermischt, wie das Grau der Dämmerung vielleicht doch ein Blau ist und wie sich unser Herz im Inneren unseres Körpers anfühlt. Vielleicht bemerken wir, dass diese Art der Wahrnehmung, wenn wir bei ihr bleiben, uns aus uns herausführt. Vielleicht erfahren wir, wie wir immer weniger jenes begrenzte und binäre Ich des alltäglichen Verstandes sind, auf das wir uns festlegen. Vielleicht spüren wir dann, was Vernunft uns letztlich lehren kann: dass wir in, aus und auf die Natur hin gemacht sind und dass ihre Offenheit unsere Offenheit ist.

1 Eingeführt wurde der Begriff als »phänomenale Transparenz« von George Edward Moore. Vgl. Moore, G. E. (1903). The refutation of idealism. Mind 12: 433-53, insbesondere S. 446 und 450. Innerhalb eines repräsentationalen Modells des menschlichen Geistes – also ausgehend davon, dass Impulse auf unseren Wahrnehmungsapparat treffen und funktional zu einer Erscheinung (einem Phänomen) »für uns« codiert werden – ist kognitive Durchsichtigkeit ein entscheidender Begriff, der besagt, dass die Prozesse der Codierung nicht erkannt werden, wohl aber der Inhalt der Botschaft. Wie weit eine Einsicht dieser Codierungsprozesse möglich ist, bleibt Gegenstand der wissenschaftlichen Diskussion.

2 Dabei beschäftigt sich die Philosophie des Geistes ebenso wie die Neurowissenschaft schwerpunktmäßig mit den stabilen, typisch menschlichen Basiscodierungen, die oft erst im Kontrast zu mentalen Auffassungsstörungen und Abweichungen von der Norm greifbar werden. Die Einflüsse von Sprache und Kultur sowie persönlicher Prägung auf unsere Kognitionsvorgänge hingegen sind uns zugänglicher und reichen in Linguistik, Kulturtheorie und Psychologie hinein.

3 Kant, Immanuel (1781): Kritik der reinen Vernunft, »Transzendentale Ästhetik«, § 3, 8, 23 u.a., »Transzendentale Analytik«, 3. Hauptstück. In: Kant, Immanuel: Werkausgabe. Hrsg. v. Wilhelm Weischedel, Frankfurt a. M. 1968, Bd. 3, S. 78ff und 267ff.
4 Kleist, Heinrich von (22. März 1801 an Wilhelmine von Zenge): In: Sämtliche Werke und Briefe in 4 Bänden, Frankfurt a. Main 1997, Bd. 4, S. 205.
5 Selbst Martin Heidegger wird sich daran noch abarbeiten und Kant »Seinsvergessenheit« vorwerfen. Vgl. dazu auch Feil, Doris (2024): Hochschwarzwald. Hamburg, S. 79ff.
6 Vgl. Donna Haraway im Interview mit Martin Legros, 05. Januar 2024, *Philosophie* Magazin (https://www.philomag.de/artikel/donna-haraway-wir-muessen-lernen-mit-dem-mehr-als-menschlichen-kontakt-zu-treten, 22.02.2026)
7 Kant, Immanuel (1790): Kritik der Urteilskraft, § 26, § 57 Anmerkung II (Werkausgabe Bd. 10, S.177). Der Verstand nähert sich in seiner empirischen und begrifflichen Erkenntnis jener Idee des »Dinges an sich« sozusagen immer wieder neu an.
8 Hölderlin, Friedrich: Urteil und Sein (1795). In: Sämtliche Werke und Briefe. Frankfurt a. M. 1994, Bd.2, S.502f.
9 Kant, Immanuel (1797): Anthropologie in pragmatischer Hinsicht, § 38 – 41. Die Definition des gesunden Menschenverstandes hier: »Der richtige Verstand, der für Begriffe der gemeinen Erkenntnis zulangt, heißt der gesunde (fürs Haus hinreichende) Verstand.«

Es ist auffallend, dass Kant in seiner »Anthropologie« den Fallstricken dieses Verstandes selbst zum Opfer fällt und eigene Erkenntnisgrenzen nicht sieht. Er verbreitet viele zeit- und systembedingte Vorurteile über Frauen, Männer und Nationen, teils als allgemeine Meinung gekennzeichnet, teils nicht. Die »Anthropologie« wurde als Vorlesung erstmals 1772/1773 (also vor den »Kritiken«) gehalten und zeigt nicht die Höhe kantischen Denkens. Dennoch wiederholt Kant sie bis 1796/97; denn sie hat als Philosophie für den Hausgebrauch großen Erfolg bei den Zuhörenden. Problematisch sind im anthropologischen Umfeld auch Vorurteile und Abwertungen gegenüber anderen Rassen, die noch bis 1788, dem Erscheinungsjahr der »Kritik der praktischen Vernunft« und ihrem *kategorischen Imperativ*, veröffentlicht werden (vgl. den Text »Über den Gebrauch teleologischer Prinzipien in der Philosophie«). Obwohl Kant später gemäß dieses Imperativs schließlich klar formuliert, dass Sklaverei und koloniale Unterdrückung ethisch falsch sind (»Metaphysik der Sitten« und »Zum ewigen Frieden«, beide 1795), kann er Stereotype, die entsprechende Systeme stützen, nicht ganz aus seinem Denken verbannen. Auch auf diesem Hintergrund wird die Forderung laut, die aufklärerische Universalität, die Kant anstrebt, sehr genau zu prüfen. Siehe dazu Spivak, Gayatri C. (1999): Kritik der postkolonialen Vernunft. Stuttgart 2014., S. 29ff. Neue und revidierte Ansätze zu diesem Konzept finden sich bei Boehm, Omri (2019): Radikaler Universalismus: Jenseits von Identität. Berlin 2023; Garcés, Marina (2017): Neue radikale Aufklärung. Wien 2019.
10 Metzinger, Thomas (2023): Bewusstseinskultur. Berlin, S. 169ff.
11 Margulis, Lynn (1999): Der symbiotische Planet. Frankfurt a. M. 2018 (Neuauflage von: Die andere Evolution); Haraway, Donna (2016): Staying with the Trouble. Durham, North Carolina.
12 Kimmerer, Robin Wall (2013): Braiding Sweetgrass. Penguin UK, S. 14ff.
13 Despret, Vinciane (2019): Wie der Vogel wohnt. Berlin 2022.

Auszug aus: Waldlichtung, 2026

Klaas Jarchow: Auf der Wiese und im Nebel

Astrid wusste nicht, wann es gewesen war, vermutlich schon vor seiner Zeit mit den Reisen auf dem Boot. Er hatte ihr erzählt, dass er nicht weit von ihrem Haus einen nächtlichen Versuch unternommen hatte, in der schon hereingebrochenen Dunkelheit auf einer Wiese am Waldsaum zu gehen. Er wollte erkunden, wie es sei, nachts im Gelände zu gehen. In Dämmerung oder Dunkelheit, in die Nacht hinein. Die Idee war nicht ohne Furcht für ihn gewesen, vor Geräuschen und Tieren, vor Unbekanntem. Doch was dann eingetreten war, war vollkommen anders als erwartet gewesen. Es war einfach das Nichtgenausehenkönnen gewesen, das Nichtserkennenkönnen. Und nichts außer den eigenen, so erstaunlich alles übertönenden, furchtbar lauten Schritten war zu hören gewesen. Er war nur ein wenig weiter die Straße hinauf von Astrids Haus auf die Wiese gegangen.

Das Problem war nicht seine Vorstellung gewesen, er würde auf seinem Gang von den Tieren der Nacht beobachtet. Sehen konnte er sie tatsächlich nicht, aber hören konnte er sie auch nicht. Und das verstörte ihn zusätzlich. Hören konnte er nur seine eigenen, so lauten Schritte. Nur sie drangen an sein Ohr. Krachend laut, obwohl er überwiegend über die weiche Wiese ging, nicht über Steine oder anderen harten Untergrund, nicht über einen Grund, der für laute Geräusche stand. Nichts konnte er hören von dem um ihn herum, ausschließlich und nur sich selbst, atmend und schnaufend. Und es gab keine klaren Konturen für sein Sehen. Sein Blick reichte nur wenige Meter weit, wenn es überhaupt Meter waren. Was er sah, blieb diffus, verschwommen, ohne optische Struktur. Es gab nicht einmal einen klaren Unterschied zwischen der Lichtsituation auf der Wiese zum Dunkleren dahinter und drumherum.

Nichts war zu sehen und nichts zu hören von dem, was er nicht selbst war. Es war erschaudernd, das hatte er nicht erwartet.

Er hatte den Versuch, seinen Gang, nach nicht langer Zeit abgebrochen und war zurückgekehrt auf die Straße. In Astrids Haus war das Licht angeschaltet gewesen. Das Licht bildete einen ungeheuren Kontrast zu dem Dunkel draußen. Aber auch dieses elektrische Licht diffundierte in die Umgebung, gab keine klaren Konturen her. Der Himmel über den Wiesen, hinunter zum Saum der Bucht, war offen, nicht gerade sternklar, und nah dem Boden war es noch leicht neblig und diesig. Am Waldrand war alles in ein Weder-unten-noch-oben getaucht gewesen, hier gab es zumindest Richtungen. Und im Wasser der Bucht blinkte es leicht.

Wenn es kalt gewesen wäre, klirrend kalt unter schwarzer klarer Nacht, wenn winterlich Schnee gelegen hätte, dann wäre es wirklich nachthell gewesen. Die Wiese hätte weiß vor ihm gelegen, der Wald hätte sich dunkel mit Konturen dahinter abgezeichnet. Der helle Schnee hätte leicht in den Waldsaum abgestrahlt und hineingeleuchtet, hätte vielleicht auch tierische Bewohner sichtbar gemacht. Bei Schnee hätte er eine räumliche Vorstellung der Wiese bekommen. Bei seinem Gang war es diffus geblieben. Als er es Astrid erzählte, merkte man ihm noch die Irritation dieser Wahrnehmungen an. Er hatte etwas anderes erwartet von seinem Gang in die Natur bei Nacht. Nicht diese Auflösung des Bekannten und Sichtbaren.

Astrid erinnerte dieser Bericht an vorhergehende Schilderungen von N. vom Segeln im Nebel. Offenbar war das eine ähnliche Situation gewesen, aber anders. Das große Weiß im Nebel hatte ebenfalls in einen optisch ungesicherten Zustand geführt. Aber anders als auf der Wiese hatte er sich nicht aus der Situation zurückziehen können, im Nebel auf dem Meer hatte er die Situation nur mit der nötigen Geduld des Seefahrers überstehen und hinter sich lassen können. Nebel auf See machte in ungeheurem Ausmaß orientierungslos.

Der Kontrast zum Danach war beide Male groß gewesen, nach dem Nebel auf See und nachdem er die Wiese verlassen hatte. Nach dem Nebel vor einer Insel war er auf die Festlandküste zugesegelt. Die Landmasse löste offenbar den Nebel auf. Der Wind hatte nachgelassen, alles hatte sich beruhigt und im wahrsten Sinn geklärt. Er hatte wieder Dinge erkennen können, Tonnen und Leuchttürme, die Küstenlinie, andere Schiffe. Das große Weiß war dem Dunkel mit den hellen Elementen gewichen, hatte Orientierung ermöglicht.

Nach dem Verlassen der Wiese hatte er schließlich den Widerschein von Sternen auf dem Wasser der Bucht gesehen. Das Wasser war ganz leicht bewegt gewesen. Der Sternenschein hatte leicht geblinkt. Nur der Mond hatte gefehlt. Sonst wäre endgültig Helligkeit angezündet gewesen. Der Schein des Mondes warf in sehr klaren Nächten harte Schatten. Sonst konnte sein Schein auch mild sein, überzuckerte er die Landschaft, Bäume und Sträucher mit einer leichten Helligkeit. Er hatte zu Astrid gesagt, er habe den Mond vermisst. Aber auch so hatte die Nacht noch ihren beruhigenden Ausgang genommen.

Seine Schritte waren jetzt auf dem Weg zu hören gewesen, unter den immer klarer werdenden Lichtern der Nacht hatte er sich zunehmend wohlgefühlt. Ihm war wohlig warm geworden. Links und rechts der Straße ragte der Wald auf. Wenn der Weg hinunterführte, führte er zum Ufer hinab. Er war in Richtung des kleinen Ortes in der Nähe gegangen, war noch Stunden unterwegs gewesen. Eine Übung? So hätte er es wohl genannt. Sie hatten über seine Irritation auf der Wiese gesprochen. Andere, die es mehr gewohnt gewesen waren, hätten anderes wahrgenommen, da war sich Astrid sicher.

Die Natur hilft, hatte er gesagt. Du musst sie nur wahrnehmen. Astrid hatte gelächelt, nachdem er das gesagt hatte. Wenn man sehen kann, kann man auch mehr hören? War das so?, hatte sie gefragt. Normalerweise nicht, aber vielleicht in diesen speziellen Situationen, hatte er geantwortet.

Wahrscheinlich hatte er recht, der Gesang der Nachtvögel war von einer letzten Helligkeit oder Sichtbarkeit abhängig, im kompletten Diffusen hörte man sie nicht. Und nur wenn man sehen konnte, konnte man sich auch verstecken? Gemeint sind Vögel und andere Tiere. Die Vögel der Nacht sangen ja aus dem Schutz der Bäume und Zweige. Dann setzen sie ihre nächtlichen Gesänge ab. In der Diffusität der Wiese war das nicht der Fall gewesen?

Astrid begann darüber nachzudenken, ob die Diffusität, das unklare Sehen, das große Weiß im Nebel, intensivste Formen der Naturbegegnung seien. Unerwartetes, Unklares, Unspezifisches in unmittelbarer

Nähe, im eigenen unmittelbaren Umfeld. Nichts korrespondierte mit dem, was man von einer Wiese oder dem Meer erwartete. Die Natur wurde plötzlich und unerwartet unbekannt und unfassbar. Davon konnten Waldläuferinnen und vielleicht auch Jäger sicherlich noch mehr berichten. Er war ja Novize in diesen Situationen gewesen. Vielleicht hatte er genau dies ändern wollen, sich künftig wie Jäger und Waldläufer auskennen und erkennen wollen.

Astrid fragte sich weiter: Verkehrte sich in diesen Situationen das Verhältnis, das Menschen mit der Natur verband? Glaubten die Menschen nicht immer, die Natur wahrnehmen zu können, so wie sie sie kannten? Definiere Natur. Sein Appell. Die Kundigen taten dies mit all den Namen, die wir den Einzelheiten der Natur gegeben hatten, Bäumen, Blumen, Tieren, den Halmen, Fischen, den zentralen großen Teilen wie Meer und Luft und Himmel, den Sternen. Fast alles und alle hatten Namen bekommen. Viele dachten, der Weg über die Namen sei der Königinweg, um Natur wirklich gut zu kennen. Astrid dachte darüber nach, ob es vielleicht gerade andersrum war, dass das Namenlose das Natürlichste der Natur war. Denn Namen waren Menschensachen. Die Natur gab sich keine Namen. Jedenfalls keine, die der Mensch wahrnehmen konnte. War nicht der Raum der Natur gar nicht direkter zu erleben als in solchen unbestimmten, so unkonkreten, fremden Situationen?

BILDER DER
NATUR

Einführungstext zur Ausstellung
»Bilder der Natur«, 17.6.2025

Hartmut Böhme: Bilder der Natur

Himmel, Wasser, Hügelland in der Fotografie von Thomas Kunadt

Montag, 26. Oktober 2015, 7.51 Uhr: Thomas Kunadt löst den Verschluss seines Fotoapparats aus, ein Bild entsteht. Das flache Ufer der Elbe füllt die Bildfläche völlig aus. Kein Horizont, kein Himmel, keine Erde. Die aufgehende Sonne spiegelt sich als hingewischte Goldstraße auf dem metallisch glänzenden Wasser. Im goldenen Lichtstreifen und den silbrigblauen Tönungen des Wassers reflektiert sich der Himmel. Zugleich bringt sich das Wasser selbst ins Spiel. Von links laufen niedrige Wellen in kurvigen Bögen über den flachen Grund; sie laufen auf, während von rechts das Wasser, angeschmiegt an den Strand, wieder abläuft. Kleine Steine und größere liegen auf dem Sand und bilden feine Rillen für das ablaufende Wasser.

Was hier zur Form geworden ist, geht aus der Kooperation von bewegtem Wasser, festem Sand, Morgenlicht und Spiegelungen hervor: ein Werk also der Natur – das wir gewöhnlich nur *einem* Subjekt zuweisen, dem Künstler. Vielleicht muss Thomas Kunadt nur Auge, Gespür und Erfahrung haben, um jenen Augenblick zu treffen, den Lessing den »prägnanten Moment« nennt. Dann ereignet sich ein zufälliges *und* absichtsvolles »Treffen« von Fotograf und Natur am Elbstrand. Kunst, ob nun Nature Writing oder Nature Painting, ist ein »Treffen« einer Vielzahl von Kräften, oder sagen wir: Kunst ist niemals nur die Entäußerung dieses einen Subjekts. Sondern Kunst ist die Begegnung von Akteuren, die eine prägnante Figuration bilden.

Nichts geschieht beiläufig. Nichts soll ephemer sein. Was immer auch Thomas Kunadt beobachtet oder erwandert, es muss haltbar gemacht, konserviert und festgestellt werden. In mehreren Formen: der Fotografie, der digitalen Datenerfassung, des Archivs, des Gedächtnisses. Dieses Festhalten folgt einer Idee: Der prägnante Moment ist es wert, ins Archiv der Erinnerung aufgenommen zu werden. Das Bildmotiv muss zur Vergegenwärtigung eines Augenblicks passen. Die Präsenz des Augenblicks möchte Thomas Kunadt erhalten, ja verewigen. Er schreibt: »Die Intensität des Erlebens hat die Zeitspanne für mich zu einem Stück Ewigkeit gemacht.... Doch der Gewinn von Ewigkeit... im Hügelland war für mich nur gehend möglich. Der Mensch geht wohl schon seit zwei Millionen Jahren auf dieser Erde umher. Hier geht einer davon auf dem Hügelland.« (*Hügelland*, 103)

Man ahnt den Impuls, durch körperliche wie ästhetische Erfahrung sich dessen zu vergewissern, was unerreichbar ist. Die Urgeschichte der Menschheit soll koinzidieren mit dem Verlangen des Ich nach Ewigkeit im Hier und Jetzt: »Werd' ich zum Augenblicke sagen: / Verweile doch! du bist so schön! / Dann magst du mich in Fesseln schlagen, / Dann will ich gern zu Grunde gehn!« (*Faust I*, 1693ff) Fausts Unruhe ist es, die jahrzehntelang die Schiffs-, Fluss- und Wolkenstudien Kunadts antreibt. Die Lausitzer Forschung oder das »Shipspotting« verhüllen eine Selbstentgrenzung, die auf Ewigkeit aus ist. Dieses ebenso gigantische wie solipsistische Unternehmen ist vergleichbar mit der Reise Fausts durch alle geographischen Regionen, geschichtliche Zeiten und kulturellen Symbolwelten. Das Leben wird zu einem Ritual, dem Ich täglich abverlangt. Der Kampf um den verweilenden

Augenblick lässt die Archive überborden, ohne die ruhelose Sehnsucht nach Ewigkeit zu erlösen.

Thomas Kunadt ist ein Erforscher der Elemente: Die Sphäre des maritimen Globus wird mit der Erfindung der Schifffahrt erschlossen. 615.000 Schiffe hat Kunadt erfasst, über 200.000 hat er recherchiert, davon 30.00 fotografiert, dabei 130 Häfen besucht. Laufzeit des Projekts: 30 Jahre. Wer das von sich sagen kann, betreibt Shipspotting als Obsession. Dies ist eine auch wunderliche Beschäftigung, die vielleicht nirgends mit so viel Energie betrieben wird wie bei Thomas Kunadt.

Für den Himmel, also für das Element Luft, gilt das gleiche: 4000 Tage lang nahm er 3300 Sonnenaufgänge und 4500 Untergänge auf, 5500 Tage betrieb er Wetter- und Klimarecherchen und schuf eine gewaltige Himmelsdokumentation sowie eine unabschließbare Sammlung von Wolkenfotos.

Unter *Area* versammelt Kunadt seine Landschaftsforschung in seinem Buch *Hügelland.* Auch die Landschaft wird primär durch geodätische Datenerfassung präsentiert. Diese sortiert aber auch die geohistorischen und kulturellen Ursachen der Morphologie des Lausitzer Hügellands. Sternförmig, ausgehend von seinem Heimatdorf, in das er, nach dreißig Jahren Hamburg, zurückgekehrt ist, erwandert er das Hügelland. Vom Schiffsbeobachter wird er zum Landvermesser. Am Ende hat Kunadt 613 Hügel bestiegen, 313 Ortschaften durchwandert und 6200 Kilometer bewältigt. Wir wissen jetzt, wo die Eisgrenze in der Eiszeit verlief und welche Erhebungen der Wucht der Gletscher widerstanden oder abgehobelt wurden. Die naturgeschichtlichen Gegebenheiten und die landschaftliche Physiognomie des Landes werden vor Augen geführt, ebenso wie die Durchfurchung der Erde durch landwirtschaftliche Maschinen. Es gehört zum Verfahren dieses passionierten Wanderers und Beobachters, dass die geologischen Passagen nicht wichtiger sind als die Akribie, mit der Kunadt seine Leistungen als unermüdlicher Fußläufer statistisch auswertet.

Im Vergleich mit den Wolkenstudien weisen die Lausitzer Fotos deutliche Unterschiede auf. Sie zeigen im Fernblick sanft schwingende Hügel, die durch die Furchung der Äcker als »kulturell kodiertes Terrain« markiert sind (Olaf Briese 2004). Die Agrikultur hat tiefe Prägespuren hinterlassen. Mit Deleuze/Guattari zu sprechen, gehört das Hügelland zum Typus des gekerbten Raumes, während der Himmel und das Meer als glatter Raum gelten, der von Schiffen und Flugzeugen nur flüchtig durchpflügt wird. Der glatte Raum wird den nomadischen, der gekerbte Raum den sesshaften Kulturen zugeschrieben. Die Kerbung von Himmel und Meer erfolgt erst durch Vermessung und Kartierung. Diese sind Formen der Repräsentation und der technischen Durchdringung des glatten Raums.

Der Gegensatz von gekerbtem und glattem Raum wird evident, wenn man die Himmel-Wolken-Fotos hinzunimmt: Mit ihnen reiht sich Kunadt in die Tradition der Wolkenstudien ein. Wolken sind paradigmatische Objekte für eine ästhetische *wie* wissenschaftliche Erfassung. Man denke an Luke Howard, John Constable, William Turner und Goethe oder auch an Hans Magnus Enzensberger, Gerhard Richter, Arnulf Rainer und Angela Schwank. Längst ist eine Art Naturgeschichte der Wolken entstanden. Kunadts Studien sind Beispiele »künstlerischer Forschung« – nicht nur des Himmels, sondern auch der Morphologie des Bodens und des Wassers.

Die Erlebnisintensität der Projekte im Lausitzer Hügelland sowie die Studien zur maritimen Kultur und den Atmosphären der Landschaft werden von Thomas Kunadt zu einer besonderen Ästhetik des Räumlichen geführt. Immer aber geht es ihm auch darum, die Kämpfe der Erdgeschichte mit der Unruhe des eigenen Lebens zu verbinden und ein Zur-Ruhe-Kommen vorzubereiten – in den Schwingungen der Hügel, im Formenspiel der Wolken und den empfindlichen Oberflächen des Wassers.

Abbild und Verwandlung in den Frottagen von Dos Pfeil

Dos Pfeil zeigt drei ihrer Frottagen: zunächst die Frottage einer Strelitzia aus der Familie der Strelitzien, früher nur im südlichen Afrika zu Hause. 1773 kamen Strelitzien in den botanischen Garten von London und damit in die Regie des Botanikers und Forschungsreisenden Joseph Banks, Mitglied und später Präsident der Royal Society. Banks benannte die Pflanze als Strelitzia – zu Ehren der britischen Königin Sophie Charlotte, geborene Prinzessin von Mecklenburg-*Strelitz*. Das zweite Objekt der Frottagen ist eine Chanel-Handtasche, eine doppelte Schändung der Frottage-Tradition: Bei dieser dominierten Pflanzen und nicht Artefakte; und es herrschte, im Schatten der *vera ikon* und der Naturselbstdrucke, das Gebot der Naturtreue. Mit der Handtasche verletzt wird ferner ein Theoriefetisch, nämlich die Mimesis, die getreue Nachahmung und die Wiedererkennbarkeit des

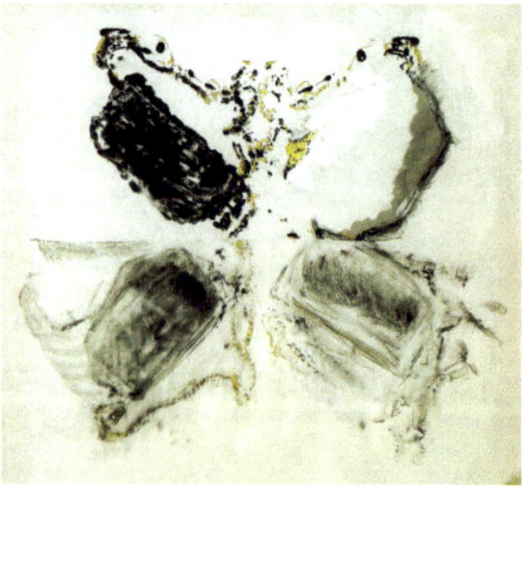

Gegenstands. Wer kann hier noch Chanel erkennen? Die dritte Arbeit präsentiert Farnblätter; diese waren ein bevorzugtes Objekt der botanischen Abbildung, aber auch der Fotografie (Karl Bloßfeldt). Hier galt: Kunst wird Natur.

Bei Dos Pfeil wird indes die Suggestion des authentischen Originals und der Realpräsenz des Objekts strikt vermieden. Es wird nicht der Gegenstand angezielt, sondern ein Bild. Darum ist die Frage, ob es sich eigentlich um Nature Painting handelt oder um eine Bildtechnik.

Frottage (frz. »frotter« = reiben) ist eine Technik der »Abreibung«. Das Oberflächenrelief eines Gegenstandes wird auf ein darüber gespanntes Papier, auf Stoff oder auf Leinwand durch Farben oder Schraffuren übertragen. Max Ernst führte die Frottage in die Kunst des 20. Jahrhunderts ein, besonders in seiner *Histoire Naturelle* (1925), einer Serie von Bleistiftzeichnungen in Frottagetechnik. Stark ist ferner der naturästhetisch wichtige Einfluss der Ludi Naturae. Die »Spiele der Natur« galten als sich selbst abbildende Natur, entstanden durch Zufall oder eine unbekannte Laune der Natur. In der Kunsttheorie wurden derartige Kunstobjekte, bei denen offenblieb, ob sie Kunst oder Natur sind, als Acheiropoieton/non manufactum bezeichnet. Im Christentum durchlief das in ein Tuch eingeprägte En-face-Porträt des leidenden Jesus eine beispiellose Karriere. Es war die Heilige Veronika, die mit ihrem Schweißtuch das Gesicht Jesu unmittelbar abnahm. Dadurch wurde das Bild, die vera ikon des Gottessohnes, geheiligt. Diese »spontane Ikonographie« (Hippolyte Baraduc) schuf Legitimität für die abbildende Kunst.

Der Naturselbstdruck hingegen, mit dem schon Leonardo experimentierte, spielte für das realistische Abbild einer Sache besonders in der Naturkunde eine paradigmatische Rolle. In der Botanik schuf Johann Hieronymus Kniphof in dem Werk *Botanica in Originali (1733)* eine Inkunabel der wissenschaftlichen Abbildung, die an wahre Natur selbst heranreicht. Die Frottage lebte von der Obsession, Pflanzen so abzubilden, dass sie wie die Pflanzen selbst wirken. Pflanzen halten still; Tiere nicht. Darum fand die Technik vor allem Verbreitung in Botanikbüchern, von denen einige wahre Meisterwerke der Buchkunst sind.

Die Anmutung des Originalen, ja, der Realpräsenz wirkt bis in den heutigen Hyperrealismus. Er verzichtet radikal auf subjektiven Ausdruck – zugunsten der reinen Erscheinung des Objekts. Dos Pfeil ist promovierte Philosophin. Gewiss denkt sie an die Epoché in der Phänomenologie Edmund Husserls: Hierbei geht es um die Rücknahme des Subjekts und die Suspendierung der Gewissheiten über die Welt, zugunsten der reflexiven Erfahrung der Wahrnehmung. Man denke in der jüngeren Kunst an Franz Gertsch, Gottfried Hellwein, Chuck Close, Ron Mueck, Maurizio Cattelan. Aufgrund der Verwirrung der Dimensionen von Innen und Außen, von Perzeption und Kognition, sowie der heillosen Indifferenz von Subjekt und Objekt wirkt der Hyperrealismus oft surreal und unheimlich. Die Realpräsenz schlägt um in Abwesenheit. Es ist die Leere des Subjektiven zugunsten der perfekten Illumination des abgebildeten Objekts. Doch pflegt Dos Pfeil ein ironisches Verhältnis zur Kategorientafel einer Vernunft, durch die man Erkenntnisgewissheit sichern könne. Die Kritik daran war: Hyperrealismus sei nur die triviale Verdoppelung der Wirklichkeit.

Die Frottage-Technik nun ist ein geregeltes Verfahren der Bildproduktion, die große Freiheitsräume enthält; ein Verfahren, bei dem sich die Künstlerin zurücknimmt, um der Materialität, den Farben, den Druckkräften eine Mitsprache bei der Bildwerdung zu geben. Und doch dominiert die Künstlerin das Verfahren – von der Auswahl des Objekts, den Farben, mit denen das Objekt bestrichen wird, den Händen, die die Frottage durchführen, bis zur Nachbearbeitung mit ihrem malerischen Eingreifen ins Bild: Von Anfang bis Ende ist Dos Pfeil die Herrin eines Verfahrens, in dem sich das Bild scheinbar selbst herstellt.

Dos Pfeil schätzt diese Tradition. Doch sie verabschiedet sich von den Naturselbstdrucken und der Naturnachahmung. Natürlich lässt sie Artefakte zu, zum Beispiel den berühmten Eames Chair. Sie ist uninteressiert an der Illusion des Authentischen, doch sie ist fasziniert von den erkenntnistheoretischen Dimensionen im Bildprozess und in der Perzeption. Sie philosophiert nicht *über* ihre Bilder, sondern die Philosophie steckt *in* den Bildern.

Schnell erkennt man die Symmetrien, die eng mit dem Bildprozess verbunden sind. Es sind Klapp-, Dreh- und Achsensymmetrien.

Sie wollen indes niemals genau sein. Im Gegenteil: Die Asymmetrien sollen die Formen aus dem Gleichgewicht bringen. Die reine Geometrie, die Kunst more geometrico, gibt es nicht. Vielmehr werden wir aufmerksam für das Abweichende, das Nicht-Ebenmäßige. Wie die Natur so will auch die Kunst *kein* Gleichmaß. Symmetrie ist eine Bewegung, durch die ein Objekt – eine Chanel-Handtasche, ein Farn oder sogar der bemalte Körper der Künstlerin – auf sich selbst abgebildet wird. Gibt es das in Wirklichkeit? Gibt es das im Kunstprozess? Nein. Wir sehen in stets vierfacher Wiederholung dasselbe Objekt. Aber dieses Selbst, die Selbstidentität gibt es in den Frottagen von Dos Pfeil gerade nicht. An jeder Stelle des auf sich selbst abgebildeten Objekts taucht unwillkürlich das Nicht-Identische auf, das sich den Symmetriebedürfnissen unserer Wahrnehmung entzieht. Das Objekt ist immer entstellt; es ist niemals an und für sich; man kann sagen: Es ist anti-hegelianisch. Aber gerade dadurch wird das Objekt zur Kenntlichkeit entstellt. Es ist disfigured, defaced – und erhält so einen neuen Kontext, eine neue Figuration. Es wird dem Objekt eine Maske aufgesetzt. Und aus der Verunstaltung heraus wird es kenntlich und erkannt. Recognizability wird aus ihrem Gegenteil heraus geboren, oder genauer: Sie wird konstruiert von der Künstlerin, ohne dass sie die verunstaltenden Prozesse ihrer Frottagen aufhält. Und doch lenkt Dos Pfeil die Unberechenbarkeit der farblichen Verläufe, lenkt die Weise, wie Stoff und Leinwand die Farben aufnehmen, um ein neues Objekt hervorzubringen. Es ist nicht mehr die Tasche, nicht der Farnwedel, nicht der Eames Chair selbst; sondern es sind strukturiert-unstrukturierte Bildoberflächen, auf der sich Linien, Felder und Kräfte tummeln. Und wir mit ihnen.

Das kleinste Unteilbare in der Kunst von Rüdiger Tillmann

Rüdiger Tillmann ist ein außergewöhnlicher Zeichner von Naturstücken und Landschaften. Er arbeitet in zwei völlig verschiedenen Strichen mit entsprechend unterschiedlichen Bildstilen. Zum einen zeichnet er etwa in Kohle oder Aquarell: Mit seiner heftigen, durchaus abstrakten Strichführung konzentriert sich Tillmann auf die Form und Kontur gebenden Bildelemente. Aus den schwarzen Bögen, den grau geriffelten Flächen oder dem kompakten Gebüsch der Striche setzt Tillmann ein Ensemble zusammen, eben das ›Naturstück‹, zum Beispiel eine Hügellandschaft mit gefurchten Feldern. Einen zweiten Landschaftstyp lässt Tillmann aus Millionen minimalen Federstrichelchen hervorgehen. Was die Fusion dieser Mikrographien zu einer optischen Einheit angeht, so darf man an Dürers *Großes Rasenstück* denken oder an seine fast abstrakt aquarellierten Landschaften, die viel Raum für leeres Weiß lassen. Tillmann unterhält hierzu Beziehungen, aber auch zu einer Untergattung des Stilllebens, nämlich dem *sottobosco*, Gegenbild zu den offenen Landschaften: enge, dunkle, wild bewachsene Waldinterieurs, die von tagscheuem Getier unheimlich belebt sind. Zudem entwickelt Rüdiger Tillmann einen Landschaftstyp, der an die realistische, ja, veristische Tradition der Landschaft anschließt. Dann sind es offene Blicke auf bewaldete Natur, Veduten von Küsten, Meeressaum, Strand, Findlingen, auf Heide oder kleine Flusstäler. Waghalsige Waldstücke trauen sich bis an den Rand einer Steilküste. Eine Partie Heide zeigt ihren mageren Bewuchs vor, doch auch ihren Reichtum an Strichen und Formen, nicht ärmer als das nadelfeine Gestrichel der prangenden Baumkronen.

Aus der Nähe erkennt man, dass die großformatigen Zeichnungen in einer unfassbar feinen mikrographischen Manier mit Stahlfeder und Tusche gezeichnet sind. Dies lässt sich noch nicht an den Illustrationen erkennen, die Rüdiger Tillmann für Bücher der *European Essays on Nature and Landscape* gefertigt hat. In staunende Bewunderung wird man erst versetzt, wenn man die Originale aus der Nähe betrachtet. Man wird überwältigt von der schier unfassbaren Zahl kleinster Striche. Aus ihnen wird alles zusammengesetzt: die Kronen der Laubbäume, die schlanken Nadelbäume, das filigrane Gezweig von Bäumen, die ihr Blätterkleid verloren haben; das Wasser von Bach, Fluss und Meer; der Acker, der die Spuren seiner Furchung als Muster auf dem Rücken trägt; aus kleinen Steinen wird ein Strandstreifen zum Teppich gewoben; das Moor, das Tal und sein Flüsschen, und so weiter. »Alles ist Strich«, so möchte man Goethes Satz »Alles ist Blatt« variieren. Sogar Wasser und Licht sind Effekte der feinen Federstriche. Gelegentlich werden diese unterstützt durch Kreide oder Tusche, wenn die Schwärze des Waldinneren oder die endlose Meeresoberfläche, die nur in Ufernähe weiße Wellen zeigt, vor Augen treten sollen. Weiß und leer bleibt nur der Himmel. Doch wenn dieses leere Weiß sich im Tümpel eines Moores spiegelt, tritt ein verblüffender Effekt ein: Obwohl die Wasserfläche von den Spiegelbildern der Bäume durchzogen ist, strahlt sie mit einer ungeheuren Leuchtkraft, als wäre sie nicht von dieser Welt. Das Wasser selbst erzeugt Bilder. Doch auch das Licht, das erst die Welt in die Sichtbarkeit treten lässt, generiert Bilder. Der Himmel ist bei Tillmann entmaterialisiert; nichts ist zu sehen, doch unter ihm ist alles zum Sehen bestellt.

Diese Zeichnungen mit ihren Millionen Federstrichelchen gehören nicht zur Pleinair-Kunst; im Freilicht sind nur die mit Pinsel und Kohle geschaffenen Landschaften entstanden. Die gestrichelten Zeichnungen entstehen nach Fotografien des Naturausschnitts. Dieser wird im Atelier durch die langwierige Übersetzung von Pixeln in Striche der Kunst verwandelt. Viele der Zeichnungen wirken wie Kupferstiche, als konkurrierten sie mit dieser Königsdisziplin der Druckgraphik – Konkurrenz um die Plastizität der abgebildeten Pflanzen, Bäume, Gewässer und Landschaften; Konkurrenz um die Feinheit des Strichs und das Vermögen zur dreidimensionalen Anmutung; Konkurrenz um die Ästhetik des Lichts und der Schattierungen; und schließlich Konkurrenz um die atmosphärische Wirkung zweier in Schwarz-Weiß arbeitenden Bildtechniken. Ist das Kunst ohne Farbe? Nein, denn schon Max Raphael hat gezeigt, dass das Schwarze und das Weiße Farben mit eigenen Ausdrucksqualitäten sind.

Großartig die Zeichnung aus dem japanischen Urwald. Die Untersicht suggeriert, der Blickpunkt läge nur wenig über dem Waldboden, aber genau auf der Mittelachse, die durch den Stamm eines Baumriesen gebildet wird. Dessen Krone reicht weit über die obere Bildgrenze. Doch auch Äste und Ästchen drängen über den Rahmen hinaus, so dass die bodennahe Waldszene das gesamte Blatt füllt. Damit ist eine ästhetische Regel der Sottobosco-Darstellung erfüllt: Dunkel und Trübe kennzeichnen das Licht in Bodennähe des Waldes; das Laubwerk schirmt das Sonnenlicht ab. Auffällig ist die sorgsame Dar-

stellung der Baumrinde, deren rifflige Plastizität schon an einer Baumruine des Moorbildes ins Auge fiel. Der Künstler ist nicht an Überblick, Ganzheit, Integrität, Stimmigkeit und Komposition des Waldes interessiert; dies sind Merkmale des traditionell Schönen. Die Pflanzen und Bäume treten in Erscheinung und gewinnen Evidenz, aber sie werden durchweg abgeschnitten und damit zum Fragment.

Tillmanns Ästhetik setzt beim Kleinsten an, den Minima. Die Striche sind diejenigen Minima, die in der vorsokratischen Naturphilosophie durch die Atome gebildet werden. Die feinstofflichen Striche haben in den Zeichnungen Tillmanns dieselbe Wirkung wie die Atome: Beide sind kleinste Bausteine entweder der Materie, die die Mutter (mater) aller Dinge ist, oder des Bildes, dessen kleinste Einheit der Strich ist. Strich aber (und Punkt) ist nicht Linie oder gegenständliche Form. Erst wenn die Striche konglomeriert werden, sich zusammenballen oder auseinandertreten, erst dann bilden sie Aggregate der Form, die für unser Auge kompakt genug sind, um in ihnen Gegenstände wahrzunehmen. Tillmann entdeckt in den Minima der Zeichenkunst das wahre Apriori der Formen unserer sinnlichen Welt. Er entdeckt, was Horst Bredekamp den Bildakt nennt. Erst wenn die Strichelchen zu Schwärmen werden, zu dynamischen Aggregaten, erst dann bilden sie Formen in Bewegung. Und diese beiden, Form und Bewegung, stellen die elementare Kraft, die energeia der Bilder dar. Tillmann ist kein Ökokünstler, keine Spur von Waldsterben und den Krankheiten der Natur. Keine Anklage des Menschen als Verursacher der Schäden in der Natur, womöglich auch ihres Todes, wie dies schon seit Jahrhunderten befürchtet wird. Der minimale Strich Tillmanns entbirgt, indem er Bildwelten schafft, eine gewaltige Kraft. Und so auch prozessiert die lebendige Erde, die in den kleinsten Bausteinen ihre Kreativität *und* ihre Vulnerabilität zeigt. So erkennen wir neben der unbändig formschaffenden Kraft der minimalen Striche überall auch die Spuren der Zerstörung und des Absterbens dessen, was zu organisierten Formen zusammengetreten war. »Auch das Schöne muss sterben!«, heißt es in Schillers Gedicht *Nänie*.

Launen der Natur und verkehrte Welt in der Kunst von ATAK

Vielleicht bezieht Georg Barber den Künstlernamen ATAK aus seiner frühen Herkunft: dem Punk. Viele Einflüsse sind zu nennen, besonders der Comic, den er schon in den 1980er Jahren entdeckte. Damit verbunden sind auch Einflüsse der Buchillustration, der Kinderbücher und der Bilderbögen des 19. Jahrhunderts. Letztere sind Vorläufer des Comic. Hier auch bei ihnen findet man einen Bildtypus, den ATAK pflegt: das von Figuren aller Art gefüllte, ja überfüllte Bild. Nicht verwundert es, wenn man Züge der Naiven Malerei und der Paradiesmalerei des Mittelalters zu entdecken glaubt. Auch fallen stilistische Momente der Porträt- und Landschaftskunst des Expressionismus auf, besonders in der kraftvollen Farbigkeit und Pinselführung. In der Regel sehen wir nicht, dass den robust gemalten Bildern zarte, abstrakte Vorzeichnungen vorausgehen. Sie zeigen, dass ATAK seine plakativen Bilder aus einer sehr modernen, minimalistischen und abstrakten Geste gewinnt. Er ist mitnichten ein Naturalist oder ein spontaner nature painter.

Der immer wache und sichere Strich ist geschult durch die jahrzehntelange Erfahrung mit Comic, ebenso wie die gewitzte Pointe und der Humor, die das Auge erfreuen. Es überrascht nicht, dass bei so viel Achtung vor der Welt der Kinder auch Anspielungen auf didaktische Lehreinrichtungen auftauchen, etwa die Kunst- und Wunderkammer oder der schulische Geographieunterricht, wenn ATAK alte geographische Rollkarten übermalt. Die Älteren erinnern sich: Es gab in der Schule Beauftragte, die dafür sorgten, dass die richtigen Rollkarten aus ihrem Kabuff geholt und im Klassenraum aufgehängt wurden. ATAK liebt diese Rollkarten. Heute sind sie Relikte aus der Geschichte der kartographischen Medien, die längst von digitalen Darstellungstechniken abgelöst wurden. Bei ATAK werden die Rollkarten zum Impuls einer Avantgarde ganz anderer Art: Sie lassen Raum für die märchenhaften Figurationen, die aus den Dunkelkammern des Unbewussten und der Kunstgeschichte zu einer bezaubernden Lebendigkeit erwachen. Kein Wunder, dass es in den illustrierten Kinderbüchern von ATAK immer wieder auch um die Resurrektion einer üppigen Natur geht.

Nirgends wird die untergehende Natur so gefeiert wie in Gärten und Parks. Bei allem ästhetischen Aufwand sind sie zu memorialen Sphären der Melancholie geworden, so prachtvoll sie sich darstellen mögen. Es ist die Melancholie der saturnischen Zeit, die alles, was zum Dasein gehört, mit Vergänglichkeit zeichnet: tempus edax rerum – Die Zeit ist die Fresserin aller Dinge, so Ovid. Das ist sie auch in ATAKs Buch *Der Garten* (1999): Wir sehen eine Erinnerung an jenen idyllischen Natur(t)raum, der in der Tradition des englischen Gartens eine Huldigung erfährt, hier aber auch seinen Abgesang. Wir finden Blumen- und Baumdarstellungen im Muster der botanischen Musterbücher; und Gartenszenen, wie sie Gotthardt Frühsorge als *Kunst des Landlebens* (1993) beschrieben hatte. Pavillons, Wasserbassins, Beete, Wege, Brücken und üppige Flora haben hier, eingelagert in weiches Hügelland, ihren Auftritt. Ein kleiner Junge überrascht uns: Auf einen Baum geklettert, schaut er durch ein Sehrohr, um, vielleicht auf der nächsten Seite, einen Kolibri zu beobachten. Im knappen Begleittext von ATAK tauchen häufig die Wörter Stille und Ruhe auf: Dadurch wird der enchanted garden, ursprünglich ein geselliger Raum der high society, zum Gegenbild der lärmigen Stadt. Überall die Schaukel: ein altes Symbol des Vergnügens, ja des Rauschs und der Entgrenzung im *Freiland* des Gartens. Allenthalben lugen seltsame oder vertraute Tiere aus ihren Verstecken; manche stolzieren übers Land. Oft schaut eine Eule aus dem Bild – wie überhaupt Vögel zu den Lieblingen ATAKs gehören.

Ruheplätze laden zur Entspannung. Es mag vorkommen, und das gehört zu den ironischen Volten ATAKs, dass sie berühmte Gemälde zitieren, etwa Eduard Manets oder Claude Monets *Déjeuner sur l'her-*

be (1863, 1865/6; Film von Jean Renoir 1959). Zur Groteske wird C.D. Friedrichs *Wanderer über dem Nebelmeer* im Buch *Martha, die letzte Wandertaube* (2021). Bei ATAK werden diese Inkunabeln der Kunstgeschichte zu Klischees, die schon dem Untergang der ästhetischen Originale zuarbeiten. Die Zeiten ziehen vorbei. Sie laufen ab wie die Tage und Jahreszeiten des Gartens; oder apokalyptisch wie in der Geschichte *Martha*: Dort werden die Menschen zu Mördern der Wandertauben, bis ein letztes Exemplar sein Leben im Zoo fristet – allein hinter Gittern, wie Franz Kafkas *Ein Hungerkünstler* (1922), angestarrt von den schrecklichen Blicken der Menschen.

ATAK kennt die Umkehrung der Vergitterung der tierischen Lebewesen: auf der Titelseite des Bilderbuchs *Verkehrte Welt* sieht uns ein Löwe verblüfft an, während der Wärter im Käfig sitzt. So verkehrt ATAK die Beziehungen von Mensch und Tier. Er destabilisiert die Machtverhältnisse der Lebewesen: Der Löwe lässt den Dompteur durch den Feuerreifen springen, das Pferd reitet auf dem Reiter, das Baby füttert die Mutter, der Hase schießt auf den Jäger (dies zitiert *Die Geschichte vom wilden Jäger* aus dem *Struwwelpeter* von 1876). *Verkehrte Welt* ist ein Kinderspiel – und ATAK liebt solche Verkehrungen, die mit List und Witz die Verhältnisse auf den Kopf stellen. Der mundus inversus ist seit dem Mittelalter eine spielerische Form, um die eigene Ohnmacht ins Gegenteil zu verwandeln.

Vielleicht ist dies die Aufgabe der Kunst. In einem Gedicht von Novalis heißt es: »Dann fliegt vor Einem geheimen Wort / Das ganze verkehrte Wesen fort.« Ja, das könnte ATAK gefallen und gehört zu seiner punkigen Geschichte. Das Bild der verkehrten Welt sagt ihm eher zu als die romantische Phantasie, mit der Jean Baptiste de Grainville und Mary Shelley das Ende des Menschen herbeischreiben: *Le Dernier Homme* und *The Last Man* (1805, 1826).

Nun, die Wandertaube – nicht aber die Tauben, unverwüstliche Kulturfolger des Menschen, der gewiss früher ausstirbt –, die Wandertaube ist ein Beispiel für das Artensterben, auf das ATAK anspielt. Doch vergessen wir nicht: Die traurige Geschichte von Martha wird als Ich-Erzählung präsentiert. Dieses Ich bezieht sich auf die Wandertaube wie auf ATAK selbst. Die letzte Seite des Buches trägt unter einem Fries von Porträts, wie sie der Comic-Zeichner ATAK zu Tausenden gefertigt hat, den Satz »Ich war die letzte Wandertaube«. ATAK identifiziert sich mit der Wandertaube. Nicht zufällig ist jede Seite seiner Homepage mit einem Eisvogel besetzt, der unermüdlich sein Köpfchen hin und her bewegt. Die Wandertaube ist am Ende des 19. Jahrhunderts ausgestorben, vom Eisvogel gibt es weltweit noch 160 000 Exemplare, so wenige, dass er in der Bundesartenschutzverordnung als streng geschützt geführt wird. Letzteres könnte auch auf Künstler*Innen zutreffen, zumal wenn sie wie ATAK in traditioneller Manier, doch in einem modernen, lange verfemten Medium arbeiten, dem Comic. Im Künstlerbuch *Martha* folgen auf die letzte Seite, die the last artist gewidmet ist, einige Ausschneidebögen für die Wandertaube. So könnte es sein, dass der Satz »The Artist is present« von Marina Abramovic gefolgt wird vom letzten Exemplar der Naturgeschichte der Kunst: the Artist is extinct, oder: Er ist zum Ausschneidebogen geworden.

NATURE WRITING FESTIVAL 2025

RÜCKBLICK

Das Festival-Team

Klaas Jarchow

Jana Wincheringer

Johanna Rädecke-Maßmann

Hannes Franzke

Christiane Müller

Vera Heimisch

Stephanie Völzow

Annette Wiese

Kristian Reschke

Svenja Wiese

Frederik Perk

u.a.m.

Mitwirkende des Nature Writing Festivals

Andreas Portugal
Andreas Unterweger
Anna-Katharina Wöbse
Annette Huber
Antje Rávik Strubel
Astrid Kaminski
Atak Georg Barber
Bernd Gonner
Bernhard Kegel
Bernhard Malkmus
Bettina Rühl
Birgit Erz
Birgit Lutz
Daniela Danz
Doris Feil / Dos Pfeil
Esther Kinsky
Eva Strasser
Frank Fehrenbach
Georg Toepfer
Georg Winter
Gerhard Trommer
Gianna Molinari
Graciana Petersen
Hans Leo Bader
Hans-Helmut Poppendieck
Hartmut Böhme
Hella Kemper
Helmut Schreier
Isabel Fargo Cole
Jan Philipp Reemtsma
Jan Röhnert
Jannete Hentati
Karsten Reise
Katharina Hagena
Katharina Mevissen
Kerstin Lange
Klaus Hackländer
Kristin Gora
Lann Hornscheidt
Lars Fischer
Laura Burgers
Laura Kranich
Lea Schneider
Lena Frings
Lothar Frenz
Manuel Bolz
Mara-Daria Cojocaru
Marie Gamillschegg
Marion Poschmann
Markus Thielemann
Matthias Glaubrecht
Miek Zwamborn
Mona Harry
Norbert Fischer
Paula Schweers
Reinhard Kahl
Rüdiger Tillmann
Ruzana Liburkina
Sebastian Brakhane
Sönke Christiansen
Stefan Schwarck
Sven Meyer
Tanya Lieske
Thomas Kunadt
Thomas Wrede
Tilo Wesche
Uwe Rada
Volha Hapeyeva

DIE
NATUR
UND
WIR
Di 17.6. 19.30 Uhr · Eintritt frei
Zentralbibliothek der Bücherhallen
NATURE WRITING FESTIVAL
HAMBURG 2025

17.-21.6.2025
BÜCHER
ÜBER
BÄCHE
NATURE WRITING FESTIVAL
HAMBURG 2025

17.-21.6.2025
BÜCHER
ÜBER
BÄUME
NATURE WRITING FESTIVAL
HAMBURG 2025

17.-21.6.2025
BÜCHER
ÜBER
BERGE
NATURE WRITING FESTIVAL
HAMBURG 2025

17.-21.6.2025
BÜCHER
ÜBER
BLUMEN
NATURE WRITING FESTIVAL
HAMBURG 2025

17.-21.6.2025
BÜCHER
ÜBER
BLÄTTER
NATURE WRITING FESTIVAL
HAMBURG 2025

17.-21.6.2025
BÜCHER
ÜBER
BÖDEN
NATURE WRITING FESTIVAL
HAMBURG 2025

17.-21.6.2025
BÜCHER
ÜBER
BUCHTEN
NATURE WRITING FESTIVAL
HAMBURG 2025

NATURE
WRITING
FESTIVAL
HAMBURG 2025

Nature Writing Festival Hamburg 2025
17. bis 21. Juni

Mittwoch 18.6.2025

Bilder der Natur – Viererlei Weisen der Darstellung von Natur – ATAK Georg Barber, Dos Pfeil, Rüdiger Tillmann, Thomas Kunadt – Einführung Hartmut Böhme

DIE NATUR UND WIR – FESTIVALERÖFFNUNG – mit Katharina Hagena, Karsten Reise, Miek Zwamborn, Uwe Rada, Mara-Daria Cojocaru, Klaas Jarchow, Moderation Hella Kemper und Tanya Lieske

#ÖtrifftÖ – Ökologie trifft Ökonomie – *Wer wird überleben?* – mit Lothar Frenz und Graciana Petersen

Widergänger Natur – Vom Verlust und Wiedererstehen einer Gegenwelt – Georg Toepfer und Frank Fehrenbach – Gesprächsleitung Tanya Lieske

Der Schüler mit dem Wegerich – Eine Erinnerung an Loki Schmidt – Georg Winter und Lothar Frenz

Zwischen Furcht und Faszination – Narrative der Nordseeküste – Manuel Bolz, Martin Döring, Norbert Fischer, Gesprächsleitung Ruzana Liburkina

Hochschwarzwald – European Essays on Nature and Landscape – Doris Feil und Birgit Erz

Vom Recht der Natur – Die Natur als Rechtspersönlichkeit – Hans Leo Bader, Tilo Wesche, Laura Burgers, Gesprächsleitung Uwe Rada

Nature Writing in der Lyrik – »Die Winterschwimmerin« – Marion Poschmann

Tiere als Personen – *Die Anderen* – Lea Schneider mit Mara-Daria Cojocaru

Nature Writing im Roman – Im Wasser und an Land – Marie Gamillschegg und Gianna Molinari

MARA-DARIA COJOCARU
„ICH ÜBERLASSE DEM HUND UNSER TEMPO, DEN RHYTHMUS UND MEIN VERMÖGEN
ZU DENKEN. WIR KOMMEN NUR STOCKEND INS SCHREIBEN. DER HUND PUTZT DIE PFOTEN.“

DANIELA DANZ
„WEITER UND WEITER ERZÄHLT SICH DIE WELT“

DORIS FEIL / DOS PFEIL
"DIE ALTEN DINGE WARE MÄCHTIG UND LEGTE EINEN BAN AUF DIESE OR

LOTHAR FRENZ
"CHARISMA HILFT, WENN ES UMS GERETTETWERDEN GEHT."

LENA FRINGS
„DIE DOPPELNATUR IST MIT BLOSSEM AUGE NICHT ERKENNBAR“

MARIE GAMILLSCHEG
„ZUERST ÜBERLEGTEN WI WIE IMMER, WAS WIR TU WÜRDEN, WENN W HIER VERGESSE WÜRDE

BERND MARCEL GONNER
„[...] DRUNTEN IM GRUND GEHT MAN GUT IRR. DER FLUSS BAUSCH UND BOGEN“

KATHARINA HAGENA
"HOCH ÜBER DEM DUNST KREISEN DIE BUSSARDE, IHRE SCHREIE DÜNN UND SCHARF WIE DIE REUE"

VOLHA HAPEYEVA
„IN MEINEM MUND WUCHERT GRAS [...] GRAS WÄCHST NUR BEI STILLE.“

Die Rückkehr der großen Pflanzenfresser – Konfliktfeld oder Chance für den Artenschutz? – Klaus Hackländer und Sebastian Brakhane

Baumland – Welchen Wald wollen wir und welcher wird überleben? – Helmut Schreier, Hans-Helmut Poppendieck, Andreas Portugal, Sönke Christiansen, Gesprächsleitung Astrid Kaminski

Nature Writing in der Lyrik – *Schiefer* und *Maulbeerzeilen*, Esther Kinsky und Katharina Mevissen

Mein Spitzbergen – Landschaft, Tierwelt und Geschichte des Archipels – Birgit Lutz

Wegweiser zur ökologischen Heimat – Das Grüne Band – Isabel Fargo Cole und Kerstin Lange, Gesprächsleitung Hella Kemper

Natur der Zukunft – Tier- und Pflanzenwelt in Zeiten des Klimawandels – Karsten Reise und Bernhard Kegel, Gesprächsleitung Reinhard Kahl

Donnerstag 19.6.2025

Lyrik für eine wilde Stadt – Das *Buch der Bestimmungen* – Mara-Daria Cojocaru, Gesprächsleitung Hella Kemper

Heimat/Antiheimat – Ein Gespräch darüber, wo wir leben – Markus Thielemann und Anna-Katharina Wöbse, Gesprächsleitung Reinhard Kahl

Himmelsstriche – Über den Saum des Meeres und seine Vögel – Bernhard Malkmus im Gespräch mit Miek Zwamborn und Karsten Reise, Gesprächsleitung Tanya Lieske

Was wir nicht über Vögel wissen – Was wir über Natur sagen können – Volha Hapeyeva und Andreas Unterweger

Nature Writing im Roman – *Von Norden rollt ein Donner* – Markus Thielemann, Gesprächsleitung Jochen Thomas-Schumann

Schwindende Gletscher – Der Wandel der Eislandschaften – Thomas Wrede, Christoph Mayer, Bernhard Malkmus, Gesprächsleitung Tanya Lieske

17.–21.6.2025
WORTE
ÜBER
WÄLDER
NATURE WRITING FESTIVAL
HAMBURG 2025

17.–21.6.2025
WORTE
ÜBER
WIESEN
NATURE WRITING FESTIVAL
HAMBURG 2025

17.–21.6.2025
WORTE
ÜBER
WILDNIS
NATURE WRITING FESTIVAL
HAMBURG 2025

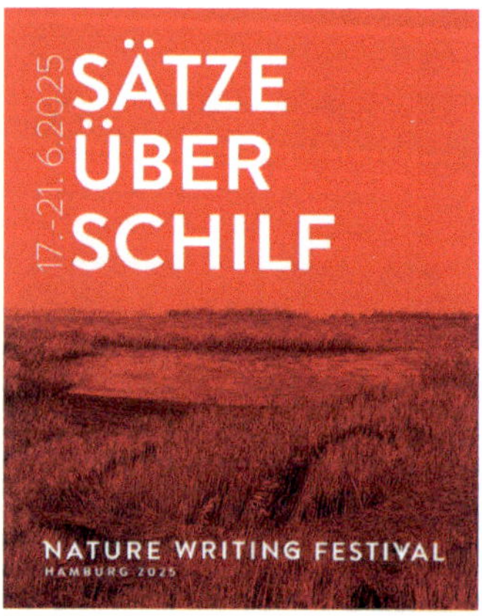
17.–21.6.2025
SÄTZE
ÜBER
SCHILF
NATURE WRITING FESTIVAL
HAMBURG 2025

17.–21.6.2025
WORTE
ÜBER
WIND
NATURE WRITING FESTIVAL
HAMBURG 2025

17.–21.6.2025
SÄTZE
ÜBER
STURM
NATURE WRITING FESTIVA
HAMBURG 2025

HEIMAT/
ANTI-
HEIMAT
NATURE WRITING FESTIVAL
HAMBURG 2025

17.–21.6.2025
SÄTZE
ÜBER
STRAND
NATURE WRITING FESTIVAL
HAMBURG 2025

17.–21.6.2025
LITERATUR
SCHUTZ
GEBIET
NATURE WRITING FESTIVAL
HAMBURG 2025

Nature Writing in der Lyrik – Wildnis als Blühstreifen – Daniela Danz, Gesprächsleitung Hella Kemper

Der Himmel über uns – Nordlichter und Stratosphärenwolken – Laura Kranich und Thomas Kunadt, Nachbetrachtung mit Astrid Kaminski

Das Verschwinden der Wildnis – In der Arktis und anderswo – Gerhard Trommer und Birgit Lutz, Gesprächsleitung Reinhard Kahl

Nature Writing im Roman – *Gras* – Über die Natur und über uns – Bernhard Kegel

Lebendig sein – Dem Kapitalismus die Grundlage entziehen – Lann Hornscheidt

Silent Nature Reading – Alle Bücher des Festivals – Lesekreis Nature Writing Hamburg

Nature Writing im Roman – *Flusslinien* – Katharina Hagena

Freitag, 20.6.2025

Nature Writing im Essay – Wildnis und Kultivierung – Bernd Marcel Gonner und Jan Röhnert, Moderation Tanya Lieske

Nature Writing über Wasser – *Talmäander*, *Älv* und *Flusssee* – Lena Frings, Jannete Hentati und Paula Schweers, Gesprächsleitung Hella Kemper

Wilde Tiere – Langer Tag der Stadtnatur – Eröffnung – Mona Harry und Stefan Schwarck, Heiko de Groot, Moderation Lothar Frenz

Was spricht die Natur? – Ein Philosophisches Gespräch – Harmut Böhme und Doris Feil

Menschenleer mit Haus – Naturbilder im Werk Arno Schmidts – Jan Philipp Reemtsma

Nature Writing im Roman – Vorstellungen von der Liebe – Antje Rávik Strubel

Zwischen Metropole und Wildnis – Bericht aus *Niemandland* – Gerhard Trommer, Gesprächsleitung Astrid Kaminski und Stefanie Porath-Walsh

BERNHARD KEGEL
„MIR WURDE PLÖTZLICH KLAR, DASS WIR UNS IN EINER AUSNAHMESITUATION BEFANDEN, IM KRIEG GEGEN EINE PFLANZE“

HELLA KEMPER
„DER STRAND IST EINE EHRLICHE HAUT. AUF STILLE WEISE BIETET ER SICH DEM MEER AN.“

ESTHER KINSKY
„AN EINER
WEST BIS
IM SCHARTIGEN
DA GAB ES EIN

LAURA KRANICH
“WIR MENSCHEN VERÄNDERN LANDSCHAFTEN UND DAMIT AUCH DEN HIMMEL ÜBER UNS”

BIRGIT LUTZ
„DIES IST MEINE LIEBES-ERKLÄRUNG AN EINE INSELWELT, DIE SO, WIE SIE WAR, NICHT MEHR SEIN WIRD.“

Bernhard Malkmus
„JEDE RÜCKKEHR EINER
SCHWALBE IST EIN
ANDERS ZU DENKEN, ALS
UNS

GIANNA MOLINARIA
„PINA VERSUCHTE, DAS SCHRUMPFEN ZU HÖREN.“

MONA HARRY
„JA, WIR MÖGEN KONTRASTE SELBST UNSRE KÜHE SIND SCHWARZ-WEISS“

MARION POSCHMANN
„DURCH DIE ERINNERUNG
DURCH BILDER VON BÄUMEN,
FACKELN IM HERBST, ASCHE IM

Nature Writing Workshop – Verborgene Verbindungen – Miek Zwamborn – Unterstützung durch Tanya Lieske

Natur im Poetry Slam – Man kann nicht zweimal in denselben Fluss steigen – Mona Harry und Stefan Schwarck

Nature Writing im Roman – *Wildhof* – Eva Strasser

Himmelstraum und Wolkenzug – Über das Element der Luft – Hella Kemper und Bettina Rühl

Samstag, 21.6. 2025

Das stille Sterben der Natur – Wie wir die Artenvielfalt und uns selbst retten – Matthias Glaubrecht

Exkursion – Schiffsfahrt und Begehung des Naturschutzgebietes Neßsand – Langer Tag der Stadtnatur

Robin Wall Kimmerer – Über ein Naturverständnis – Lann Hornscheidt und Helmut Schreier – Moderation Reinhard Kahl

Bücher über die Natur – Nature Writing verlegen – Lars Fischer, Kristin Gora, Lann Hornscheidt und Klaas Jarchow, Moderation Reinhard Kahl

Coda – Musik und finale Wort zum Nature Writing Festival – Musik mit Pflanzen von KYMAT/Sven Meyer, Moderation Reinhard Kahl

ANTJE RÁVIK STRUBEL
„BÄUME RAGTEN IN DEN STROM, VERSCHWENDERISCHES BLATTWERK DER BÜSCHE“

KARSTEN REISE
“UND WÄHREND WIR WANDERTEN, ERZÄHLTEN WIR UNS VON DEN STRÄNDEN, DEN NAHEN UND DEN FERNEN, DEN JUNGEN UND DEN ALTEN”

JAN RÖHNERT
„DIE ZEIT VERFLIESST ELBAUFWÄRTS“

LEA SCHNEIDER
„WENN TÖTEN NOTWENDIG IST, UM ZU ESSEN DANN IST ABBITTE NOTWENDIG, UM NACH DEM ESSEN WEITERZULEBEN.“

MARKUS THIELEMANN
“VIELLEICHT IST ES DAS LAND, DAS IHM ETWAS SAGEN WILL, DAS IHM ETWAS ANTUN WILL, VIELLEICHT IST ES DIE HEIDE.”

MIEK ZWAMBORN
„DAS MEER FÄNG
JEDEN TAG WC
ANDERS AN

ANDREAS UNTERWEGER
„DAS WELTENDE SCHEINT GLEICH WENIGER NAHE, WENN MAN DEN JUNGEN ETWAS VERTRAUEN ENTGEGEN-BRINGT“

TILO WESCHE
„NACHHALTIGKEIT MUSS DEN GLEICHEN RANG WIE DAS GRUNDRECHT AUF EIGENTUM HABEN“

ANNA-KATHARINA WÖBSE
„PETER HANSEN WAR OFFENKUNDI
ZIEMLICH ZUFRIEDEN MIT DEM ORT, AN DEM ER LEBTE“

MITTWOCH

18.6.

Mehr Information

10:15 Uhr

#ÖTRIFFTÖ

Ökologie trifft Ökonomie
„Wer wird überleben?“

Lothar Frenz und Graciana Petersen im Gespräch

→ Zentralbibliothek

15:00 Uhr

WIDERGÄNGER NATUR

Vom Verlust und Wiedererstehen einer Gegenwelt

Georg Toepfer und Frank Fehrenbach im Gespräch
Moderation Publikumsgespräch: Tanya Lieske

→ Zentralbibliothek

19:00 Uhr

VOM RECHT DER NATUR

Die Natur als Rechtspersönlichkeit

Eine Bestandsaufnahme und ein Ausblick

Hans Leo Bader, Tilo Wesche, Laura Burgers
Gesprächsleitung: Uwe Rada

→ Zentralbibliothek

Zeichnung Rüdiger Tillmann – Copyrights der Fotos: siehe parallele Programmbroschüre

NATURE
WRITING
FESTIVAL
HAMBURG 2025
Mehr Information
»GLÜCKLICHERWEISE
IST ES ZUM NÄCHSTEN
WALD NICHT WEIT«
Helmut Schreier
17. - 21. JUNI
44 Veranstaltungen an 22 Orten
Lesungen · Vorträge · Gespräche
Workshop · Ausstellung · Exkursion

Gedanken zu den Veranstaltungen »#ÖtrifftÖ« mit Lothar Frenz und »Baumland: Welchen Wald wollen wir?« mit Sönke Christiansen u.a., beide 17.6.2025

Marie Husar: Kontrolle und Loslassen

Eine der zentralen Fragen in unserer Beziehung zur Natur, die mir im Laufe des Festivals immer wieder begegnete, ist das Verhältnis von Kontrolle und Loslassen. Seit Jahrhunderten versuchen wir Menschen, die Natur zu beherrschen: Wir begradigen Flüsse, roden Wälder und errichten Deiche. Doch ist diese Kontrolle nicht nur Fiktion – ein komplexes System aus Technik und Verwaltung, das uns glauben lässt, die Natur würde uns gehorchen?

Vielleicht ist genau das der Kern des Problems: Weil wir immer noch meinen, alles kontrollieren und verstehen zu können, obwohl uns allein durch die zahlreichen Brände und Überschwemmungen in der letzten Zeit vor Augen geführt wird, wie wenig Kontrolle wir wirklich haben (können). Doch so begehen wir weiterhin Grenzüberschreitungen, deren Folgen sich zum Teil auch erst Jahrzehnte später zeigen werden. Der Biologe Lothar Frenz erklärte es so: Lebewesen entstehen nicht mit einem Ziel oder Zweck. Aber ihre Existenz hat Konsequenzen – genauso wie ihr Verschwinden. Zur Veranschaulichung nutzt er das Bild eines Autos: Das Fehlen von nur einer Schraube kann hier über Leben und Tod entscheiden – in der Natur allerdings kennen wir die Bedeutung und Funktion von Arten und Prozessen oft nicht ausreichend.

Loslassen hieße also, zu akzeptieren, dass die Natur ein komplexes System ist, das sich unserem vollen Verstehen entzieht und vielleicht auch immer entziehen wird; es hieße, das Wissen, das wir haben, zu nutzen und gleichzeitig die Grenzen dieses Wissens anzunehmen. Loslassen würde auch bedeuten, Vertrauen zu haben in Prozesse, die nicht an dem derzeitigen menschlichen Maßstab von Nützlichkeit ausgerichtet sind. Wir leben in einer Gesellschaft, die Fortschritt an

Geschwindigkeit und Wachstum misst und die von kurzen politischen und ökonomischen Zyklen dominiert wird. Loslassen aber bedürfte Geduld und die Bereitschaft, den langen Zyklen der Natur Raum zu geben. Dazu würde auch gehören, eine langfristige Perspektive einzunehmen und von kurzfristigen, schnellen und ›einfachen‹ Problemlösungen, wie dem Einsatz chemischer Mittel, die dem Ökosystem schaden, abzusehen. Und Loslassen hieße schließlich, sich einzulassen auf das, was passieren kann, wenn wir die Natur machen lassen. Denn, so formuliert es der Waldbesitzer Sönke Christiansen: »Der Mensch ist der schlechteste Waldbauer, die Natur kann das viel besser.«

Vielleicht sind Kontrolle und Loslassen keine Gegensätze, sondern Pole eines Spannungsfeldes. Ganz ohne Kontrolle – in Form von Schutzräumen, Katastrophenvorsorge, Landwirtschaft – mag es vielleicht nicht gehen. Aber ohne Loslassen riskieren wir, das System zu zerstören, das uns trägt. Insofern müsste es also vielleicht um ein kontrolliertes Loslassen – oder eine losgelassene Kontrolle gehen.

Was passiert also, wenn wir loslassen? Wir wissen es nicht. Aber die Natur vergisst nicht. Wird Urwald gerodet, speichern sich die Informationen in der Luft – oder, wie es auf einer Veranstaltung des Nature Writing Festivals treffend formuliert wurde: »Der Wald erinnert sich.« Mit genügend Zeit und Raum findet also vieles zurück.

Sönke Christiansen, Andreas Portugal, Astrid Kaminski, Helmut Schreier, Hans-Helmut Poppendieck (v. l.)

Im Gespräch »#ÖtrifftÖ« mit Lothar Frenz und Graciana Petersen am 17.6.2025 stand das Verhältnis von Ökonomie und Ökologie im Mittelpunkt. Hier treffen die beiden noch einmal aufeinander, um mit einer Paartherapeutin über ihre Beziehung zu sprechen.

Marie Husar: #ÖtrifftÖ – in der Paartherapie

Therapeutin: Was führt Sie zu mir? Wie kann ich helfen?
[Stille. Beide rutschen unruhig auf ihren Stühlen.]
Ökologie: Wir streiten ständig. Und … ich weiß einfach nicht mehr weiter, das hat alles keinen Sinn mehr *[nickt in Richtung Ökonomie]*.
Ökonomie: Du verstehst es einfach nicht. Ich trage die ganze Verantwortung, muss die Menschen versorgen, ihre Bedürfnisse erfüllen. Ohne mich bricht alles zusammen!
Ökologie: *Du* versorgst die Menschen? Woher kommen denn die Nahrung, das Wasser, die Luft – die Lebensgrundlage für alle? Aber du reißt Wälder nieder, leerst Meere, versiegelst Böden, als wäre ich unerschöpflich.
Ökonomie: Aber doch nur, um das Überleben zu sichern!
Ökologie: Und genau damit gefährdest du es.
[Stille.]
Ökologie: Sehen Sie? Es hat keinen Zweck.
Ökonomie: Vielleicht passen wir wirklich einfach nicht zusammen.
Therapeutin: Ich sehe zwei erschöpfte Partner, beide am Rand eines Burnouts. Sie, Ökologie, weil so oft gegen Sie gearbeitet wird. Und Sie, Ökonomie, weil Sie denken, immer mehr leisten zu müssen. Mir scheint, als wären Sie gar keine Gegensätze – es sind Missverständnisse und fehlende Anerkennung, die Sie auseinandergetrieben haben.
Ökologie: Ich bemühe mich so sehr. Ich kämpfe jeden Tag ums Überleben.
Ökonomie: Und ich arbeite, bis nichts mehr geht.
Therapeutin: Versuchen Sie einmal wiederzugeben, was Sie beim jeweils anderen verstanden haben.

[Beide überlegen.]
Ökonomie: Naja, du willst, dass alle auch in Zukunft versorgt sind – nicht nur heute oder morgen. Aber du denkst immer noch in kleinen Gemeinschaften, die nur so viel nehmen, wie sie brauchen. Die Zeiten haben sich geändert. Du bist in der Vergangenheit stehen geblieben. Heute braucht es Wachstum!
Ökologie: Du immer mit deinem Wachstum – du jagst einem Irrglauben hinterher. Du glaubst, es geht nicht ohne stetiges Wachstum. Aber so funktioniert das nicht, so funktioniere *ich* nicht. Ich kann nicht ewig so weitermachen. Manche meiner Ressourcen sind endlich. Und manche Verletzungen irreversibel.
Therapeutin: Sie beide sprechen von Sicherheit, Versorgung, Wohlstand und Wachstum. Vielleicht müssen wir nochmal einen Schritt zurücktreten und darüber sprechen, was diese Begriffe denn für Sie bedeuten.
Ökonomie: Naja, also ich brauche die Sicherheit, dass alle versorgt werden, das ist meine Verantwortung.
Ökologie: Aber genau das will ich doch auch! Aber Wohlstand stellt so, wie es derzeit läuft, das Gegenteil von Sicherheit dar, wie kannst du das nicht sehen? Die Menschen verlangen von dir nicht nur Überleben, sondern immer mehr Wohlstand – den aber nur für einige wenige. Und um das zu erreichen, beutest du mich aus, zerstörst du mich und *nimmst* damit ja gerade die Sicherheit, die du vermeintlich anstrebst.
[Stille.]
Ökonomie: Aber… *[hält inne]* Ja, also das habe ich so noch nie gesehen, aber…
Ökologie: Die Menschen verstehen mich nicht. Sie glauben, sie durchschauen mich mit ihrer Wissenschaft, mit ihren Daten und Modellen. Aber ich bin komplexer, meine Zyklen sind lang – das passt nicht zu dem, was sie dir vorschreiben. Sie zerlegen alles in kleine Probleme – und verlieren dabei das große Ganze aus dem Blick. Vielleicht sagen deshalb so viele von ihnen, wir seien Gegensätze. Dabei spielen sie uns gegeneinander aus.
Ökonomie: Und fordern immer mehr. Immer mehr Druck.
Therapeutin: Mir scheint, als seien Sie mit sehr widersprüchlichen

Anforderungen konfrontiert, die sich gar nicht gleichzeitig erfüllen lassen. Das frustriert. Und wenn ich Sie hier richtig verstehe, ist vielleicht gar nicht Ihre Beziehung oder die Zusammenarbeit zwischen Ihnen beiden das Problem.

[Ökologie und Ökonomie sehen sich zum ersten Mal direkt an.]

Ökonomie: Nein, nicht wirklich.

Ökologie: Eigentlich sind wir ein gutes Team, zusammen können wir viel. Aber nicht unter diesen Bedingungen. Wir müssen Grenzen setzen.

Therapeutin: Für dieses Mal müssen wir jetzt langsam zum Ende kommen, aber das scheint mir ein guter Ansatz zu sein. Für den weiteren Verlauf halte ich es allerdings für notwendig, dass auch die dritte Partei mit am Tisch sitzt.

Ökologie: Ja. *[Schaut eindringlich zur Ökonomie].* Sie müssen endlich begreifen: Wer zu viel verlangt, verliert am Ende alles.

Mi 18.6. 15 Uhr · Eintritt frei
Zentralbibliothek der Bücherhallen
WIDER-
GÄNGER
NATUR
NATURE WRITING FESTIVAL
HAMBURG 2025

Auszug aus dem Anfang des Gesprächs »Widergänger Natur. Vom Verlust und Wiedererstehen einer Gegenwelt«, 18.6.2025

Georg Toepfer, Frank Fehrenbach und Tanya Lieske: Widergänger Natur. Vom Verlust und Wiedererstehen einer Gegenwelt

Tanya Lieske (an Georg Toepfer): In Ihrem theoretischen Schaffen, in den Aufsätzen, die Sie schreiben, geht es vielfach um die Frage, wie denn Artenvielfalt weltweit erhalten werden kann. Sie zielt im Wesentlichen darauf ab, ob und inwieweit ein Eingreifen des Menschen gerechtfertigt sein kann, um Artenvielfalt zu erhöhen… Sie bewirtschaften ja auch selbst Land, wie gehen Sie dort vor?

Georg Toepfer: Es gibt verschiedene Devisen des Naturschutzes. Eine Devise, die beispielsweise im Nationalpark Bayerischer Wald gefahren wird, lautet »Natur Natur sein lassen«. Das zielt eben gerade darauf, nicht einzugreifen. Aber häufig ist die Praxis des Naturschutzes doch ein Eingreifen. Und gerade in den bedrohten Acker- und Wiesenökosystemen sind das ja Lebensräume, die durch den Menschen geschaffen wurden, die Wiesen zum Beispiel. Und man kann dann sehr unterschiedlich eingreifen, man kann die Wiesen sehr unterschiedlich bewirtschaften. Eines der Ziele, die ich mir persönlich gesetzt habe, ist eben, möglichst so zu bearbeiten, dass die Vielfalt erhalten bleibt. Das Wirtschaften mit der Natur ist immer auch ein Umgehen mit der vorhandenen Vielfalt, die unterschiedlich gefördert oder unterdrückt werden kann.

Tanya Lieske: Herr Fehrenbach, auch für Sie ist Natur interessant. Mit der Brille des Kunsthistorikers betrachtet, gibt es da eine Epoche, die Sie ganz besonders interessiert?

Frank Fehrenbach: Ich müsste lügen, wenn ich nicht sagen würde: Natürlich gibt's da eine. Das ist die frühe Neuzeit, die Renaissance.

Tanya Lieske: Mögen Sie uns ein bisschen was dazu verraten, welchen Blick die frühe Neuzeit auf die Natur hat?

Frank Fehrenbach: Normalerweise wird sie mit dem Klischee verbunden, dass dort zum ersten Mal so etwas wie eine Mathematisierung der Natur stattgefunden hat, dass man Experimente angestellt hat, die Sinneserfahrung in der Erforschung der Natur auf einmal einen ganz anderen Stellenwert hatte und weniger der Rekurs auf Bildungsgut, auf Schriften der Antike oder des Mittelalters. Aber mich interessiert die Renaissance natürlich als eine Epoche, in der sich unglaublich viele unterschiedliche Strömungen vermischen. Etwa das, was wir heute etwas despektierlich qualitative Naturwissenschaft nennen würden. Also ein Eingehen auf all das, was sich eben nicht messen lässt, was mit Kräften, mit Prozessen zu tun hat, was sich besser beschreiben als messen lässt. Und dann aber auch eine große Unbefangenheit hinsichtlich des Bereichs, der überhaupt erforschbar ist. Also ein großes Interesse an so etwas wie Grenzsubstanzen, an animistischen Vorgängen, an der Magie, an Fernwirkungen. Das Naturbild selbst ist ein unglaublich reiches und hat die Leute des 15., 16. Jahrhunderts unendlich fasziniert wegen dieser Offenheit und dem noch Formbaren – im Gegensatz zu dem, was heute unter dem Paradigma der Naturwissenschaft läuft. Die Künste sind dabei natürlich sehr wichtig, weil die Künstler, teilweise identisch, eben auch als Naturwissenschaftler unterwegs waren. Ich erwähne nur Leonardo da Vinci, mit dem ich mich ziemlich viel beschäftigt habe und immer noch beschäftige. Aber natürlich auch deshalb, weil die Formen der Dokumentation der Natur, der Auseinandersetzung mit Natur, häufig visuelle waren. Die bildende Kunst hat auch einen enormen Anteil, die Natur sprachlich zu erfassen beziehungsweise überhaupt den Naturbegriff zu klären.

Tanya Lieske: Bevor ich Sie beide Ihrem Gespräch übergebe, möchte ich Sie fragen, ob einer von Ihnen zum Titel »Widergänger Natur – Vom Verlust und Wiedererstehen einer Gegenwelt« noch ein paar einführende Worte sagen möchte.

Georg Toepfer: Ich sage gern etwas dazu. Das Wort »Widergänger« spielt mit dieser Ambivalenz des »i« und »ie«. Dieses Wort kann man ja sowohl mit »i« als auch mit »ie« schreiben. Der Wiedergänger ist einerseits ein Wesen, das nach seinem Tod wieder auftaucht und Unruhe stiftet, etwas, was wiederkommt. Aber es ist auch ein etwas Widerständiges. Deswegen ist auch dieses wider mit dem einfachen i von Bedeutung. Es ist nicht einfach nur eine Wiederholung, sondern da wiederholt sich etwas in anderer Gestalt, in einer etwas widerständigen Gestalt. Es geht mir damit um das Thema der Natur als etwas, was vielfach totgesagt wurde, dass Vielfalt durch unser Tun oder unsere Konstruktionen an ein Ende gekommen ist, aber eben doch von uns allen weiterhin geschätzt wird, in unserer Praxis und auch in unseren theoretischen Auseinandersetzungen um das, was wichtig ist in unserer Zeit.

Eingangsstatement von Georg Toepfer zur Veranstaltung »Widergänger Natur. Vom Verlust und Wiedererstehen einer Gegenwelt« mit Frank Fehrenbach, 18.6.2025 / durchgesehen 2026

Georg Toepfer: Zehn Thesen zum Naturbegriff

I Drei Angriffe auf den Naturbegriff

1. Materielle Verschränkung von Natur und Kultur im Anthropozän: Im angebrochenen Zeitalter des Anthropozäns gibt es auf der Erde keine vom Menschen unbeeinflussten Räume und in diesem Sinne keine Natur mehr. Die Einflüsse menschlichen Handelns sind überall zu finden, weltweit sind die meisten geografischen Räume intensiv durch den Menschen überformt, materielle Spuren seiner Zivilisation – und mehr noch der Neben- und Abfallprodukte seines Handelns – finden sich in den entlegensten Winkeln der Erde. Die Zahl der nicht-menschlichen Arten von Lebewesen und Lebensformen schwindet in dem Maße, in dem der Mensch an Zahl wächst und die Eingriffstiefe seiner Aktivität zunimmt. Im Sinne einer vom Menschen unbeeinflussten Sphäre, ist die Natur damit verschwunden und der Mensch begegnet, anders als in den vielen Jahrhunderten zuvor, in den Veränderungen und Katastrophen seiner Umwelt vor allem den Folgen seines eigenen Handelns. Vor diesem Hintergrund hat die Diagnose vom »Schwinden« der Natur (Wetekamp 1898), dem »Ende der Natur« (McKibben 1989) oder dem »Abschied von der Natur« (Bohnke 1997) ihre Berechtigung. Es gibt nun auf der Erde keine Welt mehr ohne uns, keine Gänge durch eine »nicht berührte, mächtige, universale, unangefochtene Natur«, stattdessen gilt: »Wir sind in allem« (Maier 2011). Wobei sich dieses ›Wir‹ nicht auf alle Menschen bezieht, betroffen sind nicht alle Regionen gleichermaßen, und nicht alle ökonomischen Systeme sind verantwortlich zu machen, sondern vor allem das dominante Modell des Kapitalismus.

2. Kulturabhängigkeit des Naturbegriffs: Der Naturbegriff ist eine kulturelle Konstruktion. ›Natur‹ ist ebenso wie ›Landschaft‹ ein durchaus nicht universales und überzeitliches, sondern historisch und kulturell variables Phänomen. Seine ältesten Ursprünge lassen sich auf die Entstehung des Ackerbaus in der Neolithischen Revolution zurückführen: Mit der physischen Abgrenzung des kultivierten Landes gegenüber der offenen ›Wildnis‹ erfolgte eine Dichotomisierung der Umwelt (Sieferle 2000). In der abendländisch-westlichen Kultur ist der Naturbegriff ein spezifisches Deutungsmuster zum Verhältnis des Menschen und seiner Umwelt (Bahrdt 1974; Kirchhoff 2011). Entstanden ist dieses Deutungsmuster als ein Wissenssystem mit symbolischen Ordnungen, die besonders vom städtischen Bürgertum entwickelt wurden und sich auf einen ästhetisch und ethisch aufgeladenen Begriff von einer Sphäre beziehen, die jenseits der Welt menschlicher Nutzungserwägungen steht, und eine autonome und ganzheitliche ›Gegenwelt‹ zu dieser bilden. In dieser Sicht stehen Mensch und Gesellschaft einander nicht als distinkte Pole gegenüber, sondern sind aufeinander bezogen und konstituieren sich als »Natur-Gesellschaften« in verschiedenen Konstellationen jeweils neu (Latour 1991). Die Einsicht in den Konstruktionscharakter von Natur und die Bedingungen ihrer Herstellung und Erfahrbarkeit in hoch technisierten Umwelten kann dabei als eine Befreiung des sozialen Diskurses von künstlich auferlegten Zwängen empfunden werden (Latour 1999). In eine Epoche ›nach der Natur‹ sind wir also insofern eingetreten, als sich das menschliche Handeln auf sich selbst bezieht und sich nicht mehr an einer Evidenz der Natur, wie die vielen Jahrhunderte zuvor, orientieren kann (Böhme 2017).

3. Praktische Untauglichkeit des Naturbegriffs: Für die Praxis des Naturschutzes ist der Naturbegriff problematisch geworden. Dem Ansatz des klassischen Naturschutzes kann vorgeworfen werden, dass er genau diejenige problematische Dichotomie von Natur und Gesellschaft befördert, die die Natur in den westlichen Gesellschaften überhaupt erst zu einer bloß dinghaften, ausbeutbaren Ressource hat werden lassen. Demgegenüber erweist sich in zunehmend Maße das Miteinander von Mensch und Natur, der »konviviale Naturschutz« (Büscher und Fletcher 2020), als die effektivere Naturschutzstrategie. Für Naturschutzfragen wird der Naturbegriff zudem insofern problematisch, als widersprüchliche Handlungsanweisungen aus ihm folgen können: Der Schutz der Biodiversität verlangt oftmals einerseits ein massives Eingreifen in ökologische Systeme, die mancherorts überhaupt wieder herzustellen sind (in der restoration ecology), andererseits bildet Freiheit von Eingriffen durch den Menschen (Bibelriether 2017: *Natur Natur sein lassen*) aber gerade ein zentrales Element des Naturbegriffs (Cole und Yung 2010; Toepfer, 2020 b).

II Drei Verteidigungslinien des Naturbegriffs

4. Anhaltende lebensweltliche und wissenschaftliche Bedeutung von Natur als eigenständiger Raum und Gegenstand: Die Rede vom Ende der Natur ergibt angesichts der großen Präsenz der Natur im Erleben vieler Menschen und als Gegenstand spezifischer Wissenschaften wenig Sinn. Trotz seines Charakters einer kulturellen Konstruktion bezeichnet der Begriff der Natur eine erfahrbare Realität – sowohl im alltäglichen Erleben vieler Menschen als auch für weite Bereiche der Wissenschaften, für die es grundlegend ist, einen Bereich des Außerkulturellen hinsichtlich seiner Strukturen und Gesetze als vom Menschen gesonderte Sphäre zu untersuchen. Erfahrungen von diesem Bereich des Außerkulturellen werden nicht nur in den Naturwissenschaften gemacht, sondern auch in vielen kulturellen Formaten: vom Naturspaziergang (durch die Kulturlandschaft) über die Lust am Gärtnern und der Naturbeobachtung bis zum Nature Writing und dem Naturfilm. Erlebt wird die Natur dabei als ein eigenständiges Gegenüber, das auf uns reagiert und mit dem wir in Resonanz treten können, dessen Reduktion auf Verfügbares und Verfügbar-zu-Machendes aber die spezifische Erfahrung zunichte machen würde (Rosa 2016). In dieser Hinsicht einer Sphäre des Nichtgestalteten und Nichtkontrollierten, als das Andere der Menschenwelt, kommt der Kategorie der Natur eine anhaltende Bedeutung zu.

5. Normative Notwendigkeit des Naturbegriffs: Das Festhalten an einem Naturbegriff ist notwendig, um die Gemeinschaft der Handlungsfähigen und Verantwortlichen gegenüber ihren eigenen Lebensgrundlagen und dem Leben anderer Wesen zu adressieren. Jeder Appell an die ökologische Verantwortung des Menschen, jede Mahnung zum schonenden oder schützenden Umgang mit der Natur, jede Zuschreibung von Verantwortung für Fehler und der Fähigkeit zum Andershandeln, beruht auf der Anerkennung der Sonderstellung des Menschen (Soper 1995). Die Verantwortung für die Natur bildet somit einen Grund zur Aufrechterhaltung der Natur-Kultur-Dichotomie (Rolston 2006). Auch wenn Natürliches und Kulturelles im Einzelnen immer ineinandergreifen, ist ihre analytische Trennung notwendig, um den Bereich des durch uns Veränderbaren von dem Unabänderlichen zu unterscheiden und an diejenigen Kräfte zu appellieren, die für diesen Appell offen und zu Veränderungen in der Lage sind (Malm 2017). Allein auf der Grundlage eines unspezifischen, weiten Begriffs der Rationalität kann es gerechtfertigt sein, sie auch Tieren zuzuschreiben und unsere Geistigkeit für eine »mundane« Angelegenheit zu halten, die sich auch außerhalb des Menschen in der Welt findet (Welsch 2018). Für die Fähigkeiten der ökologischen Einsicht und des Andershandelnkönnens reicht diese mundane Geistigkeit und Rationalität der Tiere allerdings nicht hin. Für ökologisch verantwortliches Handeln und eine ökologische Politik ist die Unterscheidung zwischen Mensch und Natur von grundlegender Bedeutung.

6. Sozial-emanzipatorisches und imaginatives Potenzial des Naturbegriffs: Unser Erleben und unsere Vorstellungen von Natur bilden eine wichtige Ressource für viele soziale und kulturelle Fragen. Auch wenn die Natur-Kultur-Dichotomie kulturell konstruiert und für viele Handlungskontexte, nicht zuletzt für den Naturschutz, problematisch ist, spielt sie doch weiterhin in vielen Bereichen eine wichtige Rolle. Es gibt eine reiche Tradition, über den Umweg der außermenschlichen Welt der Natur, eine Distanz zu den vorliegenden Verhältnissen zu gewinnen und soziale Anliegen und Utopien zu formulieren: Seit jeher verbinden sich mit der Natur, als dem Bereich des Vor- und Übermenschlichen, Erfahrungen der Ehrfurcht, Demut und Spiritualität (Taylor 2010). Für Rousseau eröffnete der Blick in die Natur eine Gegenwelt zum repressiven Leben seiner Zeit: »Das Bild der Natur bot mir nur Harmonie und Proportionen, das der Menschheit hingegen nur Verwirrung und Unordnung« (Rousseau 1762). Schiller sah in der Natur Ideale der Freiheit verwirklicht (um sie auf den Menschen zu beziehen): »das freiwillige Daseyn, das Bestehen der Dinge durch sich selbst, die Existenz nach eignen und unabänderlichen Gesetzen« (Schiller 1795). Vom Menschen nicht berührte, unangetastete Natur wurde immer wieder mit hohen Werten verbunden: »Anstand« und »Tugend« sollten in ihr liegen (Stifter 1842), »moralisch, d.h. reinigend und erhebend« sollte sie wirken (Rudorff 1880). Nicht nur in konservativen, sondern auch in progressiv-sozialrevolutionären Kreisen bildete der Bezug zur Natur eine wichtige Referenz, um andere als die vorliegenden Verhältnisse zu imaginieren (Levenstein 1912; Robien 1921). Auch für die Gegenwart zentrale emanzipatorische Bewegungen beziehen sich wesentlich auf die Natur und können dabei auf eine lange Kulturgeschichte zurückgreifen: Seit Mitte des 18. Jahrhunderts wird die Natur als das Reich der »Mannigfaltigkeit« und später »Diversität« erfahren (Geßner 1762; Hirschfeld 1767; Goethe 1774; Wilhelm von Humboldt 1792; Mill 1859); als solches wird es den Uniformierungstendenzen der Moderne entgegengestellt, mit sozialen und politischen Pluralismusvorstellungen verbunden und in der Gegenwart mit der Parallelführung von sozialer und biologischer »Diversität« begrifflich zusammengeführt (Toepfer 2020 a,; Böhning-Gaese, Kersten & Trischler 2025).

III Drei Differenzierungen

7. Ökologisch-kausale Symmetrie und Einheit versus ethisch-normative Asymmetrie und Spaltung: So sehr der Mensch mit der außermenschlichen Welt in ökologischer Hinsicht verbunden und von ihr durchdrungen ist, mit ihr eine existentielle Einheit bildet, so sehr kommt es darauf an, die Asymmetrien

im Natur-Mensch-Verhältnis in argumentativer und wertender Hinsicht zu sehen, um der menschlichen Verantwortung gerecht zu werden. Unsere Körper bestehen aus Stoffen und anderen Lebewesen als Symbionten, die über ökologische Kreisläufe mit der außermenschlichen Welt verbunden sind. Das Nichtmenschliche ist also Bestandteil und gleichberechtigter Faktor in unserem materiellen Sein. Dieses Außermenschliche der Natur ist aber kein Kosubjekt und kein moralischer Partner; in allen wertenden Hinsichten ist das Verhältnis des Menschen zur Natur einseitig – epistemisch, ethisch und ästhetisch: Allein wir entwickeln Begriffe und Theorien über Natur, übernehmen Verantwortung für unser Handeln, indem wir es reflektierend bewerten, und regeln und entwickeln Einstellungen gegenüber dem anderen, die sich jenseits von Nutzen und Funktionen bewegen. Die (tiefenökologische) Überhöhung der Natur als Kosubjekt auf Augenhöhe ist einseitig und problematisch, weil der Natur die spezifisch menschlichen Kapazitäten des Überlegens, Sich-selbst-Gesetze-Gebens und begründeten Handelns fehlen: Überlegungsfähigkeit, Zielsetzungsfreiheit und Andershandelnkönnen sind Privilegien des Menschen (Janich 2001).

8. Praktische und spirituelle Erfahrung der Ganzheit versus rationale und normative Notwendigkeit der Dichotomie: So sehr sich Menschen in emotional-spiritueller Hinsicht und im praktischen Handeln eins mit der Natur fühlen können, so sehr sind sie in rationalargumentativen Kontexten auf die Distanz zu ihr angewiesen. In vielen Praktiken der Landnutzung kann in der Einheit von Handeln und Reagieren die Zusammengehörigkeit von Mensch und Natur unmittelbar erfahren werden. Für viele Kulturen und kulturelle Praktiken ist daher ein Denken zentral, in dem Mensch und Natur im Sinne von »Gesellschaften der Natur« (Descola 1996) eine Ganzheit bilden. Allerdings erzählen die vermeintlichen Einheitsnarrative vieler Mythen nicht selten die Geschichte der Differenzierung von Menschenwelt und Natur (Turner 2009), in der sich gerade Überlegungsfähigkeit und Andershandelnkönnen als Privilegien des Menschen erweisen. In einer Situation, in der es darauf ankommt, dass diejenigen sich ändern, die dazu in der Lage sind, ist die Einheitsvorstellung auch wenig hilfreich. In dieser Situation kommt es darauf an, dass diejenigen sich als ein gemeinschaftliches ›Wir‹ adressieren, die dazu in der Lage sind, ihr Handeln zu ändern und Regeln für die Gemeinschaft aufzustellen. Dieses ›Wir‹ einer Überlegens- und Verantwortungsgemeinschaft begründet eine Dichotomie. Sie stellt dem offenen Raum der Imagination den restriktiven Raum der Begründungen entgegen. In diesem erscheint der Ratschlag, der Natur zu folgen, als irrational und unmoralisch (Baudelaire 1869; Mill 1874), und weil sich für viele unterschiedliche Normen Beispiele aus der Natur anführen lassen, außerdem als höchst widersprüchlich (Sieferle 1997; Daston 2018: »Polyfonie der Natur«). Der Bezug auf die außermenschliche Welt der Natur und die Einheit des Menschen mit dieser können also einen hohen didaktischen Wert zur Veranschaulichung sozialer Anliegen und zur Formulierung sozialer Utopien haben– aber nicht zu deren Begründung und Rechtfertigung.

9. Pluralismus der direkten Naturerfahrung versus Verbindlichkeit des rechtlichen Schutzes der Lebensgrundlage des Menschen und anderer Wesen: Der schonende Umgang und das nachhaltige Wirtschaften mit der Natur dürfen nicht von den vielfältigen unmittelbaren Erfahrungen mit ihr abhängen; sie erfordern vielmehr gesetzliche Regelungen – gerade in Zeiten urbanisierter Gesellschaften mit nur begrenzten Möglichkeiten zur direkten Begegnung mit Natur. Angesichts einer in rasanter Geschwindigkeit voranschreitenden Urbanisierung und Technisierung der Lebenswelten und der damit wachsenden Entfremdung großer Teile der Weltbevölkerung von der Natur erscheint es nicht aussichtsreich, die emotionale Verbundenheit mit der Natur und das Wachhalten von ›Ehrfurcht‹ für sie als zentrale Elemente des ökologischen Bewusstseins zu entwickeln. Ästhetisch-spirituelle Erfahrungen mit der Natur zu machen, wird voraussichtlich zunehmend Minderheiten vorbehalten bleiben. Die ökologische Transformation der Gesellschaft hin zu einem nachhaltigen Wirtschaften ist daher eine

Aufgabe, die primär weniger über individuelle Naturbegegnungen und ästhetische Erfahrungen als über kollektiv-demokratische wissenschaftsbasierte Prozesse der Gesetzgebung zu leisten ist. Vermittelte Naturerfahrung über Medien wie Buch, Bild und Film können dabei eine Rolle spielen.

IV. Fazit

10. Parallelität von Physiozentrik und Anthropozentrik: Das Verhältnis des Menschen zur Natur ist dialektisch und enthält paradoxe Elemente. Bei aller Asymmetrie stehen Mensch und Natur in einem dialektischen Verhältnis der Abhängigkeit, das sowohl die Konstruiertheit von Natur als auch ihre Realität anerkennt. Dem traditionellen philosophisch-anthropologischen Diskurs folgend bleibt der Mensch auch im Anthropozän der einzige Adressat von Pflichten, weil er allein über seine Verantwortung reflektieren und anders handeln kann. Die Unterscheidung von (zur Verantwortung fähigen) Menschen und Natur behält daher auch im Anthropozän ihren analytischen Wert. Zugleich enthält das Anthropozän die ökologische Einsicht, dass eine anthropozentrische Sicht den Menschen nicht retten kann (Spaemann 1978; Meyer-Abich 1984). Die engen ökologischen Verflechtungen der Menschen mit ihren jeweiligen Umwelten erfordern es, diese als Teil der eigenen Identität – und Überlebensfähigkeit – zu begreifen. Das Mensch-Umwelt-Verhältnis kann im Anthropozän dabei nicht mehr als ein Singular verstanden werden, sondern ist in einer Vielheit von gesellschaftlichen Naturverhältnissen zu beschreiben, die hinsichtlich ihrer sehr unterschiedlichen historischen Verantwortlichkeit zu differenzieren sind.

Literatur

Bahrdt, Hans Paul: »Natur« und »Landschaft« als kulturspezifische Deutungsmuster für Teile unserer Außenwelt, in: Gröning, Gert und Herlyn, Ulfert (Hg.): Landschaftswahrnehmung und Landschaftserfahrung. Arbeiten zur sozialwissenschaftlich orientierten Freiraumplanung, Münster 1990, S. 81–105.

Baudelaire, Charles: L'art romantique (1869), in: Œuvres complètes, Paris 1885.

Bibelriether, Hans: Natur Natur sein lassen, Freyung 2017.

Böhme, Hartmut: Aussichten der Natur. Naturästhetik in Wechselwirkung von Natur und Kultur, Berlin 2017.

Böhning-Gaese, Katrin, Kersten, Jens und Trischler, Helmuth: Rettet die Vielfalt. Manifest für eine biodiverse Gesellschaft, Stuttgart 2025.

Bohnke, Ben-Alexander: Abschied von der Natur. Die Zukunft des Lebens ist Technik, Düsseldorf 1997.

Büscher, Bram und Fletcher, Robert: The Conservation Revolution. Radical Ideas for Saving Nature beyond the Anthropocene, London 2020.

Cole, David und Yung, Laurie (Hg.): Beyond Naturalness. Rethinking Park and Wilderness Stewardship in an Era of Rapid Change, Washington, D.C. 2010.

Daston, Lorraine: Gegen die Natur, Berlin 2018.

Descola, Philippe: Constructing natures: Symbolic ecology and social practice, in: Descola, Philippe und Pálsson, Gísli (Hg.): Nature and Society. Anthropological Perspectives, London 1996, S. 82–102.

Geßner, Salomon: Die Gegend im Gras, in: Schriften, Bd. 3. Idyllen, Zürich 1762, S. 142–150.

Goethe, Johann Wolfgang von: Die Leiden des jungen Werthers, Bd. 1, Leipzig 1774.

Hirschfeld, Christian Cay Lorenz: Das Landleben, Bern 1767.

Humboldt, Wilhelm von: Ueber öffentliche Staatserziehung, in: Berlinische Monatsschrift 1792 (2), S. 597–606.

Janich, Peter: Logisch-pragmatische Propädeutik. Ein Grundkurs im philosophischen Reflektieren, Weilerswist 2001.

Kirchhoff, Thomas: »Natur« als kulturelles Konzept, in: Zeitschrift für Kulturphilosophie 5 (2011), S. 69–96.

Latour, Bruno: Nous n'avons jamais été modernes. Essai d'anthropologie symétrique (1991), dt. Wir sind nie modern gewesen, Berlin 1995.

Latour, Bruno: Politiques de la nature. Comment faire entrer les sciences en démocratie (1999); dt. Das Parlament der Dinge. Für eine politische Ökologie, Frankfurt am Main 2001.

Levenstein, Adolf: Die Arbeiterfrage, München 1912.

Maier, Andreas: Natur war gestern, in: Die Zeit No. 13, 24. März 2011, S. 49.

Malm, Andreas: The Progress of this Storm (2017), dt. Der Fortschritt dieses Sturms. Natur und Gesellschaft in einer sich erwärmenden Welt, Berlin 2021.

McKibben, Bill: The End of Nature, New York 1989.

Meyer-Abich, Klaus Michael: Wege zum Frieden mit der Natur. Praktische Naturphilosophie für die Umweltpolitik, München 1984.

Mill, John Stuart: On Liberty, Cambridge 1859.

Mill, John Stuart: Nature, the Utility of Religion and Theism, London 1874.

Robien, Paul: Vom Raubbau, vom Naturschutz und vom Proletariat, in: Der freie Arbeiter (Nr. 29) (1924), S. 2–3.
Rolston III, Holmes: Disenchanting the rhetoric: Human uniqueness and human responsibility, in: Conservation Biology 20 (2006), S. 1576–1578.
Rosa, Hartmut: Resonanz. Eine Soziologie der Weltbeziehung, Berlin 2016.
Rousseau, Jean-Jacques: Émile ou de l'éducation, Bd. 3, Den Haag 1762.
Rudorff, Ernst: Über das Verhältniß des modernen Lebens zur Natur, in: Preußische Jahrbücher 45 (1880), S. 261–276.
Schiller, Friedrich: Ueber das Naive, in: Die Horen 4 (1795), S. 43–76.
Sieferle, Rolf Peter: Rückblick auf die Natur. Eine Geschichte des Menschen und seiner Umwelt, München 1997.
Sieferle, Rolf Peter: Im Einklang mit der Natur, in: Baumunk, Bodo-Michael (Hg.): 7 Hügel. Bilder und Zeichen des 21. Jahrhunderts. Dschungel, Berlin 2000, S. 12–16.
Soper, Kate: What is Nature? Culture, Politics and the Non-Human, Oxford 1995.
Spaemann, Robert: Naturteleologie und Handlung, in: Zeitschrift für philosophische Forschung 32 (1978), S. 481–493.
Stifter, Adalbert: Der Hochwald, in: Iris. Taschenbuch für das Jahr 1842, Zürich 1842, S. 267–413.
Taylor, Bron: Dark Green Religion. Nature Spirituality and the Planetary Future, Berkeley, Calif. 2010.
Toepfer, Georg: Diversität. Historische Perspektiven auf einen Schlüsselbegriff der Gegenwart, in: Zeithistorische Forschungen 17 (2020 a), S. 130–144.
Toepfer, Georg: Artenschutz durch Gentechnik? Vom Dilemma zur Tragik des Naturschutzes im Anthropozän, in: Natur und Landschaft 95 (2020 b), S. 220–225.
Turner, Terence: The crisis of late structuralism, perspectivism and animism. Rethinking culture, nature, spirit, and bodiliness, in: Tipití 7 (2009), S. 3–42.
Welsch, Wolfgang: Wahrnehmung und Welt. Warum unsere Wahrnehmungen weltrichtig sein können, Berlin 2018.
Wetekamp, Wilhelm: [Rede im preußischen Abgeordnetenhaus am 30. März 1898], in: Stenographische Berichte über die Verhandlungen [im Preußischen] Haus der Abgeordneten, 3, S. 1958–1959.

Gerhard Trommer und Birgit Lutz

Karsten Reise und Bernhard Kegel

Lothar Frenz und Graciana Petersen

Bernhard Malkmus

Daniela Danz

Georg Toepfer und Frank Fehrenbach

Isabel Fargo Cole und Kerstin Lange

Hans Leo Bader, Tilo Wesche und Laura Burgers

Nachbetrachtung zu den Veranstaltungen »Gespräch über Robin Wall Kimmerer« von Lann Hornscheidt, Helmut Schreier und Reinhard Kahl, 21.6.2025, »#ÖtrifftÖ« von Graciana Petersen und Lothar Frenz, »Widergänger Natur« von Georg Toepfer und Frank Fehrenbach, beide17.6.2025

Julia Klinckmann: Ein erschossener Wolf in der Wildnis und ein Berg, der damit nicht einverstanden ist

Robin Wall Kimmerer – auch wenn die Autorin beim Nature Writing Festival nicht anwesend sein konnte, hallten ihre Geschichten und Ideen nach. Eine Erzählung handelt von einem Jäger, der sich das Recht nimmt, über Leben und Tod zu richten, und dabei eine Lektion lernt: Es gibt Instanzen neben dem Menschen, die eine eigene Perspektive auf die Welt haben – und durchaus welche, die nicht in unser angestammtes Verständnis von Mensch und Natur passen. Kimmerer nennt das »Denken wie ein Berg« – die Aufforderung, unsere Sichtweise zu ändern und unser Verhältnis zur Natur zu überdenken.

Denn wir Menschen haben uns von der Natur entfremdet, nach Kimmerer haben wir uns aus dem »Kreis der Lebendigen« entfernt. Durch den ständigen Fortschritt und unsere zunehmend urbane Lebensweise kapseln wir uns von der Natur und ihren Prozessen ab, wir empfinden eine selbstgeschaffene »Art-Einsamkeit«. Dabei sind wir, genau wie der Wolf und auch der Berg, ein Teil dieser lebendigen Erde. Kimmerer betont, dass wir uns nicht von den Gesetzen der Physik lösen können. Die Limitationen der Erde und die Grenzen des Wachstums gelten auch für den Menschen. In ihrem Buch *Braiding Sweetgrass* plädiert sie für eine Rückkehr zu einem ausgewogenen und auf Dankbarkeit beruhenden Verhältnis zur Natur. In Form eines Give-Away-Festes, so Kimmerer, soll der Natur etwas wiedergegeben werden, es soll zu einer bewussteren Lebensweise anregen. Ein anderer

Ansatz für eine sehr ähnliche Idee findet sich in dem von Graciana Petersen thematisierten Cradle-to-Cradle-Prinzip. Produkte und Systeme sind demnach so zu gestalten, dass sie in biologischen oder technischen Kreisläufen bleiben und keinen Abfall erzeugen. Somit soll auch aus ökonomischer Perspektive ein Zusammenleben erreicht werden, bei dem der Natur etwas zurückgegeben oder zumindest nichts Neues genommen wird.

Dem Menschen obliegt damit die Verantwortung, für sein Handeln und für die schon erfolgten Eingriffe in die Natur die Rechnung zu zahlen. Als Verfechter der Idee der Verantwortung erweist sich Georg Toepfer. Er identifiziert im Verhältnis von Mensch und Natur ein Ungleichgewicht zuungunsten der Natur. Sie ist demnach der passive Part, der nicht aktiv handeln kann. Dem Menschen wird damit eine Dominanz in seinem Dasein auf dieser Erde zugeschrieben, aus der die Natur sich nicht selbst lösen kann.

Doch wie dominant und erfolgreich sind wir wirklich? Wie valide ist die Perspektive, dass der Mensch sich als Art von anderen abhebt? Der Biologe Lothar Frenz lehnt diese Ansicht ab. Er argumentiert, dass der Erfolg einer Spezies nicht zwangsläufig daran bemessen wird, wer am schnellsten, höchsten oder weitesten kommt, sondern am Durchhaltevermögen. Die Nutzbarmachung der Natur unter Hinnahme ihrer Zerstörung ist nur ein kurzfristiger Triumph als Spezies Mensch, kein langfristiger Erfolg. Frenz bezeichnet den Menschen daher als Homo Parasiticus. Wie ein guter Parasit sollten wir dafür sorgen, dass der Wirt – die Natur – nicht stirbt. Diese Haltung sichert letztlich unser eigenes Überleben und schließt den Kreis zu Kimmerers und Petersens Ansätzen für ein nachhaltiges, kreisläufiges Leben. Wir sehen, dass das Verständnis des Verhältnisses zwischen Mensch und Natur im Wandel ist. Der Diskurs richtet sich zunehmend auf eine Relativierung des Menschen (siehe Homo Parasiticus) und Bekräftigung der Natur aus. Ohne Verantwortlichkeiten für den Naturschutz und den Klimawandel abzustreiten, kann laut Frenz diese Wieder-Einbettung des Menschen in den »Kreis der Lebendigen« unser Verhältnis zur Natur hinterfragen und zu einer symbiotischeren Lebensweise anregen.

Auszug aus dem Gespräch »Vom Recht der Natur. Die Natur als Rechtspersönlichkeit«, 18.6.2025

Tilo Wesche, Laura Burgers, Hans Leo Bader und Uwe Rada: Vom Recht der Natur. Die Natur als Rechtspersönlichkeit

Tilo Wesche: Also erst mal brauchen wir eine entsprechende Rechtsordnung, in der die Rechte der Natur verankert sind. Das hat zwei Effekte. Erstens, dass alle Beteiligten, in der Regel Unternehmen, wissen, es gibt ein Gesetz, das wir achten müssen. Das wirkt präventiv. Die denken dann nicht (schnippt mit den Fingern): »Wir machen einfach mal, wir gucken mal, wir probieren es mal irgendwie«. Das machen wir so mit keinem Gesetz der Welt. Die Eigentumsrechte meines Nachbarn achte ich. Ich weiß es irgendwie. Und allein dieses Wissen hält mich davon ab, einfach des Nachbars Apfelbaum abzusägen. Und das andere ist die Umkehr der Beweislast. Das ist ganz wichtig. Also wenn es ein geltendes Recht der Natur gibt, dann hat das Unternehmen die Beweispflicht zu zeigen, dass eine Intervention, eine Nutzung von Naturgütern keinen Schaden anrichtet. Bisher ist es genau umgekehrt. Unternehmen dürfen die Natur nutzen, und Geschädigte müssen dann eine Kausalkette herstellen, dass diese Unternehmen die Verursacher ihrer Schäden sind…

Uwe Rada: Ich habe letztens mit dem Leiter des Biosphärenreservats Spreewald gesprochen: Wie sieht es denn aus mit den Rechten der Natur? Er hat nur den Kopf geschüttelt und gesagt: »Leute, schön und gut, und auch die Initiativen, die Rechte in der Verfassung zu verankern, auch schön und gut, aber wir haben in der politischen Realität gerade mit ganz anderen Sachen zu kämpfen.« Wäre es nicht, Herr Bader, sinnvoller, all die Kraft, die man hat, auch zivilgesellschaftlich, beim Unterschriften-Sammeln in der Fußgängerzone, darauf zu konzentrieren, das, was schon da ist, zu verteidigen, anstatt Ziele zu formulieren, von denen man weiß, dass sie politisch, zumindest mittelfristig, nicht so einfach zu erreichen sind?

Hans Leo Bader: Gute Frage. But not my way. Kann ich nur so beantworten, weil ich glaube, dass wir ein systemisches Problem haben und nicht mehr damit klarkommen werden, irgendwelche Sachen von links nach rechts zu schieben, und damit die Probleme eben nicht lösen werden. Und ein systemisches Problem müssen sie systemisch angehen. Anders wird es aus meiner Perspektive nicht funktionieren. Wir sind eine Bottom-Up-Bewegung. Und ganz ehrlich, da interessiert mich die gegebene Politik nicht, weil die Politik es von sich aus nicht machen wird. Ich meine, der Herr Söder umarmt Bäume und sagt: »Umwelt hat genug Rechte«. Da brauche ich mir keine Gedanken zu machen, ob er unser Anliegen unterschreibt. Das wird er nicht tun.

Tilo Wesche: Also ich glaube, wichtig ist eine Arbeitsteilung. Beide Wege schließen sich nicht aus. Es geht natürlich darum, dass man bestehende Artenschutzrechte ausbaut. Aber ich glaube auch, das sind Reparaturen, die uns letztendlich nicht zu einem Richtungswechsel führen werden. Und dann brauchen wir eben stärkere ökologische Rechte, und die Rechte der Natur sind ein Beispiel dieser Ökologisierung des Rechts. Ich finde es außerdem wichtig, diese, nennen wir es mal Berührungsangst vor dem Gedanken, dass nicht Menschen, sondern ein Wald, ein Fluss, eine Landschaft, eigene Rechte hat, abzubauen. Das klingt sehr revolutionär, der Natur eigene Rechte zu geben. Ist es aber im Grunde überhaupt nicht, weil mit dem, was wir machen, wenn wir der Natur Rechte verleihen, wir anerkennen, dass die Natur einen Eigensinn hat, eine eigene Kraft ist, die nicht vom Menschen hergestellt ist, sondern die etwas anderes als menschlich ist. Das achten wir damit. Es ist nur ein gewissermaßen ganz üblicher, gewohnlicher Gedanke, den wir jetzt endlich ins Recht einführen.

Uwe Rada: Frau Burgers, Sie haben in Ihrem Buch viele, viele Beispiele für die Anerkennung der Natur als Rechtsperson gesammelt. Ist denn die Salzlagune Mar Menor bislang das einzige erfolgreiche Beispiel in Spanien? Oder gibt es noch andere, von denen Sie sagen, das könnte jetzt auch was werden?

Laura Burgers: Ich glaube, es gibt eine rege Bewegung in diesem

Bereich – soweit ich weiß, gibt es viele Initiativen. Ich kenne zwar nicht alle Beispiele, aber es gibt zahlreiche Aktionen, die sich für das Thema Wasser einsetzen und sich damit beschäftigen. Ich denke, es gibt verschiedene konkurrierende Weltanschauungen, die jeweils herangezogen werden, um die konzeptionellen Grundlagen für die Idee der Rechte der Natur zu liefern. Eine davon ist der Gedanke der Tiefenökologie, dass die Natur ihren eigenen inneren Wert hat. Das lässt sich mit der Idee verbinden, dass wir uns nicht in die Natur einmischen, sondern die Natur sich selbst überlassen sollten. Aber dann gibt es noch die andere Idee, die in vielen Indigenen Weltanschauungen verbreitet ist. Es ist die Verbundenheit mit der Natur. Das sieht man in Neuseeland: Dort sagt man, der Fluss ist mein Vorfahre, oder der Wald ist mein Vorfahre. Und selbst wenn Maori einem ihren Namen nennen, beginnen sie damit, dass sie sagen: »Das ist mein Berg, das ist mein Fluss, das ist mein Stamm, das ist meine Familie«, und erst dann nennen sie ihren eigenen Namen. Ihre gesamte Identität fußt auf der Idee der Verbundenheit. Es geht dann um die Vorstellung: Okay, wie können wir Beziehungen finden, die bereits bestehen?

Aber klar, diese Verbundenheit mit der Natur bei den Maori lässt sich nur sehr schwer auf andere Teile der Welt übertragen. Ich kann dich vollkommen verstehen, Hans, wenn du sagst: Das ist ein systemisches Problem, wir haben systemische Probleme. Aber diese Rechte der Natur sind einfach da. Ich habe einmal vor einer Gruppe von Richtern, niederländischen Richtern, über die Rechte der Natur gesprochen und erwähnt, dass Christopher Stone 1992 seinen Aufsatz »Should trees have standing?« geschrieben hat. Der ganze Raum brach in Gelächter aus. Sie fanden es völlig absurd. Die Richter sind so sehr in ihrem Rechtssystem mit ihren Schubladen verhaftet! Hingegen meinen normale Menschen, die keine Rechtswissenschaftler oder Anwälte sind: Wenn ich Rechte habe, warum sollte dann der Baum keine haben?

Mi 18.6. 19 Uhr · Eintritt frei
Zentralbibliothek der Bücherhallen
VOM RECHT DER NATUR
NATURE WRITING FESTIVAL
HAMBURG 2025

Gedanken zur Veranstaltung
»Vom Recht der Natur« mit Tilo Wesche,
Laura Burgers, Hans Leo Bader
und Uwe Rada, 17.6.2025

Clara Gold: Vom (Eigen-)Recht der Natur

Die Natur als Rechtspersönlichkeit – nur ein Gedankenspiel oder ein längst notwendiger Paradigmenwechsel?

Die Medien berichten immer wieder von klimapolitischen Entscheidungen, die vor Gericht eingeklagt oder angefochten werden. Die Kläger sind Einzelpersonen, Personengruppen oder aber (Umwelt-)Vereine, Verbände, Unternehmen und andere, die das Ziel verfolgen, auf juristischem Wege Naturschutz-, Umwelt- und Klimastandards durchzusetzen. Das bedeutet: Menschen handeln im juristischen Sinne stellvertretend für die Natur, die hier nicht für sich selbst handeln kann. Dies wirft die Frage auf, wer genau eigentlich der Kläger ist, oder besser gesagt, wer der eigentliche Kläger sein könnte oder sollte.

Der Mensch oder die Natur selbst? Oder beide? Nach deutschem Recht gibt es auf diese Frage nur eine Antwort: Der Mensch ist der Kläger. Nur er kann als Kläger fungieren, denn – anders als die Natur – ist er, juristisch gesehen, ein Rechtssubjekt. Als solches hat er (als natürliche Person) Rechte und Pflichten. Gleiches gilt für Organisationen, Unternehmen etc., die als juristische Personen gelten. Die Natur dagegen – also Ökosysteme, Landschaft(steile), Tiere, Pflanzen etc. – ist juristisch betrachtet lediglich ein Objekt. Sie hat somit weder Rechte noch Pflichten. Folglich kann »die Natur« selbst nicht als Klägerin agieren. In ihrer Eigenschaft als Objekt gibt es jedoch eine Besonderheit: Sie kann und muss durch den Menschen geschützt werden.

Was aber wäre, wenn auch die Natur den Status eines Rechtssubjekts erhalten würde? Wenn die Natur Rechte hätte, die vor Gericht eingeklagt werden können?

Die Idee, der Natur Rechte zu geben, ist nicht neu. Als Begründer dieses Konzeptes gilt der 2021 verstorbene US-amerikanische Rechtswissenschaftler und Umweltschützer Christopher Stone. 1972 veröffentlicht er den Artikel *Should Trees Have Standing?* (Sollten Bäume klagen können?). Anlass des Artikels war ein Rechtsstreit in den Vereinigten Staaten. Eine Naturschutzorganisation hatte damals gegen ein geplantes Bauvorhaben der Walt Disney Enterprises geklagt. In einem Gletschertal Kaliforniens sollte ein Ski-Ressort entstehen. Die Naturschutzorganisation befürchtete, dass durch das Vorhaben Schäden an der Natur entstehen würden. Zwar wurde die Klage sowohl vom Bezirksgericht als auch vom Obersten Gericht der Vereinigten Staaten – dem U.S. Supreme Court – abgewiesen, jedoch warf man hier zum ersten Mal die Frage auf, ob die Natur ein Rechtssubjekt sein kann.

Seit diesem Rechtsstreit sind mittlerweile Jahrzehnte vergangen. Wie sieht es heute mit dieser Idee beziehungsweise diesem Konzept aus? Wurde der Gedanke weitergeführt oder gar in die Praxis umgesetzt? Wo stehen wir mit der Gewährung einer eigenen Rechtspersönlichkeit für die Natur? Weltweit, in Europa und speziell in Deutschland?

Weltweit gibt es inzwischen einige Länder, die der Natur (Eigen-) Rechte gewähren, darunter Ecuador, Neuseeland und Spanien. In Ecuador etwa hat die Natur seit 2008 Verfassungsrechte. Die Natur – als Pachamama beziehungsweise Erdmutter – hat demnach das verfassungsmäßige »Recht auf Existenz, Erhalt und Regeneration«.[1] In Neuseeland wiederum erhielt nicht die gesamte Natur Rechte, wohl aber einzelne Ökosysteme wie etwa der Wald Te Urewera (seit 2014) und der Fluss Whanganui (seit 2017). Sie sind als Rechtspersönlichkeit gesetzlich anerkannt. In Europa gilt Spanien als Vorreiter. 2022 wurde dort der Salzwasser-Lagune Mar Menor als erstem Ökosystem Europas der Rechtsstatus einer Person verliehen.

In Deutschland aber gilt nach wie vor der Grundsatz, dass die Natur keine eigenen Rechte besitzen kann, und somit als Objekt zu betrachten ist. Allerdings gibt es bundesweit Initiativen, die das Ziel verfolgen, den Rechtsstatus der Natur zu verändern. Zu nennen ist hier primär der Verein *Netzwerk Rechte der Natur*. Er will zu einem neuen Naturverständnis anregen und setzt sich maßgeblich dafür ein, dass die Rechte der Natur im deutschen Grundgesetz verankert werden. Ein weiteres Beispiel ist die Bürgerinitiative *Rechte der Natur – Das Volksbegehren*, die sich seit Jahren für eine Weiterentwicklung des Umweltrechts in der bayerischen Landesverfassung einsetzt.

Auch die deutsche Öffentlichkeit beschäftigt sich bereits seit Jahren mit der Idee, der Natur Rechte zu geben. Es gibt mittlerweile zahlreiche Publikationen, Vorträge oder Podiumsdiskussionen, die sich mit diesem Thema auseinandersetzen. Auch im Rahmen des Nature Writing Festivals Hamburg 2025 fand eine Podiumsdiskussion statt, die sich mit dem Rechtsstatus der Natur auseinandersetzte. Die drei Referenten und der Gesprächsleiter – Hans Leo Bader, Tilo Wesche, Laura Burgers und Uwe Rada – beschäftigen sich auf unterschiedlichste Weise mit der Idee, der Natur Rechte zu verleihen. Hans Leo Bader, Stadtentwickler, Verleger und Kommunalpolitiker in München ist unter anderem Mitglied im *Netzwerk Rechte der Natur*. Seit Jahren setzt er sich als Initiator der Bürgerinitiative *Rechte der Natur – Das Volksbegehren* für die Verankerung der Rechte der Natur in die bayerische Landesverfassung ein. Der Philosoph Tilo Wesche hat grundlegende Werke über den Zusammenhang von Eigentum und den Rechten der Natur geschrieben. Laura Burgers, Juristin und »Rechte von Natur«-Expertin der Vereinten Nationen, beschäftigt sich insbesondere mit den Rechten der Meere. Die Gesprächsleitung übernahm der Journalist und Schriftsteller Uwe Rada, der sein jüngstes Buch einem Fluss – der Spree – gewidmet und sich unter anderem auch mit ihrem Rechtsstatus beschäftigt hat.

Grundsätzlich waren die Referenten sich in einem einig: Das westlich geprägte Rechtssystem im Allgemeinen und das deutsche Rechtssystem im Besonderen muss reformiert werden. Bisher ist das deutsche Rechtssystem ausschließlich anthropozentrisch ausgerichtet, was bedeutet, dass nur der Mensch ein Rechtssubjekt sein kann. Im neuen Rechtssystem aber würde die Natur ebenfalls als Rechtssubjekt gelten. Sie wäre somit rechtlich gesehen dem Menschen gleichgestellt, was zum Beispiel und vor allem heißt, dass sie ebenfalls Eigentumsrechte – und sich daraus erbgebende Rechte und Pflichten – hätte. Durch einen solchermaßen verbesserten Rechtsstatus der Natur wären deren (Eigen-)Rechte massiv gestärkt. Mehr noch: Die bisherige »rechtliche [...] Schlechterstellung der nichtmenschlichen Umwelt«[2] wäre so behoben.

Um diese Rechtspraxis durchsetzen zu können, muss allerdings ein anderes Denken, ein Umdenken stattfinden – ein Paradigmenwechsel: Das Recht, das Rechtssystem, und vor allem das gesamte Rechts- und Naturverständnis müssten sich ändern.

Die Referenten der Podiumsdiskussion fordern daher, dass die Rechte der Natur im deutschen Grundrecht verankert werden. Durch diese Rechtspraxis erhoffen sie sich einen konsequenteren Umwelt- und Naturschutz sowie eine bessere Umsetzung der bereits bestehenden Umweltgesetze. Sie sehen in diesem Konzept ein geeignetes Instrument, mit dem der Klimawandel bewältigt werden könnte.

In diesem Zusammenhang wurde auf der Veranstaltung besonders ein Ereignis thematisiert. Im Sommer 2024 hat das Landgericht Erfurt im Rahmen eines Gerichtsprozesses zum Dieselskandal die Rechte der Natur anerkannt: Das Gericht sah es als bewiesen an, »dass durch die Manipulationen der Autokonzerne [die] Natur geschädigt wurde, [...]. Das Gericht berief sich in seinem Urteil auf die Europäische Grundrechts-Charta und leitete aus ihr Eigenrechte der Natur ab.«[3] Dieses Urteil ist bemerkenswert, denn zum ersten Mal in Deutschland wurde in einem juristischen Dokument (Urteilsbegründung) der Begriff Rechte der Natur erwähnt. Dies könnte ein erster wichtiger Schritt sein, um die Rechte der Natur in Deutschland anzuerkennen.

Aber ist eine solche Anerkennung wirklich notwendig? Was spricht eigentlich *gegen* eine solche Anerkennung? Kritiker weisen darauf hin, dass das deutsche Rechtssystem aus guten Gründen anthropozentrisch ist. Nur der Mensch kann als Rechtssubjekt fungieren. Nur er kann für oder stellvertretend für die Natur entscheiden. Ein weiterer Punkt, der hier anschließt, ist die Tatsache, dass der Mensch, auch wenn die Natur Eigenrechte bekommen sollte, immer noch im Namen der Natur agieren würde. Der Mensch beispielsweise in Form einer Einzelperson würde weiterhin vor Gericht im Namen der Natur, als Stellvertreter der Natur klagen. Des Weiteren muss man sich die Frage stellen, welche (langfristigen) Folgen eine solche Anerkennung hätte: Würden die Rechte der Natur beispielsweise in Konkurrenz zu Menschenrechten stehen? Was bedeutet das für die Rechte von Tieren? Gäbe es dann neben der Menschenwürde auch eine Tierwürde – und in der Folge eine Naturwürde? Und welches wären konkrete rechtliche – und praktische – Folgen?

Trotz vieler berechtigter Kritikpunkte könnte die Anerkennung tatsächlich positive Effekte haben: Zum einen könnte die (westliche) Gesellschaft beziehungsweise der Mensch idealerweise ein ganz neues Naturverständnis entwickeln. Dies wäre nicht nur Voraussetzung, sondern auch Folge der Anerkennung der Rechte der Natur. Das bisherige Verhältnis des Menschen zur Natur könnte sich gravierend verändern; der Mensch wäre nicht mehr der Mittelpunkt, sondern Teil der Umwelt, Teil des Ökosystems. Besser gesagt, der Mensch würde sich von der Illusion befreien, dass er von seiner Umwelt vollkommen abgekoppelt leben könne. Er würde anerkennen, dass er sich in einer wechselseitigen Abhängigkeit zur Natur befindet und dass er und die Natur sich auf Augenhöhe begegnen.

Zum anderen könnte die Umsetzung von Rechten der Natur ein Gemeinschaftsgefühl entstehen lassen und demokratische Strukturen stärken. Denn die Natur braucht einen menschlichen Stellvertreter, der in ihrem Namen spricht und für ihre Interessen eintritt. In Neuseeland beispielsweise gibt es eine Kommission, die als Stellvertreter des Flusses Whanganui darauf achtet, dass die Rechte des Flusses nicht verletzt werden. Besonders ist hier, dass die Kommission sowohl aus Vertretern der Indigenen Bevölkerung als auch aus Vertretern der Regierung besteht. Sie bilden gemeinsam die menschliche Stimme der Natur.

Solche vom Gericht eingesetzten Gremien aus staatlichen Vertretern – in denen sowohl Fachwissenschaftler als auch Zivilpersonen wirken – könnten auch in Deutschland gebildet werden. Ein solches Gremium könnte sich beispielsweise für die Rechte von Flüssen, zum Beispiel der Elbe, einsetzen. Aus meiner Sicht eine wunderbare Möglichkeit, sich als einzelne/r aktiv für das Gemeinwohl einzusetzen und als selbstwirksam zu erleben. Das stärkt die Zivilgesellschaft. Und letztlich die Demokratie.

Literatur

Burgers, Laura; Den Outer, Jessica, Das Meer klagt an! Der Kampf für die Rechte der Natur, Stuttgart 2023.

Wesche, Tilo, Die Rechte der Natur. Vom nachhaltigen Eigentum (suhrkamp taschenbuch wissenschaft 2414) Berlin 2023.

Internetquellen

Arling, Helen, Rechte der Natur international. Wo, wie und warum Ökosysteme klagen, in: Legal Tribune Online, 05.09.2023, https://www.lto.de/recht/hintergruende/h/rechte-der-natur-umweltschutz-naturschutz-rechtssubjekt-oekologie-verfassung [letzter Zugriff: 02.10.2025].

Homepage des Netzwerkes Rechte der Natur, in: https://www.rechte-der-natur.de/de/rechte-der-natur/ueber-uns.html [letzter Zugriff: 02.10.2025].

Krone, Tobias; Fiebig, Peggy; Schröter, Alisa, Rechtssubjekt Natur. Wenn Flüsse, Seen und Tiere auf einmal klagen können, in: Deutschlandfunk, 18.10.2024, https://www.deutschlandfunk.de/natur-als-rechtssubjekt-wenn-fluesse-seen-tiere-klagen-koennen-100.html [letzter Zugriff: 02.10.2025].

Stephany, Antonetta; Hagmann, Liv, Mehr Klagen vor hohen Gerichten. Klimaschutz per Gerichtsurteil, in: tagesschau, 28.08.2025, https://www.tagesschau.de/inland/gesellschaft/klimaklagen-gericht-100.html [letzter Zugriff: 02.10.2025]

1 Krone, Tobias; Fiebig, Peggy; Schröter, Alisa, Rechtssubjekt Natur. Wenn Flüsse, Seen und Tiere auf einmal klagen können, in: Deutschlandfunk, 18.10.2024, https://www.deutschlandfunk.de/natur-als-rechtssubjekt-wenn-fluesse-seen-tiere-klagen-koennen-100.html [letzter Zugriff: 02.10.2025].

2 Zitat aus: Arling, Helen, Rechte der Natur international. Wo, wie und warum Ökosysteme klagen, in: Legal Tribune Online, 05.09.2023, https://www.lto.de/recht/hintergruende/h/ rechte-der-natur-umweltschutz-naturschutz-rechtssubjekt-oekologie-verfassung [letzter Zugriff: 02.10.2025].

3 Zitat aus: Krone, Tobias; Fiebig, Peggy; Schröter, Alisa, Rechtssubjekt Natur. Wenn Flüsse, Seen und Tiere auf einmal klagen können, in: Deutschlandfunk, 18.10.2024, https:// www.deutschlandfunk.de/natur-als-rechtssubjekt-wenn-fluesse-seen-tiere-klagen-koennen-100.html [letzter Zugriff: 02.10.2025].

NATURE
WRITING
FESTIVAL
HAMBURG 2025
Mehr Information
»SPATZEN, SAGTE
FRAU POPESCHKA,
UND NICKTE«
Marie Gamillscheg
17. - 21. JUNI
44 Veranstaltungen an 22 Orten
Lesungen · Vorträge · Gespräche
Workshop · Ausstellung · Exkursion

Himmelsstück

Georg Winter und Lothar Frenz

Doris Feil und Birgit Erz

Bernd Gonner und Jan Röhnert

Mara-Daria Cojocaru

Marie Gamillschegg und Gianna Molinari

Marion Poschmann

Jan Philipp Reemtsma

Nachbetrachtung zu den Veranstaltungen »Nature Writing im Roman«, mit Marie Gamillschegg und Gianna Molinari, 18.6.2025, und mit Bernhard Kegel, 19.6.2025

Julia Klinckmann: Ein quallenförmiger Roman?

Die Autorin Marie Gamillscheg war es, die ihren Roman *Aufruhr der Meerestiere* als quallenförmig beschrieben hat. Nature Writing behandelt Natur nicht als passive Kulisse, sondern als inhärenten Bestandteil der Literatur und des Schreibprozesses. In einer Zeit, in der unser wenig nachhaltiger Umgang mit der Natur erdrückend deutlich wird, steht die Beziehung zwischen Roman, Natur und Autor vor komplexen Anforderungen, die sich im Ausdruck von Natur im Roman widerspiegeln.

Über die Buchseiten hinaus: Recherche als Brücke zur Natur

Wenn wir das Schreiben über Natur beispielsweise in der Epoche der Romantik betrachten, finden wir verklärte und mystische Naturbilder, Natur als Sehnsuchtsort und vor allem die Darstellung von Natur als Ideal der Ursprünglichkeit und Natürlichkeit. Autoren sahen in ihrer Beziehung zur Natur etwas Harmonisches und Erholendes. Konträr dazu sind die aktuellen Beispiele des Schreibens über Natur. Natur wird stärker auf Augenhöhe begegnet, sie wird als lebendige, teilweise zerstörerische Kraft verstanden.

Ganz besondere Erlebnisse mit der Natur durfte die Autorin Gianna Molinari im Zuge ihrer Recherche zu ihrem Buch *Hinter der Hecke die Welt* machen: Sie begleitet als Passagierin ein Forschungsschiff, welches in die Arktis aufbricht. Damit überwindet sie für das Schreiben über Natur physische und geographische Grenzen. Während die Welt im Lockdown lag, hatte die Autorin Einblicke in die faszinierende Welt des Eismeeres. Zunehmend wird uns die Einzigartigkeit von solchen Eindrücken, wie Molinari sie in der Arktis gemacht hat, deutlich. Früher noch als Originaleindrücke betitelt, erscheinen sie heute vor dem Hintergrund der Fragilität der Ökosysteme und dem Schwinden von Naturgebieten umso rarer und wertvoller. Autoren wie Molinari empfinden vor diesem Hintergrund eine große Verantwortung im Umgang mit solchen Erlebnissen und der Art, wie sie darüber schreiben. Die Romanseiten werden zu einem Raum, in dem sich die Natur Platz und Respekt zurückerobert.

Wenn die Natur die Bühne übernimmt

Ein bemerkenswertes Beispiel dafür ist Bernhard Kegels Buch *Gras*. Er erzählt die Geschichte einer Grasart, die sich explosionsartig ausbreitet und Berlin überwuchert. Aus der Perspektive eines Biologen spricht Kegel über das alles zerstörende Gras in seinem Roman – dabei ist das Gras weder ein bösartiger Antagonist noch ein stilisierter Naturretter. Es ist eine aktive, treibende Kraft, es ist das Element, welches die Handlung bestimmt. Diese imaginäre Handlung schließt an den unterdrückenden Umgang mit der Natur an, welcher insbesondere in urbanen Räumen sichtbar wird. Der Autor selbst bezeichnet das Buch als eine Art ›Rache-Roman‹, in dem sich die Natur das zurückerobert, was ihr genommen wurde.

Die Rolle des Störers der Ordnung bekommt die Natur auch in Marie Gamillschegs Roman. Die Geschichte, die eine Vater-Tochter-Beziehung erzählt, enthält auch die Quallen, welche aufgrund einer überwuchernden Ausbreitung den Schiffsverkehr stören und somit (global) die Ordnung und die Nutzungsweisen der Welt durch uns Menschen in Frage stellen. Gamillscheg selbst sagt dazu, dass die Quallen unerlässlich waren, um eine Vater-Tochter- Beziehung zu erzählen.

Die Quallen gehen also in dem Buch eine enge Verbindung mit den Figuren ein, die auf der erzählerischen Ebene auf die Quallen angewiesen sind.

Aus dem traditionellen *über die Natur schreiben* wird ein *mit* und *durch die Natur schreiben*. Natur ist nicht bloß Kulisse, sie spielt auf der

Bühne des Romans eine Hauptrolle. Folgt die Bühne den Impulsen der Hauptrolle, nimmt sie quallenförmige Gestalt an.

Fenster der Buchhandlung Lüders in Hamburg zur Veranstaltung mit Marie Gamillscheg und Gianna Molinari

NATURE
WRITING
FESTIVAL
HAMBURG 2025
Mehr Information
»DIE WORTE
KOMMEN WIE
ENTENKÜKEN«
Mara-Daria Cojocaru
17. - 21. JUNI
44 Veranstaltungen an 22 Orten
Lesungen · Vorträge · Gespräche
Workshop · Ausstellung · Exkursion

Auszug aus dem Gespräch »Lyrik für eine wilde Stadt«, 18.6.2025

Mara-Daria Cojocaru und Hella Kemper: Lyrik für eine wilde Stadt. Lesung aus dem »Buch der Bestimmungen« und Gespräch

Mara-Daria Cojocaru: Ich lese mal etwas aus dem Zyklus »Capital Ring. Großer Rundgang in 15 Stationen«:

»Ich überlasse dem Hund unser Tempo, den Rhythmus und mein Vermögen
Zu denken. Wir kommen nur stockend ins Schreiben. Der Hund putzt die Pfoten
Ich die Erinnerung. Frage: Was haben die Leute hier alles
Verloren? Ein Pfund. Die Geduld und den Glauben, dass Kinder nur unschuldig
Sind. Im Finsbury Park, unter ewiglich festlichen Plane Trees. Ein Staffie
Möwen ne Taube. Und Menschen (sehr viele, ein Bullterrier weiß wie die
Tief in die Stadt nun versenkten Schichtwolken, dass heute mit Bällen
Nicht und noch weniger mit unserer Sonne zu rechnen sein wird

Dann bricht es aus einer verweinten Frau heraus
Better than people! Sie zeigt auf den Hund
Ich nicke
Wir nicken, entfremdet«

Dieses *Better than people*… Uwe Rada hat das bei der Auftaktveranstaltung gesagt: dass Menschen über den Fluss sprechen, aber nicht über andere Dinge, und dass man über andere Tiere ins Gespräch kommen kann, über kulturelle Grenzen hinweg … Wenn ich mit meinem Hund als Stichwortgeber unterwegs war, kam oft so etwas wie *Better than people.* In der nächsten Station in dem Zyklus fängt eine ältere Dame einfach an, mit mir zu sprechen. Wir sind in London. Das ist eine Stadt, da dürfen sie eigentlich nicht mal Augenkontakt suchen, wenn sie keinen Hund dabei haben. Und dann kommt eben dieses *It rained this morning* … Und man fängt an zu sprechen. Oder hier *Better than people.* Die Frau war verweint, und sie sah den Hund. Und dann zeigt sie auf den Hund und artikuliert, was sie denkt, und sagt mir das. Und dann denke ich, das war ihr wichtig, das nehme ich auf. Also auch dieses Dokumentarische – dass ich die tierinduzierte Sprache mit reingebe und sozusagen die anderen Menschen, ein Stück weit jedenfalls, als Co-Autorinnen zulasse.

Hella Kemper: Was hat es mit dem Augenblick zwischen Menschen, aber auch zwischen Mensch und Tier auf sich? Sind beide Augenblicke etwas völlig anderes?

Mara-Daria Cojocaru: Kommt auf die anderen Tiere an. Und auf die Beziehung, die sie zu dem Hund haben. Genauso wie bei Menschen. Also wenn ich jetzt einfach anfange, irgendeinen Menschen lange zu fixieren, dann passiert das Gleiche, wie wenn Menschen einen fremden Hund einfach anstarren. Das macht man nicht. Dann kann man aber auch anfangen, über Oxitozin zu sprechen, wenn man das möchte. Ich kann als Mensch mit anderen Tieren Augenblicke teilen. Doch was mit dem Hund spielend leicht gehen kann, wird mit anderen Tieren schwerer. Da muss man sich vor Projektion hüten. Es ist für uns Menschen auch ein Stolperstein, weil wir ja immer nach den Augen in den anderen suchen, und in dem Moment, wo uns etwas an den Augen irritiert, wo die Augen nicht so menschlich sind denken wir mal an Reptilien oder an die Schnecke – ist das dann irgendwie ein anderer Anblick. Und da funktioniert Bonding nicht mehr auf diese Art und Weise … wenn überhaupt. Das ist dann, glaube ich, ein Grund dafür, über andere Formen der Verbindung nachzudenken.

Noch ein Beispiel hier aus dem Zyklus:

»Alles auf Halt. Bei den Ratten im heimischen Wald. Keiner traut sich
Raus. Aus dem Brombeerstrauch höre ich flüstern, wir müssten mit ihnen

Hilfspflichten debattieren. Verdienen die Menschen nun tierlichen
Beistand? Wir suchen den Impfstoff. Die Jagdhunde kommen. Sie zittern
Schnüffeln und sind wieder weg. Der Himmel war selten so leer
Seeraben hängen die Sonne zum Trocknen, dazwischen Sirenen
Gezwitscher. Beringe den Vogelgedanken an morgen. Und lasse ihn
Frei, in der Hoffnung, ihn irgendwo aufgenommen zu finden

Dann presst ein Alter die Wolken wie Blüten und sucht
Das Gespräch aus der Zeit, als man noch Pläne machte
Für die Enkel, für den Sommer
Nice to meet you«

Hella Kemper: Gerade frage ich mich: Stehen die Tiere für etwas? Für dich? Oder gerade nicht? Und stehen sie vielleicht für einen Moment von Freiheit?

Mara-Daria Cojocaru: Das ist eine gute Frage. Ich glaube, es gibt gerade im Nature Writing ganz stark das Bedürfnis nach Moralfreiheit. Dass man versucht, sich im Austausch mit dem ganz Anderen von den Dingen zu befreien, die man vielleicht im menschlichen Miteinander als einengend, frustrierend oder wie auch immer empfindet. Und gleichzeitig finde ich es interessant, dass wir die ganze Zeit auf Normativität stoßen, wenn wir im Mehr-als-Menschlichen gucken. Es sind ja Tiergesellschaften mit Kulturen, mit Sprachen, die nach ihren eigenen Regeln funktionieren. Übrigens ganz oft auch nicht mit unseren Regeln. Ich glaube, es ist wichtig, das anzuerkennen und nicht die ganze Zeit zu sagen: So, wir haben da unsere Moral, und mal gucken, ob die anderen auch dieser, unserer Normativität entsprechen. In diesem Text von 2020 habe ich diese Beistandspflichten mit drin. In der Corona-Zeit waren wir, was die Wahrnehmung der anderen Tiere betraf, ziemlich aufgeregt, und allen ging ziemlich viel durcheinander. Das mit dem Impfstoff beispielsweise. Man kann natürlich in den Garten gucken und sagen: Ach, wie schön, endlich habe ich mehr Zeit, mich mit den Gartenvögeln zu befassen. Und gleichzeitig werden in den Laboren zig und zig Ratten »verbraucht«. Ich sage jetzt nicht, man soll keine Impfstoffe entwickeln. Es gibt mittlerweile interessante tier-

Mara-Daria Cojocaru und Hella Kemper

freie Methoden, aber damals waren die ganzen Forschungslinien so wie sie waren... Vielleicht kann man dann wenigstens über Wiedergutmachung nachdenken. Oder Ausgleichszahlungen? Ich habe mich impfen lassen. Ich finde das richtig. Und gleichzeitig kann ich vielleicht etwas spenden, dafür, dass man tierfreie Methoden entwickelt. Entschuldigung, jetzt sind wir weit von der Lyrik entfernt, und ins Politische gerutscht, aber das spielt bei mir immer eine Rolle. Das bin einfach ich, so gucke und so denke ich. Und deswegen stehen die Ratten, die ich im heimischen Wald treffe, zeitgleich auch für die Ratten, von denen ich weiß, dass sie gerade im Labor getötet werden.

Hella Kemper: Ich glaube, wir entfernen uns damit auch gar nicht so weit von deiner Lyrik, denn es beschreibt ja dein Verhältnis zu Tieren, zu anderen Lebewesen, das ein völlig anderes ist, als man es normalerweise pflegt. Dir stellt sich immer wieder die Frage, was schulden wir eigentlich den domestizierten Tieren, den Tieren, die wir essen, aber auch den Wildtieren? Die Schuldfrage ist natürlich eine moralische Frage, als Philosophin interessiert dich die natürlich sehr.

Mara-Daria Cojocaru: Deswegen ist das Nature Writing vielleicht auch interessant für mich. Einerseits bin ich immer gerne diejenige, die sagt, wenn ich ein Argument geben kann, dann gebe ich ein Argument und schreibe kein Gedicht. Ich schreibe kein Gedicht gegen die Massentierhaltung. Aber wo wir die Argumente vielleicht noch gar nicht so klar haben, hilft mir das poetische Schreiben, um dem Thema nachzuspüren und zu gucken, was wie funktioniert. Und dann weiter zu gucken, welche Sinnhorizonte sich auftun. Was dann daraus für welche Praxis folgt, das weiß ich nicht.

Markus Thielemann und Anna-Katharina Wöbse

Seestück

Klaus Hackländer und Sebastian Brakhane

Paula Schweers, Jannete Hentati und Lena Frings

Lea Schneider

Esther Kinsky

Thomas Kunadt und Laura Kranich

Lann Hornscheidt

Auszug aus dem Gespräch »Heimat/Antiheimat«, 19.6.2025 – dem Auszug voran gingen Lesungen aus den Büchern »Von Norden rollt ein Donner« und »Sylt. Die fragile Schönheit«

Anna-Katharina Wöbse, Markus Thielemann und Reinhard Kahl: Heimat/Antiheimat. Ein Gespräch darüber, wo wir leben

Anna-Katharina Wöbse: Was durchgängig ist im Zusammenhang mit Heimat, ist, dass sehr schnell ein Innen-Außen konstruiert wird, sei es der Wolf oder die Flüchtlinge oder vielleicht auch die Investoren. Diese Innen-Außen-Konstruktion verschärft die Heimatbehauptung. Und wie könnte man da rauskommen? Im Augenblick wird das Innen-Außen enorm verschärft, auf vielen Frequenzen, bis hin zur nicht nur weltpolitischen Verfeindung, sondern auch in alltäglichen Zusammenhängen, man kann eine gewisse Verfeindungslust beobachten. Und dazu gehört dann auch immer die Position des Guten, des Eigentlichen oder eben auch der Heimat.

Reinhard Kahl: In beiden Beispielen, im Heide-Roman und im Sylt-Buch, sieht man unheimlich gut, wie die Konstruktionen funktionieren, wie das immer wieder herausgeholt wird, das Fremde als das Zerstörerische des Eigentlichen, Heimatlichen. Es gibt aber auch immer wieder Phasen, in denen es sich blöd anhört. Auf Sylt kann man zum Beispiel wahnsinnig gut beobachten, wie kolonial besetzend sich Tourismus entwickeln kann, und irgendwann auch das Kapital selbst.

Anna-Katharina Wöbse: Das ist das große Thema, das sich seit den 1950er-Jahren durch die ganze Sylter Geschichte zieht, dass die ›Einheimischen‹ ausverkauft werden, dass sie nicht mithalten können in diesem Strudel des Kapitalmarktes. Das findet man immer wieder in diesen schwer begehrten Küstenstandorten. Und die Frage ist, wie kann man solche ökonomischen Logiken eigentlich aufbrechen? Wie kriegt man einen Fuß dazwischen ohne sozusagen dem Heimattümelnden, dem Eigentlichen, dem Einheimischen Vorschub zu leisten.

Reinhard Kahl: Auf Sylt ist ja jetzt der Goldschakal aufgetaucht…

Anna-Katharina Wöbse: Ja, er ist tatsächlich da. Und er hat etwa 90 Schafe malträtiert, gerissen … Da sind wir wieder bei dem Thema, was die Konfrontation mit dieser tierlichen Gewalt mit Leuten macht, die Anwesenheit wilder Tiere … Sofort geht wieder die Debatte darüber los: Goldschakal? Ist das nicht eine invasive Art? Kann man die nicht eigentlich direkt abschießen? Darf der hier sein? Und das zieht sich durch diese ganzen Verhandlungen. Ich meine, Zäune werden in den Konflikten zum Beispiel eine Möglichkeit.

Markus Thielemann: Eigentlich schon. Aber wenn man an die Heide denkt, daran, welche Bilder wir von ihr im Kopf haben, dann glaube ich, dass Zäune nicht dazugehören. Wenn man sich ein Heidegemälde vorstellt oder ein schönes Foto für den Tourismus, dann wäre ein Zaun, der durch die schöne Heidelandschaft geht, nicht so schön. Das wäre fast so schlimm wie ein Windrad. Die gibt es auch nicht dort, wo Tourismus ist. Das ist ja wieder das Interessante. Landschaften werden touristisch genutzt, aber eben auch von Energiewirtschaft, von Viehwirtschaft. Und dann gibt es auch immer noch Leute, die da schlicht wohnen – und alle wollen mitreden. Das macht Konflikte sehr schwierig, aber auch sehr spannend. Wenn dann wirklich so ein neues Raubtier in ein Ökosystem oder auch in eine Kulturlandschaft eindringt, wirft das so viel durcheinander…

Reinhard Kahl: Es ist wirklich interessant, dass die Natur, bei der wir ja zunächst an Heidekraut und Wacholderbusche oder ähnliches denken, dass sie durch die Hintertür in der Form des gewalttätigen oder nicht verhaustierten Tieres eindringt. Das ist ja eine andere Dimension von Natur als die Postkartennatur und auch die BUND-Umwelt, also sagen wir mal, die links-grün-alternative Naturvorstellung. Da hat der Wolf zwar gewissermaßen eine Planstelle, aber doch eigentlich als Fremdkörper, oder sehe ich das falsch?

Markus Thielemann: Ich würde es andersherum sehen. Also gerade in der ›grünen‹ Vorstellung von Natur, die selbstorganisiert gesehen wird, wo man keine Jäger und Heger braucht, da ist der Wolf quasi der Apex-Predator, der alles im Gleichgewicht hält. In so einer Natur braucht man keinen Menschen, der die Natur anguckt, die kann schon gut alleine zurechtkommen.

Reinhard Kahl: Gut, das ist dann eine Natur nach der Menschheit, oder?

Markus Thielemann: Das wäre eine Wildnis. Und der Wolf ist das Wilde, das in eine Kulturlandschaft zurückkehrt und da eigentlich nicht funktioniert. Man kann ihm ja nicht sagen: »Das Tier da, das Schaf, das brauchen wir Menschen, weil wir das gerne selber essen wollen oder weil wir das für den Deichschutz brauchen oder weil wir das besonders schön und süß finden.« Das existiert ja in der Natur gar nicht. Aber zurück zu der Frage ›Grüne Natur‹, die Vorstellung der Natur, die geordnet werden muss, da würde ich eher sagen: Das ist die CSU-Natur.

Reinhard Kahl, Markus Thielemann, Anna-Katharina Wöbse

NATURE
WRITING
FESTIVAL
HAMBURG 2025
Mehr Information
»VON NORDEN
ROLLT EIN
DONNER«
Markus Thielemann
17. - 21. JUNI
44 Veranstaltungen an 22 Orten
Lesungen · Vorträge · Gespräche
Workshop · Ausstellung · Exkursion

Betrachtungen zur Veranstaltung »Das Verschwinden der Wildnis. In der Arktis und anderswo« mit Birgit Lutz und Gerhard Trommer, 19.6.2025

Marie Husar: Wildnis

Die meisten von uns – vor allem jene, die in Städten aufgewachsen sind – kennen vor allem die gezähmte Natur: Parks, Gärten, angelegte Grünflächen. Doch das Festival wollte auch dem Raum geben, was uns weniger vertraut ist: der Wildnis. Jener Natur, die nicht von uns handelt, sondern einfach existiert. Auf einer der Festivalveranstaltungen berichteten Birgit Lutz und Gerhard Trommer, was sie in dieser Natur erlebt und gelernt haben.

Für den Ökologen Trommer verkörpert die Wildnis Schönheit und Gefahr zugleich. Einmal, so erzählte er, als er allein durch den Yosemite Nationalpark wanderte und die Stille genoss, stürzte er – und die Stille, die eben noch so beruhigend gewesen war, verwandelte sich in etwas Bedrohliches. Ein prägender Moment, der die Ambivalenz der Wildnis für ihn besonders spürbar machte und ihn letztlich auch zum Nature Writing brachte. Wildnis bedeutet für Trommer deshalb vor allem eines: ein Wachwerden, mit jeder Faser präsent, im Hier und Jetzt sein, seinen eigenen Herzschlag und Atem spüren. Etwas, das uns an vielen Stellen abhandengekommen ist.

Birgit Lutz erzählte von ihren Erfahrungen in Grönland bei einer Indigenen Gemeinschaft, deren Jägerkultur fast verschwunden ist. Ein jüngerer Mann erzählte ihr: Die Älteren sehen Tiere nicht, sie *spüren* sie. Die Jüngeren dagegen jagen kaum noch – weil ihnen die Fähigkeit zum Nachspüren abhandengekommen ist. Und auch hier entfernen wir uns immer weiter von unserem Gespür, vom *Sein*. Wir delegieren Entscheidungen an Geräte und entwickeln Filter, um uns vor der Reizüberflutung zu schützen, mit der wir in der Stadt, im Verkehr, im Supermarkt konfrontiert sind. Insofern bedeutet Wildnis für Lutz Freiheit. Freiheit von den vielen kleinen Entscheidungen, die wir tagtäglich treffen (müssen): »Ich bin nirgends so frei wie dort, wo ich nicht darüber nachdenken muss, was ich anziehe«, sagte sie.

Denn in der Wildnis müssen andere Entscheidungen getroffen werden; die Prioritäten verschieben sich: Es geht darum, abzuschätzen, ob es sicher ist, hier das Camp aufzuschlagen, oder wo ein Eisberg einstürzen könnte. Existenzielle Entscheidungen mit einer Tragweite, die uns im Alltag nur selten begegnet. Gelehrt hat die Wildnis Lutz insofern vor allem eines: Demut – vielleicht das, was der Menschheit in ihrer Beziehung zur Natur mittlerweile am meisten fehlt. Und doch sollte es nicht nur um das gehen, was wir verloren oder verlernt haben. Auf die Frage, wie man denn über Wildnis sprechen könne, ohne die Bedrohungen durch den Klimawandel und den Kapitalismus zu thematisieren, erwidert Lutz: Beides sei wichtig, und doch könne sie nicht immer nur Vorträge über den Klimawandel halten – stattdessen sollten wir mehr darüber sprechen, wie schön die Natur ist und wie viel sie uns geben kann. Und genau das kann Nature Writing.

Reinhard Kahl, Birgit Lutz, Gerhard Trommer

Gedanken zu den Veranstaltungen »Himmelsstriche. Über den Saum des Meeres und seine Vögel« mit Bernhard Malkmus, Miek Zwamborn und Karsten Reise, 19.6.2025, »Zwischen Metropole und Wildnis. Berichte aus Niemandland« mit Gerhard Trommer, 20.6.2025

Bianka Schaffus: »Nature« in der Stadt?

Die Frage, was wir unter dem Begriff Natur verstehen, wird über das Festival hinweg sehr unterschiedlich besprochen. Die Lesung von Bernhard Malkmus zeichnet tiefgehende und komplexe Verstrickungen. Im begleitenden Gespräch mit Miek Zwamborn und Karsten Reise wird schnell klar, dass unser Verhältnis zur Natur in Bewegung ist. Nur gemeinsam können wir ausloten, was wir als natürlich betrachten (vielleicht sogar uns selbst?) und wie wir mit dem Natürlichen umgehen wollen.

In der Frage, was Natur ist, kann man sich vielleicht noch darauf einigen, dass es immer mal Momente von Natürlichkeit gibt – und das sogar in dicht besiedelten Bereichen. Wer dort genau hinsieht, hinhört kann wahrnehmen, was sonst im Verborgenen bleibt. Sensibilisiert durch die Lesungen und Diskussionen des Nature Writing Festivals ist mein Blick offen und beschert mir an den Veranstaltungsorten ganz unterschiedliche Momente von Natur, damit auch ganz unterschiedliche Zugänge zu ihr.

Wenn über Erfahrungen in und mit der Natur gesprochen wird, geht es um die Erlebnisse, die unser Verhältnis zur Natur prägen. Karsten Reise und Miek Zwamborn betonen im Gespräch zur Lesung »Himmelsstriche« von Bernhard Malkmus die Ebene der persönlichen Erfahrung der Natur und der eigenen Zugehörigkeit zu ihr als Kreatur. Vielleicht hat der eine oder die andere prägende Erlebnisse im Sinn. Ich selbst fühle mich zurückversetzt, zum Berliner Tor, einem ÖPNV-Knotenpunkt in Hamburg. Am Bahnsteig wartend, starre ich auf die Wand hinter dem Gleisbett. Plötzlich nehme ich ein karges Kraut wahr. Je länger ich es ansehe, desto mehr Gedanken gehen mir durch den Kopf. Ich staune, wie hartnäckig die Pflanze sein muss, hier, an einem so unwirtlichen Platz, so groß zu werden, obwohl die Bahn sie im Minutentakt streifen muss. Mit Abrieb, Hydraulikölen, altem Dreck und Müll, der beständig nachgeliefert wird, gehört schon einiges dazu, zu widerstehen. Ich bin berührt von der Durchsetzungskraft dieser einen Pflanze und zugleich empört, dass es keinem weiter aufzufallen scheint, als wäre es ein Ereignis, das für Aufruhr sorgen müsste. Fast unbeachtet wiegt sich das Kraut, das zwischen Beton und Stahl den menschengemachten Infrastrukturen trotzt, wie deplatziert in der Zugluft hin und her. Pflanze und Umgebung passen nicht zusammen, und trotzdem ist das Kraut da. Dieses Spannungsverhältnis lässt mich bis heute nicht los.

Wieviel Natur steckt in der Großstadt? Folgt man Gerhard Trommer, gibt es zumindest keine Wildnis (beziehungsweise keine Wilderness oder kein »Niemandland«, wie er es nennt) in der Stadt. Jedenfalls gibt es dort keine, wie er sie auf seinen Exkursionen in die nordamerikanische Wildnis erfahren hat. Ähnlich formuliert es Karsten Reise, wenn er sagt, dass wir hier in Deutschland im Grunde keinen Wald (im Sinne eines Urwaldes) kennen. Das absolute Alleinsein in der Natur und dieses ihr auf Gedeih und Verderb Ausgeliefertsein ist vermutlich etwas, was man in Hamburg selten erfahren kann. Dennoch ist die Natur hartnäckig, sie ist da, setzt sich durch und kommt mitunter auf scheinbar abwegige Weise zum Vorschein. Gerhard Trommer zitiert aus »Niemandland«[1] und erzählt von seinen Erfahrungen. Während ich den Ausführungen des Biologen und Umweltpädagogen lausche, zeigt sich ein absurder, gar komischer Gegensatz. Ich blicke aus dem japanischen Teepavillon in das hochgradig kuratierte Grün von Planten un Blomen[2]. Ich sehe nichts Wildes. Ich sehe viel Grün, Bäume mit lagernden Ebenen: flache Kirschbäume, Kastanien, Linden, oder das, was man so gepflanzt hat. Vermutlich seinerzeit sorgfältig ausgewählt. Leute sind unterwegs. Man hört Vögel von draußen, aber auch die Stimmen von Menschen in großer Zahl. Und die Bässe der geschlossenen Gesellschaft in der Nähe. Hundeeltern mit ihren Tieren an der Leine. Hier ist kein »Niemandland«. Währenddessen spricht eine Stimme vom ›Sound of Silence‹, vom Stillschweigen, von Einsamkeit, vom Wandern. Nicht vom Spazieren. Ich höre vom Zelten und Teekochen im Windschutz und von Steppe. Und ich blicke dabei auf sorgfältig arrangierte Versatzstücke des Natürlichen. Ich höre von der erschlagenden Stille, dort, wo es kaum leise ist. Ich bleibe erneut mit einem Widerspruch zurück.

Natur in der Stadt scheint allzu oft gegensätzlich. Durch das Nature Writing Festival richte ich meinen Blick ganz bewusst auf die Wahrnehmung von Natur und die Frage, wieviel davon in den Orten steckt, die ich im Rahmen des Festivals besuche. Was Natur und vor allem, was Nature Writing ist, bleibt vielfach noch vage. Ganz eindeutig ist, dass Natur, wenn auch geschunden, unerwartet oder geplant, da ist. Sie existiert auch in den am stärksten durch den Menschen geformten Gegenden. Das Natürliche empfinde ich – spätestens mit dem Nature Writing Festival – als so präsent für diese ganzen Orte (und mit Sicherheit darüber hinaus), dass ich fast infrage stellen möchte, ob Natur überhaupt weit weg sein kann. Hier ist sie jedenfalls ganz gegenwärtig.

1 Trommer, Gerhard (2019): Niemandland. Leibhaftig, einsam, fern und wild – Naturerfahrungen zwischen Metropole und Wildnis. Rangsdorf: Natur & Text.
2 Planten un Blomen ist eine Parkanlage im Zentrum Hamburgs. Ursprünglich als Botanischer Garten eingerichtet, dient sie heute als vielseitiges Naherholungsgebiet (z.B. Grünflächen, thematische Gärten, Eis-/Rollschuhbahn, Musikpavillon, Gastronomie).

Hella Kemper und Bettina Rühl

Volha Hapeyeva und Andreas Unterweger

Katharina Hagena

Hartmut Böhme und Doris Feil

Mona Harry und Stefan Schwarck

Antje Rávik Strubel

Eva Strasser

Miek Zwamborn

Auszüge aus der Lesung und dem Gespräch »Was wir nicht über Vögel wissen. Was wir über Natur sagen können« mit Volha Hapeyeva und Andres Unterweger, 19.6.2025

Volha Hapeyeva und Andreas Unterweger: Was wir nicht über Vögel wissen. Was wir über Natur sagen können

Volha Hapeyeva: Ich lese einen Auszug aus unserem Text im Buch *In der Wüste Bäume pflanzen*:

»Obwohl Sprachen viele Gemeinsamkeiten haben, können sie sich in der Art und Weise, wie sie die Realität beschreiben (und konstruieren), erheblich unterscheiden. In einigen Ländern ›sitzen‹ die Vögel auf den Bäumen, in anderen ›stehen‹ sie oder ›liegen‹ sogar je nach Sprache. Der belarusische Name des Vogels Uhu (puhac, aus dem Verb puhac – erschrecken) vermittelt jenen Eindruck, den die Laute des Uhus auf den Menschen machen, also Uhu ist jemand, der Angst einflößt. Im Deutschen ist es ein Klangwort, der den Ton, den der Vogel macht, beschreibt. Wir betrachten Lebewesen durch die Linse unserer eigenen Sprache, und so ist es legitim zu fragen, was von dem, was wir über sie wissen, wirklich mehr über sie aussagt als über uns. In einem Naturführer kann man über das ›Pracht- und Ruhekleid‹ von Vögeln lesen oder, dass sie ›häufig knicksen‹, ›oft segeln‹ oder ›während der Balzzeit akrobatische Flugspiele‹ machen.

Wir verwenden die Sprache auch, um uns von den Tieren abzusetzen. Dann unterscheiden sich die Wörter, die wir zur Beschreibung des Menschen verwenden, von jenen für Tiere, z. B. essen vs. fressen; Haar vs. Pelz, Fell, Wolle; Arm, Fuß vs. Pfote; Nase vs. Windfang. Andererseits kann die Übertragung bestimmter menschlicher moralischer Eigenschaften auf Tiere auf eine gewisse Weise einer engeren Koexistenz zwischen Menschen und Tieren dienen. Im mittelalterlichen Bestiarium wurde jeder Aspekt des Tieres so interpretiert, dass er eine moralische Lehre darstellte. Den Tieren wurden symbolische Bedeutungen verliehen, die lange in Erinnerung blieben und wiederholt wurden, insbesondere in der bildenden Kunst, wo bestimmte Tiere als Kürzel für abstrakte Konzepte verwendet wurden. Der Esel stand für Dummheit; ein Affe, der in den Spiegel schaut, für Eitelkeit. Unendlichkeit zu denken, ist für unser Gehirn eine schwierige oder sogar unmögliche Aufgabe. Gleichzeitig ängstigt uns unsere eigene Endlichkeit, der Tod, mehr als alles andere. Vielleicht ist die Idee des Sammelns gerade deshalb so reizvoll: Herbarien, Museen, Zoos, Wörterbücher … Die Schwierigkeit liegt darin, dass die Sprache als beides fungiert – als Handelnde und als Erfahrende. Ihr doppelter Charakter gibt manchmal Rätsel auf oder erschwert den Blick. Einerseits kolonisiert und unterwirft die Sprache andere Sprachen und Arten – hier haben wir es mit der Sprache als Werkzeug des Patriarchats zu tun, dessen Schlüsselelemente Machtbeziehungen, strukturell begründete Gewalt gegen ›die anderen‹, Monotonie und Homogenität sowie binäres Denken sind. Die Sprache wird zum Träger der epistemologischen Gewalt, die von den Machthabern ausgeht. Zum Beispiel zeigt sich das in geografischen Namen, die von den Kolonisatoren vergeben wurden, um die neuen Länder ›anzunähern‹ oder in das imperiale Ganze einzubeziehen, wie in Namibia die Stadt Luhonono (was auch der Name eines in der Gegend heimischen Baumes ist) in Schuckmannsburg umbenannt wurde (nach Bruno von Schuckmann, dem ehemaligen Gouverneur des damaligen Deutsch-Südwestafrika). Andererseits kann eine Sprache selbst zum Ziel der Vernichtung werden.

Eine Sprache kann verboten werden (wie es beim Belarusischen lange Zeit der Fall war), die Regierung kann ungünstige Bedingungen für das Weiterleben einer Sprache schaffen, Migration, Verstädterung und andere Gründe können zum Linguizid oder zum Sprachentod führen. Wenn die Sprache verloren geht, verliert man auch alles was in ihrer Volksdichtung war, man verliert eine einzigartige Weltanschauung. Manchmal ist ein altes Lied der einzige Ort, an dem ein ausgestorbener Vogel noch lebt.«

Andreas Unterweger: Vielen Dank, liebe Volha. Ich bin jedes Mal baff, wenn du vorliest. Ich werde einfach mit meinem Essay reagieren.

Volha Hapeyeva: Bitte!

Andreas Unterweger: Was wir nicht über Vögel wissen – Punkmeise, Rotseelchen, Flauschklops, Springinkel. Jedes Mal, wenn ich versuche, die Wintervögel an unserem Futterhäuschen zu benennen, muss ich feststellen, dass mir zwar nicht die Wörter fehlen, aber doch die Namen. Die richtigen jedenfalls. Solche, die auch andere verstehen würden. Ähnlich begriffsstutzig stehe ich vor den Pflanzen in unserem Garten. Wenn meine Frau mich Kräuter holen schickt, etwa. Nicht nur, dass ich mit den Ein-Wort-Gedichten, die sie mir aus dem Fenster zuruft, nichts anzufangen weiß. Ein ums andere Mal rätsle ich auch aufs Neue, welche Blätter sich wofür eignen könnten. So kredenzte ich einem Gast, der partout keinen Kaffee trinken wollte, eine Tasse würzig dampfenden Oregano-Tees. Dann bröselte ich drei Bund Thymian in die Masse fürs Basilikum-Pesto, und als ich einmal ausnahmsweise das richtige Heilkraut für den Hustentee hereinbrachte, präsentierte ich es stolz mit den Worten: ›Hier der Saibling.‹ Die offensichtliche Distanz zu Tier- und Pflanzenwelt, die aus diesen Wortfindungsstörungen eines vermeintlichen Homme de Lettres spricht, ist freilich mehr als ein individuelles Phänomen.

[…]

Mein Lebensraum waren mein Zimmer, die Schule, die Stadt, nicht der Wald auf dem Reinischkogel, in dem sich unsere Klasse trotz der goldenen Wandernadel unserer Lehrerin während eines Ausflugs verirrte. Von außen betrachtet, aus der Perspektive älterer Semester wie Richard Louv oder Rainer Brämer, mag ihren Nachfahren durch diesen Teilrückzug aus dem Freien etwas verloren gegangen sein. Etwas, zu dem sie zurückgeführt werden sollen, mit allem Aufruhr, der Slogans wie ›Geben wir unseren Kindern die Natur zurück‹ innewohnt. Aus der Drinnenperspektive stellt sich freilich die Frage, ob diese Erregung wirklich gerechtfertigt ist. Und ich muss zugeben, dass ich mich von derlei flammenden Appellen nicht nur angesprochen, sondern auch angegriffen fühle. Muss denn ein neuer, anderer Zugang zu Natur zwangsläufig ein schlechterer, falscher sein? Wie will man richtig und falsch überhaupt definieren? Und mit welchem Recht wird die Deutungshoheit in diesen Fragen ausgerechnet von Vertretern jener Generation beansprucht, die sowohl für die Erziehung ihrer Nachkommen als auch für den kritischen Zustand der überhitzten, vermüllten Erde wesentliche Mitverantwortung tragen? Lässt die Richtung, in die sich die jüngeren Generationen entwickeln, tatsächlich keine anderen Schlüsse zu als Naturentfremdung oder gar Naturdefizitsyndrom?

[...]

Volha Hapeyeva: Du bist in der Stadt, also in Graz aufgewachsen, oder?

Andreas Unterweger: Ich bin hauptsächlich in der Stadt aufgewachsen, ja.

Volha Hapeyeva: Ich auch, in Minsk. Aber vielleicht hatte ich Glück, weil ich sozusagen am Rande wohnte. Und hinter der Straße war schon ein Wald. Ich erinnere mich, dass wir mit Mama in diesen Wald gegangen sind, um Pilze zu sammeln und Blumen, und dann auch Tee gemacht haben. Heutzutage ist das nicht mehr möglich. Dort wurden Häuser gebaut, und Pilze gibt es keine.

Andreas Unterweger: Wann hast du eigentlich begonnen, auch über Natur zu schreiben? Ich weiß, dass du dich sehr stark mit Macht und Autorität auseinandergesetzt hast. Strukturen aufgedeckt hast oder die Strategien der Macht. Sei es in einem autoritären Staat wie in Belarus, seien es autoritäre Beziehungspartner. Und jetzt hast du dich in diesem Essay mit der Natur stark auseinandergesetzt – wie die Sprache autoritär mit der Natur umspringt oder der Mensch mit der Natur autoritär umspringt. War das eine Entwicklung oder hast du schon als Jugendliche über Natur geschrieben?

Volha Hapeyeva: Also ich glaube tatsächlich, ich war immer an Natur interessiert. Im Roman *Samota* ist das Hauptthema Empathie, aber ich versuchte mit diesem Thema auch zu beschreiben, wie Menschen mit Tieren umgehen, und was das für uns bedeutet.

[...]

Publikum: Ich erlaube mir mal, über Pflanzen anzufangen, und möchte sehr infrage stellen, dass man früher mehr wusste und den Pflanzen oder den Tieren näher war. Von wem ist da eigentlich die Rede? Dort, wo das beginnt, diese herrlichen Herbarien, die wir heute bewundern und schön finden, und die Pflanzensammlungen, die botanischen Gärten, die wir jetzt betrachten wie ein Ausbund an Schönheit und Erholungskraft und gesunder Natur – das sind alles Produkte, die im Zusammenhang mit dem Kolonialismus entstanden sind. Zweitens: Das sind Machtgesten, inklusive der Wissenschaft, die darauf läuft. Man will sozusagen die Nomenklatur entwickeln, nicht weil man eigentlich das Wissen über einzelne Spezies oder einzelne Exemplare verbessern will, sondern eine Ordnung in einem Reich schaffen, was nicht unser Reich ist. Das wird strategisch durchdrungen durch Nomenklatur, Namensgebung. Das heißt: Was eigentlich stattfindet, ist die Vorbereitung dessen, was man die Pflanzenpiraterie der Kolonialisten nennt, die nämlich überall die ganze Welt durchgemustert haben: Wo sind hier die Pflanzen, die wir nach Europa bringen können, und mit denen wir Nutzen erzeugen können? Wir haben für die Pflanzen einen doppelten Nutzen, nämlich für die Verbesserung der Ernährung bei steigenden Bevölkerungszahlen und dafür, dass sie unser Erholungs- und Erschönungsbedürfnis erfüllen, nämlich in den Gärten. Also wir haben einen doppelten Nutzen – und das gilt auch für Tiere.

Den Text »Was wir nicht über Vögel sagen können« findet man hier: In der Wüste Bäume pflanzen. In welcher Welt wollen wir 2040 leben? Anthologie. Hg. v. Elke Atzler und Manfred Müller im Auftrag der Sektion für internationale Kulturangelegenheiten des Bundesministeriums für euorpäische und internationale Angelegenheiten. Mit einem Geleitwort von Christoph Thun-Hohenstein. Wien: Luftschacht 2024.

Gedanken zur Veranstaltung »Der Himmel über uns. Nordlichter und Stratosphärenwolken« mit Laura Kranich und Thomas Kunadt, 19.6.2025

Bianka Schaffus: Die schönen Bilder und das Klima

Wenn uns traumhaft schöne Phänomene mit ihrer Ästhetik in Beschlag nehmen, haben sie dann das Potenzial, etwas zu verändern? Einen Venustransit, Hamburg mal watteweich im Nebelmeer statt sonst so kantig und vermessen, oder die Sonne in der Dämmerung als etruskische Vase zu sehen, sind bildgewaltige Momente, die für uns durch Aufnahmen sichtbar werden. Polarlichter, Sternenhimmel, Regenbogen, eilige Wolken wie gehetzte Drachen am Horizont. Flitzende Schiffe wirken wie silbrige kleine Flossentiere im Uferwasser. Windräder erscheinen wie Pusteblumen, Menschen huschen durch das Bild wie Zeitgeister. In Wetterfilmen werden unscheinbare Wolkenströme zu Phantasiewelten, von denen der Blick schwer zu lösen ist. So begeisterten der Fotograf Thomas Kunadt und die Physikerin und Meteorologin Laura Kranich die Gäste im Hilldegarden auf dem ehemaligen Flakbunker auf St. Pauli während des Festivals.

Die Vorstellungen der beiden verändern Perspektiven, denn sie machen die Komplexität der Phänomene plötzlich ganz nahbar. Aus einem anderen Blickwinkel nimmt man die Erde plötzlich wie ein von Wolken umwickeltes Bündel wahr. Rausgezoomt und in höherem Tempo abgespielt werden sonst fast unsichtbare Strömungen als komplexe Systeme sichtbar. Ein Sonnenuntergang, der sonst in Zeitlupe abzulaufen scheint, offenbart plötzlich ein Farbkonzert, das im Sekundentakt die Zusammensetzung ändert. Man ist beinahe geneigt, vor Ehrfurcht einen Schritt zurückzutreten. Was wir an diesem Abend lernen, ist, dass manche solcher farbgewaltigen Sonnenuntergänge ihr Spektrum erst durch Partikel erhalten, die durch gewaltige Umweltkatastrophen in die Luft gelangen, wochenlang anhaltende Waldbrände etwa. Plötzlich ist da wieder dieser Beigeschmack. Der Klimawandel.

Was wir an diesem Abend auch lernen, ist, dass wir nicht ohne Mittel sind. Es gibt verschiedene Möglichkeiten, von Klimaschutz bis Klimaanpassung. Auch wenn die Prognosen der Wissenschaft zuweilen wenig Mut machen, sollten wir den Blick zugleich auf das richten, was Hoffnung macht – und auch das kann ein Perspektivwechsel sein – auf bestehende und künftige Potenziale: Bereits vorhandene Möglichkeiten stecken in Wäldern, vor allem in alten Bäumen, die besonders viel CO_2 binden. Ein anderes Potenzial liegt in Stadtbäumen beziehungsweise -wäldern und Wasserflächen, die durch Verdunstung die Luft kühlen und die weitere Erwärmung drosseln. Auch in der Hydrogeologie und dem Geoengineering stecken viele Möglichkeiten, wenn etwa Wasseroberflächen für zusätzliche Abkühlung umgestaltet werden. Auf die vollständige Lösung des Klimaproblems zu hoffen oder sogar *die* eine Methode, wäre mit Sicherheit naiv. Dennoch kann der Blick auf eine Vielzahl von Methoden und das bloße Wahrnehmen der Handlungsfähigkeit bereits einen Unterschied machen. Es denkt sich dann doch viel besser über Zukunft nach, wenn man weiß, dass sie möglich ist.

Was man aus dieser Veranstaltung, die exemplarisch für viele andere des Festivals stehen kann, mitnimmt ist, dass Bilder, seien sie nun sprachlicher, gezeichneter oder gefilmter ›Natur‹, Perspektiven verändern können. Es wäre schließlich auch nicht das erste Mal, dass künstlerische Erzeugnisse Einfluss auf die Ideengeschichte nehmen. In diesem Fall bewegt sich unsere Aufmerksamkeit wie folgt: von der Begeisterung über die Schönheit der Phänomene wie etwa dem besonders farbstarken Sonnenuntergang, hin zu übergeordneten Zusammenhängen wie Partikeln in Kontinente überspannenden Luftströmungen, zu ihren teils ernüchternden und dramatischen Ursachen wie Waldbränden, sowie, all dem zugrundeliegend, dem Klimawandel, aber auch zu Handlungsmöglichkeiten. Himmelsbilder werden damit zur Linse für das Phänomen Klimawandel und haben das Potenzial, die Perspektiven darauf zu verändern. Nicht zuletzt, wenn die Gäste gemeinsam den Sonnenuntergang über St. Pauli betrachten und mit Anleitung der Referierenden über die allgemeine ›Bürgerdämmerung‹ hinaus plötzlich die weiteren Facetten des Sonnenuntergangs wahrnehmen. Es steckt etwas Wahres in dem Zitat Dostojewskis, auf das Laura Kranich verweist: »Die Schönheit wird die Welt retten«.

Thomas Kunadt (rechts), Foto der Sonne mit Venustransit

Abendlicher Blick über Hamburg vom Veranstaltungsort aus

Fr 20.6. • 10.15 Uhr • Eintritt frei
Zentralbibliothek der Bücherhallen
NATURE
WRITING
IM ESSAY
NATURE WRITING FESTIVAL
HAMBURG 2025

Auszug aus dem Gespräch »Nature Writing im Essay. Wildnis und Kultivierung« mit Bernd Gonner und Jan Röhnert, 20.6.2025

Bernd Gonner, Jan Röhnert und Tanya Lieske: Nature Writing im Essay. Wildnis und Kultivierung

Tanya Lieske fragt Jan Röhnert: Du bist auf dem Nature Writing Festival auch mit deinem Buch über den Karst, wirst aber lesen aus deinem jüngsten Buch *Wildnisarbeit – Schreiben, Tun und Nature Writing*. Wie kam dieses Buch zustande?

Jan Röhnert: Nature Writing ist nicht etwas, das am Schreibtisch alleine geboren wird, sondern auch vom Beteiligtsein und vom Tun lebt. Und ohne Beteiligtsein ist ein ethisches, ökologisches Engagement nicht denkbar. Bei Robert Macfarlane zum Beispiel heißt es in den biografischen Angaben oft am Rande, er habe eine Umweltschutzorganisation gegründet oder eine Naturschutzorganisation. Das ist aber nicht beiläufig, sondern das hat direkt mit dem zu tun, was er als Nature Writer macht mit seinem Schreiben. Es ist der ethisch-ökologische Imperativ, der einen zum Schreiben antreibt. Darum geht es ja.

Tanya Lieske: Das Engagement, die littérature engagée, ist sehr wichtig für dein Schaffen, oder für dein Verständnis von Text und Welt, von uns Menschen, in der Natur oder in der Wildnis. Du und auch Bernd Gonner – ihr beide kümmert euch sehr um die Poetik des Nature Writings. Warum ist es für euch so wichtig, eine Poetik zu entwerfen, zu verstehen, was ihr tut?

Bernd Gonner: Ich würde nicht sagen, dass ich direkt an einer Poetik des Nature Writings arbeite. Die Dinge selbst und das Tun selbst bringen mich zum Nachnachdenken und zur Poetik des Nature Writings. Ich find's eigentlich viel, viel interessanter, in die Texte zu gehen und zu schauen, was die Texte tun. Jeder Text des Nature Writings ist eine ganz neue Aneignung von Geländen, von Naturspuren, und da kann man dann schon eine Theorie darüber machen. Aber diese Theorie wird immer nur in bestimmtem Umfang diesen Texten gerecht. Ich gebe ein Beispiel: was man am amerikanischen Nature Writing Deep Mapping nennt, also das genaue Beschäftigen mit einem Gelände. Da kann man ein ganz kleines Gelände nehmen, fünfhundert Quadratmeter oder noch kleiner, oder ich kann ein Riesenareal von tausend Hektar nehmen und mich dort in die Naturgeschichte, in die Kulturgeschichte, in geologische Geschichte hineinversetzen. Und es wird immer was völlig Anderes herauskommen, weil jeder Autor, jede Autorin etwas ganz Anderes an Zugang, an Bewegungskräften in sich spürt und dann an Texten entwickelt. Also ich finde die Texte selbst viel, viel spannender als alle Theorie darüber. Theorie ist gut, aber Theorie ist immer nur ein Hilfswerkzeug, ein Hilfskarren, der dann zu den Texten hinführt.

Tanya Lieske: Also kommst du über deine Texte, über das Tun, über das Schreiben zum Destillat einer Theorie.

Bernd Gonner: Ja, dazu muss ich mich wohl so richtig blöd bekennen. Als ich mit dem Nature Writing angefangen habe, als Ulrike Draesner sagte: Was machst du denn da eigentlich? Das war 2018, da habe ich schon lange geschrieben. Ich hatte von der Literatur des Nature Writings bis dahin kaum eine Ahnung. Ich hatte von Thoreau *Walden* gelesen und irgendwelche anderen Sachen, die habe ich nie unter Nature Writing einsortiert. Dann kam erst dieser Begriff Nature Writing, und ich dachte, okay, also du machst Nature Writing. Und dann habe ich mich erst mal auch ein bisschen mit Theorie beschäftigt. Also ich bin da relativ unbedarft.

Tanya Lieske: Lieber Jan, bei dir ist es vielleicht ein bisschen anders?

Jan Röhnert: Ich stimme Bernd auf jeden Fall zu. Es macht keinen Sinn, präskriptiv zu sagen, das ist jetzt Nature Writing und das ist nicht mehr Nature Writing, das ist nicht mein Impuls. Es geht einfach darum, das Besondere an unserer Schreibhaltung zu suchen. Während ich mich aber auch wirklich mit dem konkreten Gegenstand beschäftige, nicht nur über ihn schreibe. Es geht mir nicht um die Theorie der Theorie willen, sondern eher um die Frage, was unterscheidet uns von anderer Literatur. Oder was unterscheidet uns vom Sachbuch? Durch die Form im Nature Writing entsteht ein neues Bild der Natur und ein neues Nachdenken über Natur, etwas, das ich in einem reinen Sachbuch so nicht habe.

NATURE
WRITING
FESTIVAL
HAMBURG 2025
Mehr Information
»DIE STILLE NACH
DEM FLUSS«
Esther Kinsky
17. - 21. JUNI
44 Veranstaltungen an 22 Orten
Lesungen · Vorträge · Gespräche
Workshop · Ausstellung · Exkursion

Auszug aus dem Gespräch »Nature Writing über Wasser. Talmäander, Älv und Flusssee« mit Lena Frings, Jannete Hentati, Paula Schweers und Hella Kemper, 20.6.2025

Lena Frings, Jannete Hentati, Paula Schweers und Hella Kemper: Nature Writing über Wasser

Hella Kemper: Kannst du uns den Charakter eines Talmäanders erklären? Was genau bedeutet das, Lena?

Lena Frings: Mäander kennen wahrscheinlich alle. Es ist eine Flussschlinge, die entsteht, wenn ein Fluss wenig Gefälle hat, und ein Talmäander entsteht, wenn der Fluss sich in die Umgebung einschneidet. Im Ahrtal, so wie im Mittelrheintal, liegt es daran, dass sich das Gebirge seit 700.000 Jahren anhebt, und der Fluss sich seinen Weg immer weiter graben musste. Das Interessante daran ist, dass mit Talmäander eben nicht nur der Fluss gemeint ist, sondern das ganze Zusammenspiel, die Berge, die der Fluss erst erschaffen hat, die Hänge, was er alles freilegt und ausgräbt, und natürlich der Fluss. Geologen sagen, dass Talmäander Mäander sind, die vererbt wurden. Und das finde ich, auch auf einer metaphorischen Ebene, einen ganz spannenden Ausdruck, obwohl es eigentlich ja ein geologischer Begriff ist.

Hella Kemper: Was bedeutet das aus geologischer Perspektive?

Lena Frings: Eigentlich sind die Schlingen etwas sehr Agiles. Wenn das Land flach ist, dann ändern sie sich immer ein bisschen und nehmen, zum Beispiel nach der Schneeschmelze, mal ein bisschen einen anderen Weg. In einem Talmäander aber geht das nicht mehr, weil der Fluss sich eingegraben hat, und das heißt, dass diese ursprünglichen Mäander vererbt wurden.

Hella Kemper: Welche Rolle spielt für dich beim Schreiben diese zeitlich lange Dimension, denn da geht es ja um viele 100.000 Jahre? Sind das Dimensionen, die du erfassen kannst?

Lena Frings: Also ich habe ja unglaublich viel gelernt bei der Recherche, dass beispielsweise die Felsen, auf die ich mit sieben Jahren immer hochgeklettert bin, aufgefaltet wurden, und das ist der Ursprung. Jetzt, wo mir bewusst ist, dass diese Dinge entstehen und wie sie entstehen, habe ich schon ein anderes Gefühl von Zeitlichkeit gewonnen. Ich denke nicht mehr, dass alles so stabil ist, wie man es als Kind geglaubt hat, dass alles für immer gleich bleibt.

Hella Kemper: Würdest du sagen, die Menschen im Dorf, in deinem Dorf, haben gelernt aus der Flut?

Lena Frings: Teils, teils. Es gibt da auch so einen bezeichnenden Begriff, Flutdemenz. Man vergisst also… Es gab eben schon vorher Fluten an der Ahr. Es gab 2016 eine, die war nicht ganz so schlimm. Dann gab es aber 1803 eine, da wurde im Nachhinein berechnet, dass die Wassermassen, die heruntergeflossen sind, recht ähnlich der letzten Flut waren. Das war nur weniger verheerend, weil der Boden noch nicht so versiegelt war.

Hella Kemper: Gibt es etwas, was ohne die Natur nicht erzählbar wäre? Anders gefragt: Brauchst du die Natur zum Erzählen?

Lena Frings: Auf jeden Fall. Ich glaube, dass in dem, wie ich auf Natur schaue, ganz viel von mir drin liegt. Das ist ein Wechselspiel, vielleicht werden mir manche Sachen erst durch die Natur bewusst. Ja, ich glaube, ich könnte nicht ohne Natur erzählen.

Hella Kemper: Jannete, die Landschaft in Nordschweden, wo du aufgewachsen bist, scheint größer und rauer zu sein als die, die wir hier in Norddeutschland kennen, stimmt das?

Jannete Hentati: Die Dimensionen sind größer, ja. Die Flüsse sind größer, die Berge sind größer, die Wälder sind größer. Vielleicht ist es in diesem Sinne eine dramatischere Landschaft. Aber ich bin mir nicht sicher, denn ich kenne Deutschland nicht so gut. Ich hatte noch nicht die Gelegenheit, alle Teile Deutschlands kennenzulernen.

Hella Kemper: Ich finde, deine Sprache ist auch wilder als vielleicht die von Lena.

Jannete Hentati: Vielleicht. Die Sprache wird wahrscheinlich von der Landschaft geprägt. Ich habe sowohl über einen regulierten Fluss geschrieben, den Lule, an dem ich aufgewachsen bin, als auch über den Torn, der wild ist. Das Buch über den Fluss Torn hat vielleicht eine Sprache, die dramatischer ist, weil ich das so erlebt habe, während ich an diesem Fluss entlanggereist bin. Beim Schreiben über den Fluss Lule war es eher eine kontrollierte Erfahrung, da der Fluss reguliert ist.

Hella Kemper: Du lebst in Stockholm, inwiefern unterscheidet sich deine Erfahrung mit Wasser dort vom Leben am Fluss auf dem Land?

Jannete Hentati: Stockholm ist eine wunderschöne Stadt. Man befindet sich inmitten eines Archipels, man findet immer irgendwo Wasser. Aber ich bin nicht in Stockholm aufgewachsen, ich habe keine so starke Verbindung zu den Gewässern dort. Ich glaube, das macht den Unterschied aus, wie ich sie wahrnehme und mich zu ihnen verhalte. Ich finde sie schön, aber sie sind nicht so sehr in meinem Körper verankert wie die Flüsse, die mich seit meiner Geburt begleiten. Vielleicht ist das der größte Unterschied. Und vielleicht auch, weil ich in der Stadt lebe, und wenn man in der Stadt lebt, ist so viel los. Es gibt andere Dinge, die einen beschäftigen. Man denkt nicht nur an das … [lacht] Wasser.

Hella Kemper: Ist der Fluss ein Spiegel deiner Seele?

Jannete Hentati: Ja, und vielleicht ist es auch umgekehrt, dass meine Seele und die Seele jedes Einzelnen ein Spiegel der Landschaft sind, die uns geprägt hat. Ich glaube, was ich mit diesem Buch versuche, das ist, über die Trennung von Natur und Kultur zu sprechen. Die Trennung hat die Art von Kultur, in der wir in Europa leben, sehr stark prägt. Wir haben die Tendenz, den Menschen von der Natur zu trennen und dabei zu vergessen, dass wir Teil eben dieser Natur sind. Ich versuche, das zu überdenken. Wir werden sehr stark von den Landschaften beeinflusst, in denen wir leben. Wir leben in ihnen, sind selbst Teil von ihnen, wie sie auch in uns leben, nicht wahr? Also schreibe ich über Flüsse, weil das die Art von Landschaft ist, die meine Persönlichkeit prägt. Ich glaube, dass alle Arten von Landschaften, die gesamte Umgebung, deren Teil man ist, einen in gewisser Weise auch ausmachen.

Hella Kemper: Ich würde gerne wissen, warum der Fluss Torne nicht reguliert wurde.

Jannete Hentati: Ich würde sagen, der Hauptgrund ist, dass der Torne keine wirklich steilen Wasserfälle hat. Wenn man Wasserkraft nutzen will, braucht man die Energie aus dem Fall des Wassers. Der Torne-Fluss hat viele wirklich schöne und atemberaubende Stromschnellen, aber der Höhenunterschied von oben nach unten ist nicht sehr groß. Ich würde also sagen, das ist der Grund.

Publikum: Ich habe mich gefragt, wie die Auswirkungen der menschlichen Regulierung aussehen. Das würde mich sehr interessieren.

Jannete Hentati: Nun, dazu gibt es viel zu sagen. Ich werde versuchen, mich kurz zu fassen. Der Lule ist der Fluss, von allen Flüssen in Schweden, der am meisten Strom produziert. Er trägt etwa zehn Prozent des gesamten Stroms bei, der in Schweden durch alle möglichen Energiequellen erzeugt wird. Aber das ist auf Kosten vieler Menschen und vieler anderer Lebewesen geschehen. Es wurden etwa 15 Kraftwerke und vielleicht 16 Dämme oder mehr gebaut. Das hat den Flusslauf unterbrochen. Und das hat natürlich dazu geführt, dass sowohl viel Land überflutet wurde als auch Flussbetten austrockneten. Es war ein wirklich großer Verlust für die Artenvielfalt im Fluss. Die Lachse sind früher den Fluss hinaufgewandert, doch das ist nicht mehr möglich. Und es hat auch vielen Menschen ihre Lebensgrundlage genommen. Der nördliche Teil Schwedens ist eine Region, in der die Indigene Bevölkerung, die Sámi, lebt. Natürlich hatten sie während dieser Zeit, als die Wasserkraft ausgebaut wurde, keinerlei Rechte. Es ist eine Art koloniale Situation entstanden, die viele Menschen betroffen hat. Sie leben mit einem großen Verlust, weil sie auch ihre Häuser verloren haben, in den Gebieten oben in den Bergen, wo der sehr große Stausee liegt. Sie hatten dort ihre Häuser, und die sind heute alle überflutet. Das ist eine große Wunde in dieser Region.

Hella Kemper: Paula, dann gehen wir jetzt zu dir, zu dem Stillgewässer – nach so viel Dramatik, so viel Flut, so viel Hochwasser, wird's jetzt viel stiller und ruhiger, vielleicht auch gemächlicher.

Paula Schweers: Genau, ich fand das gerade sehr spannend, als Jannete gesagt hat, die Landschaft formt vielleicht die Sprache, in der wir schreiben. Ich empfinde diesen See, den Schwielowsee, der nah an Berlin liegt, als eine sehr regulierte oder eine auf gewisse Weise künstliche Landschaft, dort inmitten der Monokulturen der großen Kiefernwälder.

Hella Kemper: Ist es tatsächlich ein Stillgewässer?

Paula Schweers: Eigentlich nicht, es ist ein Flusssee, der von der Havel durchströmt wird. Es ist kein wirklich stilles Gewässer, aber es strahlt Ruhe aus für mich.

Hella Kemper: Ist das Wasser vom Schwielowsee eigentlich sehr klar oder eher trüb?

Paula Schweers: Auch das verändert sich über das Jahr. Ich liebe es, im Frühling und im Winter in diesem ganz, ganz klaren Wasser zu sein. Und dann kommt der Sommer mit dieser Wasserblüte, dieser Algenblüte, und dann ist es trüber.

Hella Kemper: Ist es manchmal so schlimm, dass du nicht schwimmen kannst?

Paula Schweers: Ja.

Lena Frings, Jannete Hentati, Paula Schweers

Auszug aus »Flusssee« (noch nicht veröffentlicht), gelesen von Paula Schweers auf der Veranstaltung mit Lena Frings, Jannete Hentati und Hella Kemper, 20.6.2026

Paula Schweers: Flusssee

Schon bei der Anfahrt in Richtung Caputh am Schwielowsee, auf der wir den alten Transporter mehrfach neu starten mussten, fielen mir die ersten Eigenheiten der märkischen Landschaft auf: sanfte Hügel, weite Sandflächen, Seen und Flüsse, dazwischen Kiefernwälder im herbstlichen Licht. Mit einem Becher Tankstellenkaffee in der Hand blickte ich aus dem Autofenster. Bei jeder Bodenwelle ächzte das Fahrzeug. Felder in Ocker und Grau, verstreute Dörfer, Kirchturmspitzen, tauchten am Horizont auf und verschwanden dann wieder. Im Radio lief dieser Song von Ed Sheeran, der 2015 auf jeder dritten Hochzeit gespielt wurde. Hinten im Laderaum standen Kartons voller Bücher und Notizen, wenige Möbel und eine Matratze – wenig Gepäck, aber alles, was ich brauchte.

Ich betrachtete die Wasserwanderkarte von Brandenburg auf meinem Schoß. Vor mir breitete sich ein Geflecht aus blauen Linien und Flecken aus, ein Netzwerk aus Flüssen, Seen und Kanälen, das sich durch dunkle Wälder schlängelte. Meine Augen folgten der zielstrebigen Dosse, der vielfach gezackten Nuthe und der kleinen, aber geschichtsträchtigen Plane im Südwesten des Bundeslandes. All diese Gewässer waren miteinander verknüpft, verzweigt wie Gedanken, die auseinanderdriften und an unerwarteten Stellen wieder zusammentreffen.

Die Havel lag auf dieser Karte als breiter Bogen im Land, ein gezacktes U, wie von einem Grundschulkind gezeichnet. Mit 334 Kilometern ist sie der längste rechte Nebenfluss der Elbe und zugleich ein Fluss der Umwege: Zwischen Quelle und Mündung liegen in direkter Linie nur 94 Kilometer. Sie entspringt in Mecklenburg-Vorpommern, durchfließt Brandenburg, Berlin und Sachsen-Anhalt und mündet schließlich in die Elbe. Rund 285 Kilometer ihres Laufs liegen in Brandenburg. Benannt ist sie nach den Hevellern, einem slawischen Stamm, der an ihrem Ufer siedelte und den Fluss »Hevel« nannte – ein Name, der sich über Jahrhunderte hinweg zur Havel wandelte. Der Fluss windet sich durchs Land, sammelt sich in Seen, lässt Altarme zurück, staut sich, dehnt sich wieder aus. Im Zuge der Industrialisierung wurden der Unterlauf der Havel schrittweise verkürzt, ihre Ufer begradigt, Schleusen und Staustufen gebaut. Der Fluss wurde schiffbar gemacht, verband Berlin mit der Elbe und damit mit Hamburg und der Nordsee.

Caputh, mein Zuhause, liegt am tiefsten Punkt des Us, dort, wo die Havel in den Schwielowsee übergeht. Gleichzeitig markiert der Ort den Übergang vom Havelland zu einer anderen Landschaftsform, der Zauche. Diese rund 270 Quadratkilometer große Hochfläche südwestlich von Potsdam wird von den Flüssen Havel, Nuthe und Plane eingefasst, ist jedoch selbst erstaunlich wasserarm. Während das Havelland von Feuchtwiesen und periodischen Überschwemmungen geprägt ist, ist die Zauche eine sandige Insel. Schon ihr Name verweist auf diesen Charakter: »Zauche« stammt aus dem Slawischen und bedeutet trockenes Land. Treffender lässt sich die Gegend kaum beschreiben: Wer versucht, hier einen Gemüsegarten anzulegen, verflucht schnell die sandigen, nährstoffarmen Böden.

Havelland und Zauche sind Geschwister ein und derselben Epoche. Beide wurden während der letzten Eiszeit, der Weichsel-Kaltzeit vor rund 18 000 Jahren, geformt. Damals schoben sich Gletscherzungen aus Skandinavien über das heutige Brandenburg, mahlten Gestein zu Geröll, Schluff und Sand. Als das Eis schließlich schmolz, bahnten sich Ströme aus Schmelzwasser den Weg gen Westen und hinterließen breite Urstromtäler, denen die Havel heute folgt. Zurück blieb eine sanft gewellte Moränenlandschaft, deren trockene Hochflächen die Zauche prägen.

Im Alltag lässt sich der Unterschied zwischen beiden Landschaftsräumen deutlich spüren. Entlang der Havel wachsen Weiden, Erlen und Pappeln. In der Zauche dominieren Kiefern, Birken, Heide und lichte Wälder. Auf Spaziergängen läuft man durch staubigen Sand,

Regen versickert schnell. Die Sorge vor Waldbränden gehört zu jedem Sommer dazu. Trotz ihrer vielen Gegensätze ergänzen sich beide Landschaften auch: An den Rändern der Zauche, dort, wo sie ins Havelland übergeht, entstehen Brachflächen, Auen, Feuchtwiesen und Moore – ökologisch besonders wertvolle Zonen. Hier finden seltene Arten ihre Lebensräume: die Großtrappe, einer der schwersten flugfähigen Vögel der Welt, der Schwarzstorch oder der Eisvogel, der an Flussufern und Seen jagt.

Dort sollte mein neues Zuhause also liegen, irgendwo an der Nahtstelle zwischen Wasser und Sand.

Caputh war bereits ausgeschildert. Von der Autobahn bogen wir in Richtung Ferch-Lienewitz ab, durchquerten den kleinen Ort mit seinen Ziegel- und Fachwerkhäusern, Obstgärten und Villen aus der Gründerzeit. Ferch, am Südwestufer des Schwielowsees gelegen, war lange ein Fischerdorf und Heimat von Waldarbeitern, bevor es sich ab dem späten 19. Jahrhundert zu einem beliebten Ausflugs- und Künstlerort entwickelte. Um 1880 ließen sich hier Maler der Havelländischen Malerkolonie nieder, wie Carl Schuch (1846–1903) oder Hugo Vogel (1855–1934), die das berühmte märkische Licht und die Landschaft mit ihren vielen Seen und Flüssen faszinierte. Auch der Dichter Theodor Fontane (1819–1898) beschrieb das Havelland in seinen *Wanderungen durch die Mark Brandenburg* (1862) als eine Gegend »voll Anmut, voll Wald- und Wasserschatten, voll friedlicher Dörfer und stiller Landhäuser« – eine Beschreibung, die bis heute viel von der Atmosphäre einfängt.

Wir, das heißt, meine Freundin, ich und ein wortkarger Leipziger Lebenskünstler von Ebay-Kleinanzeigen, der mit solchen Fahrten sein Geld verdiente, fuhren durch eine schmale, waldgesäumte Allee, unter alten Eichen und Birken entlang, deren Kronen sich schützend über die Straße neigten. Am Straßenrand standen Wildwechsel-Schilder. Einzelne Blätter taumelten träge in Richtung Boden, sie schimmerten im Sonnenlicht. Eine Straße mit einer fast märchenhaften Aura, die mir später oft in den Sinn kommen sollte, wenn ich auf Reisen Heimweh hatte.

Dann blitzte er zum ersten Mal zwischen den Bäumen auf – der

Schwielowsee. Ich hatte in meinem Reiseführer gelesen, dass er einer der größten Seen Brandenburgs ist: rund acht Quadratkilometer groß, mehr als fünf Kilometer lang, gespeist und durchflossen von der Havel. Aus der Vogelperspektive auf der Wasserwanderkarte sah er aus wie eine flatternde, ausgestreckte Zunge. Beim Weiterblättern stieß ich auf eine kleine Notiz über Albert Einstein (1879–1955): Er hatte sich hier in Caputh 1929 ein Sommerhaus errichten lassen und segelte häufig mit seiner Jolle über den See. Ich musste an das ikonische Foto denken, auf dem er einem aufdringlichen Fotografen die Zunge herausstreckt – wie passend. In Caputh arbeitete Einstein intensiv an seiner einheitlichen Feldtheorie, dem Versuch, Gravitation und Elektromagnetismus in einer Formel zu vereinen. Die Abgeschiedenheit des Ortes bot ihm Ruhe für seine Forschung, bis er ihn wenige Jahre später wegen der nationalsozialistischen Machtübernahme verlassen musste.

Wir passierten den Ortseingang von Caputh. Wer nur hindurchfährt, übersieht das Örtchen leicht. Dabei besitzt es mit seinem historischen Ortskern, dem frühbarocken Schloss aus der Zeit des Großen Kurfürsten Friedrich Wilhelm sowie einem Strandbad, das seit den 1920er-Jahren Sommergäste anzieht, einen ganz eigenen Zauber. Aus dem einstigen Schiffer- und Fischerdorf entwickelte sich im 19. Jahrhundert ein beliebtes Ausflugsziel des Berliner Bürgertums – die neu entstandenen Eisenbahnverbindungen machten Tagesreisen möglich, und die Sehnsucht nach Natur verband sich mit dem Wunsch, die Großstadt zu verlassen. Bis heute kommen die Berliner gerne an den Wochenenden: für ein Eis an der Promenade, den besten Pflaumenkuchen im Fährhaus oder einen Spaziergang durch den Schlosspark.

Schneller als erwartet bogen wir in die Einfahrt ein, stellten den Transporter ab und näherten uns schweigend dem alten Haus, in das ich nach den Jahren in Leipzig einziehen wollte. Unwillkürlich summte ich Peter Fox' Zeile: »Und am Ende der Straße steht ein Haus am See …«. Die Fenster des ehemaligen Landschulheims von 1910 leuchteten hell, der Kies der langen Auffahrt knirschte unter unseren Füßen. Apfel- und Haselnussbäume säumten den Weg, ihre welken Blätter zitterten im Wind. Nur Orangenbaumblätter konnte ich nirgends entdecken.

Wie anders war die märkische Landschaft gegenüber meiner Kindheit im Bremer Umland: kein sattes Grün, keine fruchtbaren Auen, keine überschwemmten Wümmewiesen. Stattdessen gelbgrauer Sand, graugrüne Nadelwälder und im Wind rauschendes Schilf. Und doch – auch wenn man glauben könnte, die Kindheitslandschaft präge am stärksten – spürte ich bereits beim Ankommen, dass mich diese neue Umgebung mit ihrer Weite und Kargheit ebenso tief berühren würde.

NATURE
WRITING
FESTIVAL
HAMBURG 2025
Mehr Information
»DAS UNRUHIGE,
ANGST UND NEUGIER
ERWECKENDE MEER«
Hartmut Böhme
17. - 21. JUNI
44 Veranstaltungen an 22 Orten
Lesungen · Vorträge · Gespräche
Workshop · Ausstellung · Exkursion

Einführungstext zum philosophischen Gespräch »Was spricht die Natur?« von Hartmut Böhme und Doris Feil, 20.6.2025

Hartmut Böhme: Die Natur spricht – der Mensch schreibt

Uwe Rada stellt in seinem jüngsten Buch *Spree* (2025) die Frage, wie von einem Fluss zu erzählen sei. Und er fährt fort, dass man den Fluss »gern einmal fragen würde, was er selbst erzählen würde, wenn er eine Stimme hätte.« »Die großen Flüsse ... (so meint er) ... erzählen sich selbst«. Aber tut dies auch die verhältnismäßig unbedeutende Spree – oder die Waabe, die durch das Dorf meiner Kindheit fließt? Rada schreibt unter dem Motto: Ein Fluss ruft sich ins Gedächtnis. Aber in wessen Gedächtnis? In welcher Sprache? Um die Sprache des Menschen, die Sprache der Phänomene und Lebewesen, die Sprache der Natur also soll es im Folgenden gehen.

Über Jahrtausende gingen die Kulturen davon aus, dass die Menschen nicht die einzigen Sprecher im Kreis der Entitäten wären. Alles spricht. Natura loquax. Und ›lebendig‹ und mithin sprechend war alles, nicht nur Tiere und Pflanzen, sondern auch Steine, Wolken, Sterne, Flüsse, Feuer, Erden. Alles lebt, das hieß: Das Leben ist die sprechende Verkörperung des Seins selbst.

Indes: Die Dinge und Wesen sprechen nicht nur eine Sprache. Sie haben alle ihr eigen-artiges Idiom, ihre je besondere linguale Ausrichtung und sprechen in vielen ›Zungen‹. Zwar ist alles, was ist, artikuliertes Dasein. Doch wir verstehen die Artikulationen der Natur nicht, oder höchstens in Bruchstücken. Im Tönen der Welt mag man zwar die Lautsprachen der Entitäten erkennen, doch bleiben sie für uns meistens opak.

Wie also muss eine Philosophie der Natur aussehen, wenn sie die unendliche Vielheit der Expressionen, Physiognomien, Gestalten, Bedeutungen in sich aufnehmen will? Wird eine solche Welt dabei nicht immer komplexer und rätselhafter? Die westlichen Kulturen haben sich in der Auffassung eingenistet, dass zuerst und zuletzt nur der europäische Mensch spricht. Weil alles nicht-menschliche Dasein als stumm oder bloßes Geräusch galt, entstand eine rigoros vereinfachte Welt. Diese zu beherrschen und zu kolonisieren, fiel leicht. Den Lebewesen, erst recht der Materie, wurde jeder Eigenwert abgesprochen. Alles, was nicht zum Kreis der weißen Kulturen gehörte, wurde dem Nutzen preisgegeben. Jenseits ihres Nutzwertes hatte das nichtmenschliche Dasein keinerlei Eigenrecht oder Eigensinn.

Dennoch überliefern Kulturen und Religionen zahllose Zeugnisse, welche die Artikulationsvielfalt des Seienden belegen. Darum geht es. Konzepte wie das Nature Writing inspirieren seit Jahrhunderten das Denken und Weltempfinden. Warum? Und warum werden sie, andererseits, von der wissenschaftlichen Vernunft verachtet? Was sind die Strukturen, Formen und Leistungen, aber auch: Was ist das Verrückte der sprachlichen Auffassung der Natur, der signatura rerum? Wir begegnen hier sympoietischen Formen des Daseins ebenso wie obskuren und verfitzten Gebilden der Einbildungskraft und der Vernunft.

Selbstverständlich reden in Mythen und Märchen auch Tiere und Pflanzen. Sogar zerstreute Materie wie der Staub oder das Moor wispern ohne Zungen und finden Gehör jenseits der Menschensprache. Steine oder Tiere werden zu Akteuren und zu Coautoren der Literatur – wenn man ihren Übersetzern glauben möchte (etwa Goethe, Novalis, E. T. A. Hoffmann). Sie tragen zur Semantik des Schreibens und Lesens bei, zu schweigen von radikalen Randgängen der Literatur seit Lenz und Büchner. Ohne physiopoetische Experimente geht es nicht.

Die einzige Wahrheit der Materie sei, keine Wahrheit zu haben, erklärt Hegel. Naturdinge vermögen nicht, sich zu ihrem Begriff zu verhalten. Weil Dinge keine Vernunft haben, sind sie auch nicht einer eigenen Wahrheit fähig. Anders Paracelsus: Jedes Ding hat die scientia seines Wachsens, Lebens, Fortpflanzens. Der Geist entziffert die scientia aus den Signaturen der Dinge: Durch diese spricht Natur zu uns. Jedes Ding, sagt Jacob Böhme, hat seinen Mund zur Offenbarung. Und

Ernst Bloch spricht in dieser Tradition von Realsymbolen, Realchiffren.

Die Dinge also sprechen: Sie sind Zeichen – für Bloch weniger dessen, was sie sind, sondern dessen, was sie werden wollen. Das ist das Prinzip Hoffnung im Kern der Materie selbst. Vorsichtiger Adorno: »Als verfügende sowohl wie versöhnte Sprache von Menschen möchte Kunst abermals heranreichen an das, was den Menschen in der Sprache der Natur sich verdunkelt.«[1]

In Goethes *Wilhelm Meisters Wanderjahre* äußert Montan, ein Geologe, zu Wilhelm: »Wenn ich nun aber diese Spalten und Risse als Buchstaben behandelte, sie zu entziffern suchte, sie zu Worten bildete und sie fertig zu lesen lernte, hättest du etwas dagegen?«[2] Auf der anderen Seite entdeckt Montan, »daß in der Menschennatur etwas Analoges zum Starrsten und Rohsten vorhanden sei«.[3] Derartige Analogien zwischen Menschen und Steinen sind alt und gehen besonders auf Ovid zurück (in dessen *Metamorphosen* ›versteinern‹ viele Wesen, nicht nur Menschen).

Wäre es eine Konsequenz der »Sprache der Natur«, dass die Abgründe und Disruptionen zwischen Menschen und Natur sich schlössen? Verwandtschaften, Ähnlichkeiten, Nachbarschaften kämen ins Spiel: Ein Netzwerk entstünde aus Bindungen, Beziehungen, Wechselwirkungen und Verwandlungen. Wenn uns ein solches Netzwerk zu bilden gelänge, wären der steinerne Mensch, der kosmische Leib, das Feuer Ich, der Wasser Körper, der Baum-Mensch keine verrückten Einbildungen mehr. Novalis schreibt:

»Drückt nicht die ganze Natur so gut, wie das Gesicht, und die Geberden, der Puls und die Farben, den Zustand eines jeden der höheren, wunderbaren Wesen aus, die wir Menschen nennen? Wird nicht der Fels ein eigenthümliches Du, eben wenn ich ihn anrede? … In jenen Statuen, die aus einer untergegangenen Zeit … übriggeblieben sind, leuchtet … ein seltenes Verständniß der Steinwelt hervor, und überzieht den sinnvollen Betrachter mit einer Steinrinde, die nach innen zu wachsen scheint. Das Erhabne wirkt versteinernd … Könnte die Natur nicht über den Anblick Gottes zu Stein geworden seyn? Oder vor Schrecken über die Ankunft des Menschen?«[4]

Jede Landschaft spricht – wild oder heiter, wehmütig oder düster, chaotisch oder harmonisch. Wo sind die Grenzen zwischen Menschen, Tier, Pflanze, Erde, Himmel, Feld oder Wasser? Dürfen wir aus den Analogien und Korrespondenzen nicht darauf schließen, dass im Universum der Zeichen und Bedeutungen sich die Grenzen zwischen den Entitäten der Natur auflösen? Entdifferenzierung statt Trennung? Kohabitation statt Spaltung? Symbiose statt Hostilität?

»Der Mensch spricht nicht allein – auch das Universum *spricht* – alles spricht – unendliches Sprechen. Lehre von den Signaturen.« (Novalis Bd. II, 267f) Johann Georg Hamann meinte, dass unsere Wörter »Übersetzungen« seien der stummen Reden, die die Dinge mit uns führen. Im Tempel zu Sais lässt Novalis die Dinge sprechen:

»Er (der Mensch) kann nichts liegen lassen, tyrannisch trennt er uns und greift in lauter Dissonanzen herum. Wie glücklich könnte er seyn wenn er mit uns freundlich umginge, und auch in unsern großen Bund träte, wie ehemals in der goldnen Zeit, … In jener Zeit verstand er uns, wie wir ihn verstanden. Seine Begierde, Gott zu werden, hat ihn von uns getrennt, er sucht, was wir nicht wissen und ahnden können, und seitdem ist er keine begleitende Stimme, keine Mitbewegung mehr.«[5]

Wenn der Mensch nicht dem »Gotteskomplex« (H. E. Richter), nicht der Hybris erläge und nicht ein *homo secundus deus* zu werden unternähme, dann reagierten die Menschen auf die Expressionen der Dinge der Natur: Sie werden zur Mitbewegung und zur begleitenden Stimme. Das nennt Donna Haraway Sympoiesis. Dichtung übersetzt die Artikulationen der Dinge in menschliche Laut- und Schriftsprache. Diese Dingsprache ist nicht identisch mit der auf Atmung, Artikulationsorganen und Grammatik beruhenden Menschensprache. Man könnte von einer symphonischen Parallelbewegung der Artikulations-Formen von Menschen, Lebewesen und Dingen sprechen. Menschen sind, so Novalis, Konsonanten des allgemeinen Daseins. Mit Flora, Fauna und der Lithosphäre teilen wir eine Welt. Wenn Menschen und Entitäten derart in einer planetarischen Textur verwoben sind, dann bleiben wir nicht länger der Souverän des Handelns und Denkens. Die Sprache der Dinge ist die Sprache aus der Perspektive des Anderen. Dieses Andere ist nicht nur das Andere des Menschen, sondern umgekehrt ist der Mensch das Andere der Lebewesen – zum Beispiel aus der Perspektive des Staubs, der Eibe oder des blauen Leguans. Das räumt dem Anderen ein Eigenes ein, Ausdruck, Artikulation und vor allem: die Fähigkeit, zu einem anderem als dem eigenen Dasein Beziehungen aufzubauen, zum Beispiel durch Symbiosen, Tausch, Schutz, Sorge. Aus solchen Phänomenen konnte sich die Actor-Network-Theory entwickeln, die implizit eine Natursprachenlehre enthält.

In der Wahrnehmung der Kolonisten waren ›Wilde‹ bloße Natur wie Bäume oder Erde. Wilde sind Rohstoff. Natur ist Rohstoff. Zum Handel bestimmt. Quellen des Reichtums. Quellen der Macht. Als die Geschichte – so Ernst Kapp 1845 – in ihr höchstes Stadium trat, das der ozeanumspannenden Kulturen, da avancierten zu Weltmächten nur jene Länder, welche die Meere zu beherrschen lernten: Es folgte die Territorialisierung neuer Kontinente und die Unterwerfung der ›Naturvölker‹. Dass Indigene Völker den Europäern etwas zu sagen hätten, war vor zweihundert Jahren noch so absurd wie die Wahnideen eines poetisch Trunkenen, der glaubt, dass Steine und Sträucher zu ihm sprächen.

Von einer »Sprache der Natur« zu reden, als käme darin etwas Ursprüngliches zu Wort, wird heute oft als Rückfall in Metaphysik oder Mystik angesehen. Warum? »Man kann nicht sagen«, so warnt Novalis, »daß es eine Natur gebe ohne etwas überschwengliches zu sagen.«[6] Das gilt um so eher, als wir es heute nicht mehr mit Natur, sondern nur mit anthropogener Natur zu tun haben. Es gilt der Satz des Quantenphysikers Werner Heisenberg, dass im Feld der Natur der Mensch nur noch sich selbst gegenübersteht.[7]

Das »elementare Sprechen« hingegen ist bei Ovid eine morphologische Kraft. Diese Kraft zeigen einzelne Lebewesen ebenso wie das stellare Universum. So kann das Steinerne die Züge des Organischen, die Pflanze die Figur eines Tieres aufweisen, können Menschen zu Tieren oder Pflanzen werden, oder es treten Mischwesen auf, die als Mirabilia Staunen erregen. So ist »Natursprache« mal signatura rerum, eine objektive Semiotik der Natur, mal ein Signifikantenspiel des subjektiven Geistes. Zwischen diesen Polen die »Lesbarkeit der Welt« zu sichern,[8] wurde noch im 19. Jahrhundert versucht.

Heute wächst wieder das Bewusstsein nicht nur für die semiotische Potenz der Natur, sondern noch mehr für die selbstorganisierten Lebenszusammenhänge der Erde.[9] Es zeigt sich, dass wir auf die selbstorganisierte Produktivität der Natur immer angewiesen waren. Dieser Respekt vor den Potentialen der Natur, der Gaia, hat fast nichts mehr mit dem Konzept zu tun, wonach den Dingen ein Sinntext eingraviert ist, den der Mensch nur lesen lernen muss, wenn er seine Stellung in der Natur verstehen will.

Wenn heute das Nature Writing wieder verhandelt wird, so ist dies angesichts der fast totalen technischen Dominanz neu zu reflektieren. Denn die Profanierung der Natur hatte ihren Preis: nämlich die Verdrängung der ästhetischen Dimensionen im Verhältnis Mensch/Natur. Wenn Natur heute nicht mehr zu »bewahren«, sondern nur noch zu entwickeln ist nach Maßstäben, über die wir entscheiden, so gehören die Kreationen von Künstler*innen, Philosoph*innen und Architekt*innen substantiell zum Projekt einer humanisierten Natur. Das Ästhetische aber zielt auf Wirkungen, durch welche, so Kant, »Natur in ihren schönen Formen figürlich zu uns spricht« (KdU 1793, B169). Wie immer man das Kant'sche Modell einschätzt: Man kann hinter den historischen Anspruch des Menschen auf eine Natur, die ihn ästhetisch anspricht und ihm etwas bedeutet, nicht mehr zurück (Aby Warburg sprach von den »Menschenrechten des Auges«[10]). Die Vernachlässigung dieses Menschenrechts auf eine ästhetische Natur und des Rechts der Natur auf Achtung ihrer selbst, hat in der Moderne die Zerstörung der Natur forciert. Heute ist die Grenze der Unbewohnbarkeit der Erde fast erreicht.

Die eigenwillig produzierende natura naturans hat seit Hegel abgedankt. Von der Pflanze übers Tier bis zum menschlichen Leib, vom Kristall bis zu den Spiralnebeln des Kosmos rechnet Hegel am Naturschönen den Mangel durch, dass es die Totalität des Begriffs nicht »in seinem ... Dasein unmittelbar für das Bewußtsein« darstelle.[11] So führt bei Hegel der Geist in der Natur einen Monolog mit sich selbst. Bei Novalis dagegen bleibt die Natur-Sprache als multilinguales Universum gewahrt. Was vom Naturschönen in unsere Sprache hineinreichen mag, ist nicht Begriff, sondern Chiffre und Metapher im Sinne eines poetischen Sprechens, das spricht, ohne herrschend zu bestimmen.

Darin ist, wie Kant vorsichtig sagt, ein Wunsch eingeschlossen, dass die »Natur wenigstens eine Spur zeige, oder einen Wink gebe, sie enthalte in sich irgend einen Grund, eine gesetzmäßige Übereinstimmung ihrer Produkte zu unserm von allem Interesse unabhängigen Wohlgefallen …: so muß die Vernunft an jeder Äußerung der Natur von einer dieser ähnlichen Übereinstimmung ein Interesse nehmen …« (*KdU*, B 169).[12]

»Spur«, »Wink«, »Äußerung der Natur«, »Übereinstimmung«: im Zentrum des Vernunftinteresses deutet sich kein mechanistischer, sondern ein semiotisch-ästhetischer Naturbegriff an. Man spürt die Macht einer Natur, die sie noch bei Kant behält.

Was für Paracelsus das Lebendigste ist, die signatura rerum, ist für Johann Georg Hamann tot. »Nachdem Gott durch Natur und Schrift … sich erschöpft«[13] hat und, so Hamann, Philosophen zu Totengräbern des lebendigen Sprachleibs der Natur geworden sind, bleibt für die Natursprachenlehre nur noch das Asyl in einer Kunsttheorie. Die Naturphilosophie folgte lange einem grammatologischen Modell. Die Dinge sind deiktisch. Sie haben eine Bedeutung, die im Sichzeigen des Namens sich zur Entzifferung anbietet. Das sich zeigende Zeichen ist »ein Zuwerfen« (P II, S. 450) der Bedeutung zum »Lesen« »im Licht der Natur«.[14] In diesem Zuwerfen wird der wortlose Name der Dinge in menschliche Sprache übersetzt.

Erkenntnis also geht aus dem Übersetzen der signatura rerum in Menschensprache hervor: Im Verhältnis zum absoluten »Buch des Firmaments« ist die irdische Sprache »wie ein Spiegel«.[15] Dies ist das Programm zu einer pansemiotischen Theorie der Natur, die eine Grundlage für die Ästhetik des Nature Writings hergibt. In der Renaissance rekonstruierte Foucault eine Episteme, die die Natur als ein »Spiel der Zeichen« auslegt.[16] Die Zeichen, die die Dinge auf der Stirn tragen, verdoppeln sich in der Auslegungskunst des Wissenden in einem anderen Medium, nämlich in der poetischen Sprache. Denn alles ›Sprechende‹, ob einer Ameise, eines Menschen oder eines Sterns, ist ein

Element im semiotischen Netzwerk des Universums. Der Weg, den das Zeichen vom Wort zum Ding nimmt, ist spiegelsymmetrisch zu dem, den die Signatur von der Oberfläche der Dinge zu ihrem sprachlichen Ausdruck durchläuft. Wir bewegen uns nur in einer Welt: der Welt der Zeichen, die sich unendlich durch die Medien der Dinge und der Sprachen ausdehnt. Menschensprache und Dingsignaturen hängen zusammen in der Natursprachenlehre. Sie ist das tertium datur, und nur sie überbrückt durch das Spiel der Ähnlichkeiten die Disruptionen und Verstörungen von Sprache und Gesellschaft. Darauf könnte sich die Writing Nature-Poetik berufen. Dinge und Menschen finden korrespondierende Positionen im Kosmos der Zeichen. Dieser untergegangene Typus von Kultur und Wissen wurde zerschlagen durch die Trennung von Sachen und Wörtern. Zerschlagen wurde damit die »Zusammengehörigkeit von Sprache und Welt«.[17] An ihre Stelle traten die konventionalistischen Zeichentheorien, die das rationale Wissen als System von Repräsentationen bestimmten.

Bei Donna Haraway findet der asymmetrische Dualismus von Tieren, Dingen, Maschinen und Menschen eine Spiegelung in der gewaltgeprägten Polarität der Geschlechter, der Klassen und der Rassen. Diese Haltung gehört zur feministischen, antikapitalistischen und antirassistischen Kritik. Der Kampf um eine symmetrische Anthropologie, wie ihn Bruno Latour[18] (2001) austrägt, ist ein Kampf gegen das Herrschaftsgefälle, das in der Moderne die Verteilungen von Menschen, Tieren, Dingen bestimmt. Stattdessen wären die Durchdringungen von Natur und Kultur zu analysieren. Haraway betont die Synthesen von Menschen und Tieren, aber auch von Organismen und kybernetischen Maschinen. Dies seien futurische Formen der Kohabitation, ein Leben der parasitischen oder symbiotischen Verschmelzung des Daseins.

Das Anthropozän – so Donna Haraway – bleibt in einer weiß-männlichen Anthropozentrik befangen.[19] Das Chthuluzän, wie Haraway unser Zeitalter der Unruhe betitelt, entfaltet dagegen einen drive nach artenübergreifender Symbiose von allem mit allem. Inkludiert werden die »unzähligen intra-aktiven, zusammengefügten Entitäten

– auch die Mehr-als-Menschlichen, die Anders-als-Menschlichen, die Unmenschlichen und die Menschen-als-Humus«[20]: ein Park von Lebewesen, die in ihrer tentakulären, symbiontischen Durchdringungskraft die Differenzen löschen.[21] Man merkt hier: Die klassische Anthropologie bedarf nach Haraway einer radikalen Neubestimmung.

Die Idee des becoming with und des kin making scheint eine Nähe zum Nature Writing aufzuweisen. An die Stelle der asymmetrischen Mensch-Nicht/Mensch-Beziehung tritt ein kommunitäres Geflecht von Relationen und Zwischenwesen. ›Leben‹ ist die universale Kommunität aller biologischen Entitäten. Diese Ebene ist so tief gelegt, dass man hier vielleicht den ›Grund‹ der Natursprache findet, der die Welten und Entitäten verbindet.

Freilich ist es zu eng, aus der Kommunität der Lebewesen alles Seiende auszuschließen, das nicht verwandt, ja nicht einmal lebend ist: also Steine, Wolken, Stoffe, Mond und Sterne. Kommunitäres Leben ist nur möglich, wenn wir Gemeinschaften auch mit nicht-organismischen Entitäten bilden. »Make kin not babies« ist ein falscher Appell: Verwandtschaft machen mit Fahrrädern, Spatzen oder Amöben, die nicht antworten können, ob sie unser Angebot annehmen wollen, führt nicht weit. Companionship sollte nicht auf biologische species eingeschränkt werden. Wir benötigen auch die ›Verwandtschaft‹ mit der stofflich-physikalischen Welt wie etwa in der Vier-Elementen-Lehre. Die Haraway'sche Politik der kin makers ist dagegen zu schwach im Verhältnis zu den Traditionen der Verwandtschaft etwa in der vorso-kratischen Naturphilosophie.

Haraway radikalisiert, was Lynn Margulis als Mechanismus der Evolution entwickelte: Symbiogenese. Wenn Haraway (wie auch Latour[22]) von Lovelock/Margulis die Gaia-Idee zur Fundierung ihrer Verwandtschaftsutopie übernimmt[23], so wird dabei übersehen, dass Gaia nicht nur der autopoietische Systemzustand des ›Lebens‹ auf der Erde ist. Vielmehr gehören die geophysikalischen Prozesse hinzu. Diese nämlich werden seit 3,5 Milliarden Jahren in autotrophen Prozessen von der Evolution mitgebildet – das ist die Pointe der Gaia-Hypothese. Und deswegen könnte hier die Grundlage für das Konzept des Nature Writings liegen. Zu Gaia gehören also auch der glühende Erdkern, die Geomorphologie, die Ozeane, das Sonnenlicht, die Mondgravitation, die Erdrotation, die Atmosphäre, das Klima, die Katastrophen etc. – und die gewaltigen geologischen Veränderungen, die die Lebewesen selbst auf der Erde bewirkt haben. Alles dies inspiriert den Gedanken, dass Gaia ein lebendiges, ein historisches System bildet. In dieses sind wir integriert. Gaia ist das autopoietische Netz, in dem wir aktiv-passive Knoten sind: Diese Verknotung, diese Textur oder auch: diese systemische Vernetzung der Erde und ihrer Bewohner können wir Gaia nennen – oder auch mit Haraway Sympoiesis[24]. Die Vorsilbe »sym« ist ein Lieblingseinsatz der Romantiker, besonders von Novalis und Schlegel: Erklärt dies die Romantizismen Haraways und der Nature Writing-Bewegung? Doch Sympoiesis wäre auszudehnen auf den Vulkanismus, die jüngst entdeckten Archaen im Tiefengestein, die Sonne oder die Milchstraße. Das aber kann man, befreit vom Monopol des Menschen, auch das »Weltbildende« (Heidegger) der dynamischen Materie nennen. Diese Idee führt zurück an den vorsokratischen Beginn der Philosophie.

1 Adorno, Theodor W.: Ästhetische Theorie. Frankfurt am Main 1970.
2 Goethe, Johann Wolfgang von: Wilhelm Meisters Wanderjahre. In: Ders.: Werke in 14 Bänden, hg. von Erich Trunz (= Hamburger Ausgabe) 11. Aufl. München 1978, Bd. VIII, S. 34.
3 Ebd. S. 444.
4 Novalis: Schriften. *Die Werke Friedrich von Hardenbergs*. Historisch-kritische Ausgabe, 4 Bde. hg. v. Paul Kluckhohn, Richard Samuel, Heinz Ritter, Hans-Joachim Mähl und Gerhard Schulz. Stuttgart 1960-1975, hier: Bd. I, S. 100f.
5 Novalis, wie Anm. 4, Bd. I, 95f.
6 Novalis, wie Anm. 4, Bd. I, S. 85.
7 Heisenberg, Werner: Das Naturbild der heutigen Physik. Hamburg: Rowohlt 1957, S. 17f.
8 Blumenberg, Hans: Die Lesbarkeit der Welt. Frankfurt am Main: Suhrkamp 1983.
9 Lovelock, James: Das Gaia-Prinzip. Frankfurt am Main 1979. – Ders.: The ages of Gaia. New York: Norton 1988. – Jantsch, Erich: Die Selbstorganisation des Universums. Vom Urknall zum menschlichen Geist. München 1979. – Prigogine, Ilya / Stengers, Isabelle: Order out of chaos: Man's new dialogue with nature. Frankfurt am Main 1995. – Margulis, Lynn / Sagan, Dorion: Microcosmos. Four Billion Years of Microbial Evolution. New York 1986. – Thompson, William Irwin: Gaia. A way of Knowing. Political Implications of the New Biology. Chicago 1987.
10 Hofmann, Werner / Syamken, Georg / Warnke, Martin: Die Menschenrechte des Auges. Über Aby Warburg. Hamburg 1980.
11 Hegel, Georg Wilhelm Friedrich: Vorlesungen über die Ästhetik, in: ders.: Werke

in 20 Bd., hg. v. Eva Moldenhauer, Karl Markus Michel, Bd. 13: Vorlesungen über die Ästhetik I. Frankfurt/Main 1970, S. 151.

12 Kant, Immanuel: Kritik der Urteilskraft. Berlin ^{2}1793, B169.

13 Hamann, Johann Georg: Sämtliche Werke, hg. v. Josef Nadler. Wien 1949–1953, Bd. II, S. 213.

14 Paracelsus, Theophrastus von Hohenheim: Werke in 5 Bänden, hg. v. Will-Erich Peuckert, Bd. II, Basel 1965–1968, S. 450.

15 Paracelsus, wie Anm. 14, Bd. II, S. 452.

16 Foucault, Michel: Die Ordnung der Dinge. Eine Archäologie der Humanwissenschaften. 3. Aufl. Frankfurt am Main 1980, S. 63.– Vgl. Erich Rothacker: Das Buch der Natur, Materialien und Grundsätzliches zur Metapherngeschichte. Bonn 1979

17 Foucault, wie Anm.16, S. 75.

18 Latour, Bruno: Das Parlament der Dinge: Für eine politische Ökologie. Frankfurt am Main 2001.

19 Haraway, Donna: Unruhig bleiben. Die Verwandtschaft der Arten im Chthuluzän. Frankfurt/M., New York 2018, S. 9-18, 137-142.

20 Haraway 2018, S. 139, 11.

21 Haraway 2018, S. 141.

22 Latour, Bruno: Kampf um Gaia. Acht Vorträge über das neue Klimaregime. Berlin 2017. – : Das terrestrische Manifest. Berlin 2018.

23 Lovelock, James: The Revenge of Gaia. Why the Earth is Fighting Back and How We Can Still Save Humanity. London 2006. – Margulis/Sagan wie Anm.9. – Thompson wie Anm.9.

24 Haraway, wie Anm. 19, S. 51.

Installation von Dos Pfeil/Doris Feil für die Veranstaltung »Was spricht die Natur?«

Auszug aus dem Gespräch »Was spricht die Natur?«
von Hartmut Böhme und Doris Feil, 20.6.2025

Doris Feil und Hartmut Böhme: Was spricht die Natur? Ein philosophisches Gespräch

Doris Feil: Du hast aufgehört mit einem Zitat von Heidegger über das »Weltbildende«. Heidegger ist ja nun etwas, womit ich mich beschäftigt habe. Einige von Ihnen waren vielleicht bei meiner Lesung, bei der es um Celan und Heidegger ging. Und hier möchte ich anschließen. Einerseits ist dieses Wort von Heidegger der Beweis dafür, dass er nicht nur Sätze gesagt hat wie: »Das Ding ringt oder das Sein west.« Andererseits gibt es mir die Möglichkeit zu betonen, dass ich Heidegger sehr kritisch sehe. Gerade weil Heidegger sich selbst als der Erbe und Neuinterpret Goethes, der Geniezeit, der Romantik und insbesondere Hölderlins versteht, gerade weil er ein dezidierter Feind des gängigen Menschenverstandes ist und eine andere Ebene des Denkens und der Erfahrung anmahnt, die des Seins nämlich. Ich möchte ihn hier nicht unbesprochen vorbeiziehen lassen. Heidegger steht in der Philosophiegeschichte bis heute für den Versuch, jenes ausschließlich mit sich beschäftigte menschliche Subjekt zu überwinden, das Hartmut mit Recht so kritisch sieht. Heidegger steht auch für den Versuch, zum Eins und Alles der Natur, zur Physis, wie die Vorsokratiker sie verstehen, und zum »Offenen« zu kommen. Ein Begriff, der übrigens von Hölderlin stammt, aus seinem Gedicht *Der Gang aufs Land*. Da sagt er: »Komm ins Offene, Freund.« All das, was ich hier erwähnt habe, versucht Heidegger, aber es gelingt ihm nicht. Warum nicht? Heidegger bespielt zwei Ebenen, die er miteinander verknüpft. Erstens, die philosophische Theorie des Seins, für mich durchaus in Teilen, insbesondere in denen, die er aus Hölderlin extrahiert hat, schlüssig. Und zweitens, die Erfahrung des Seins, bei der höchst fraglich ist, ob er sich tatsächlich mit einem Erleben des Seins befasst oder mit etwas anderem. Ich glaube, dass es sich bei Heideggers existenzieller Angst angesichts des Seins, die er in *Sein und Zeit* als die entscheidende menschliche Seinserfahrung postuliert, um etwas ganz anderes handelt. Um ein Erleben des expansiven Selbst, ein Selbst also, das bis an seine äußerste Grenze gelangt ist und dort fälschlicherweise mit dem identifiziert wird, was jenseits dieser Grenze ist. Metzinger hat in seiner empirischen Studie *Der Elefant und die Blinden* unzählige Daten meditierender, kontemplierender oder einfach nur seiender Personen gesammelt und ausgewertet. Sie ist hilfreich, um zu verstehen, was es bedeutet, in den »Grund im Bewusstsein«, das »reine« Bewusstsein oder das »Sein im einzigen Sinne des Wortes«, wie Hölderlin sagt, einzutauchen. Dieses mentale Geschehen stellt sich als ein ganz und gar non-egoisches Geschehen dar, jenseits unseres Selbstmodells. Das ist ein Begriff, den Metzinger verwendet. Ja, es ist sogar fraglich, ob es sich um eine Erfahrung im eigentlichen Sinn handelt. Mit einem Erleben von Grenze und existenzieller Angst hat das nichts zu tun. Dies mag lediglich ein möglicher Schritt auf dem Weg sein. Mit wesenhafter Bestimmung durch das Sein, die bei Heidegger auf den Fuß folgt, ebenso wenig. Vielmehr mit vollkommener Freiheit von jeder Bestimmung, mit jenem Offenen vielleicht, das ich hier nun schon in mehreren Anläufen umkreise. Ich würde Heideggers Seinserfahrung deshalb eher mit der Herstellung eines Wodka Martini vergleichen. Man hat es in Bars schon erlebt, dass der Wermut, (sprich der Martini) bloß in die Nähe des Wodkas gehalten wird und dann wieder im Regalfach verschwindet. Damit bleibt es ihm erspart, durch den Wodka in Selbstauflösung zu geraten. Stattdessen berauscht er sich in seinem Identitätskämmerlein an sich selbst, indem er sich klarmacht, dass er nach Brauch, Herkommen und Sprache als Wodka Martini immer mit dem Wodka verbunden ist. Nun fällt ihm sogar noch auf, dass manche Nicht-Martinis keine etablierte Beziehung zum Wodka haben. Er macht zum Beispiel den Amaretto als ungeeignet aus, sich überhaupt nur in die Nähe des Wodkas zu begeben, und glaubt, dass die Zeit gekommen sei, Amaretti aus der Bar zu verbannen. Da soll nun alles weg, was mit dem Sein der echten Natur als vorsokratischer Physis nichts zu tun hat. Die Juden zuerst und dann noch die Technik, die es wagt, den deutschen Rhein mit einem Wasserkraftwerk zu bestücken – unter dem Zeichen des Fortschritts und des Geldes. Wiederum identifiziert mit dem sogenannten jüdischen Kapitalismus, ein Schlagwort, das von rechts wie von links immer noch gerne zum Zündeln verwendet wird. Stattdessen aber soll ein Zurück zum Sein und zur Beschränkung her. Und da haben wir eine gemeinsame Unterströmung unterschiedlichster Meinungen, die uns bei manchen abendlichen Einladungen, ob gutbürgerlichen oder antibürgerlichen, entgegentreten, dass insbesondere wir anderen doch auf alles Mögliche verzichten und alles Mögliche tun müssten, um entweder die heimatliche Natur zu bewahren oder aber den Klimawandel zu beschränken. Die Liste der leichthin vorgebrachten Forderungen ist endlos. Wir sollen unsere Nahrung im Wald erjagen oder den Eiweißbedarf mit Linsen decken, wir sollen alle Windräder bekämpfen oder das Auto sofort abschaffen. Und immer öfter wird dabei der Einfluss einer jüdisch-zionistischen Machenschaft unterstellt, wenn wir diesen Forderungen nicht sogleich nachkommen wollen. Da haben wir auch die Anklage, dass wir nicht mit der Natur und dem Sein im Einklang seien. Und wir, mangels Selbstgefälligkeit, gestehen uns wieder einmal ein, dass wir das nicht sind. Wir nehmen uns vor, noch besser zu recyceln, noch mehr regional und secondhand zu kaufen, sogar eine weitere Haarspülung in Papierverpackung zu benutzen und wochenlang mit unstatthaft plattem Haar herumzulaufen und übersehen dabei, dass das, was wir da gehört haben, in den Giftschrank der Geschichte gehört, weil es aus Heideggers Quelle kommt, nicht aus der Quelle des Seins. Vorsicht, würde ich sagen. Dieses Erbe Heideggers, dem wir allenthalben begegnen, wenn es um Natur geht, hat nur mit einem expansiven Ego zu tun, das glaubt zu wissen, was für die anderen wesentlich und eigentlich ist, und hat sich im Verkünden und Richten schon Genüge getan. Als Naturerfahrung hat es Stereotype und Worthülsen aufzuweisen. Gutes Beispiel: Heideggers eigene Naturtexte (*Warum bleiben wir in der Provinz?* oder *Der Feldweg*). Politisch tendiert es zum rechten oder linken Populismus. Immer aber tritt es antidemokratisch auf. So, das wäre jetzt meine Position zu einem Heidegger Wort – das Hartmut dankenswerterweise einfach hat stehen lassen. Denn als wir über Heidegger kurz sprachen, sagte er »Das kann ich auch rausnehmen, ist mir gar nicht so wichtig.« Hättest du im Moment noch was dazu zu sagen?

Hartmut Böhme: Ja, gern. Ich habe mich vor Jahrzehnten mit *Sein und Zeit* gründlich beschäftigt, denn ich gehöre noch zu der Generation, wo Heidegger aus allen philosophischen Seminaren tönte und man heideggerte ... Aber ich erinnere auch, womit ich mich zuletzt bei Heidegger beschäftigt habe, das war *Grundbegriffe der Metaphysik*. Dieses Buch war zunächst eine Freiburger Vorlesung (1929/30), die erst 1983 in der Gesamtausgabe als Band 29/30 herausgegeben wurde – mehr als ein halbes Jahrhundert später! In dieser Vorlesung über »Welt – Endlichkeit – Einsamkeit« sind lange Partien über Tiere aufgenommen. Auf sie kommt es hier an. Besonders intensiv spricht Heidegger über eine Eidechse.

Und daran (wie auch in den übrigen Tier-Passsagen) wird deutlich, dass Heidegger eine abgründige Kluft zwischen Mensch und Tier aufreißt. Denn nur der Mensch ist »weltbildend«, das Tier aber ist »weltarm«. Heidegger begründet das damit, dass er bei Jakob von Uexküll und Hans Driesch gelesen zu haben glaubt, dass die Triade Mensch – Tier – Stein asymmetrisch und hierarchisch gemeint sei: Das Tier sei eingelagert in seiner Welt und lebe wie in einem Tunnel, aus dem es nicht herauskann. Es kann also nicht leisten, was die Voraussetzung für das Mensch-Sein ist: ein radikaler Abstand zu sich selbst und ein radikaler Abstand zur Welt. Der Freiburger fordert eine Vergegenständlichungskraft gegenüber allem Sein. Dies sei der Weg zum Sein selbst.

Das nicht-menschliche und nicht-tierische Sein, also zum Beispiel ein Stein; der Stein sei, wie er hier sagt, »weltlos«. Anders das Tier: Wenn es zum Beispiel Wärme empfindet, nimmt das Tier zur Quelle der Wärme auch eine Beziehung auf oder überhaupt zu anderen Lebenden: der Hund kriegt zu Fressen und schon entwickelt er von sich aus eine Beziehung zur Quelle seiner Ernährung. ...So kann über ein Relais warmer Vermittlungen das Tier sich als Zentrum einer Welt fühlen. Wenn das Tier bei langer Kälte zum Beispiel immer wieder Wärme empfindet, so wird es zur Quelle der Wärme auch eine Beziehung aufnehmen können/wollen. Doch die Tiere schaffen es nicht, die Dinge sein lassen zu können, eben dort, wo sie sind und wie sie gerade sind. Die Welt wird für den Hund ein riesiges Netz von Empfindungen und Wahrnehmungen, ohne dass dabei jemals ein interkonnektives Netz wie Meer, Himmel, Wald etc. herauskommt. Alles darin ist ›bedeutsam‹, doch nur in einem appetetiven und verbrauchenden Sinn.

Die Grenze zwischen Selbst und den Dingen benutzt Heidegger, um einen Ausweg aus der Verfallenheit ans Man oder: eine Befreiung zur Eigentlichkeit zu kreieren. Erstens erwächst daraus der Speziesismus: Ihm kommt es an nur auf die Sonderstellung des (abendländischen) Menschen im Reich der Natur (und der minderwertigen Völker). Diese Sonderstellung versetzt uns in den Stand, diesem Sein selbst jeden Vorzug einzuräumen und einen differenzierten Globus der sensorischen Genüsse zu bauen. Wir unterbrechen die kontagiöse Nähe zum Planeten der Dinge, worin alle Macht und alle Verlockungen sich in einem verlockenden Außen versammeln und auf uns warten: Unser Appetit wird zur Falle, durch die wir jede existenzielle Eigenheit verlieren. Die Dinge der Welt, die ökonomischen und konsumtiven Mechanismen, die Arbeit der Technik – alle diese durchschnittlichen, langweiligen Dinge versammeln bei uns ihre Macht. Das nennt Heidegger die Welt der Uneigentlichkeit, worin wir uns verlieren. Durch Abstinenz und Distanzierung, durch Annahme-Verweigerung und durch Ausgabe-Disruption wächst die Möglichkeit, eine Abkehr, eine Kehre zu vollziehen und der Eigentlichkeit des Seins Chancen zu erteilen.

Dies ist die Heideggersche Wende zur Existenzphilosophie. Wir lassen die Dinge und die Tiere stehen und wenden uns dem eigenen Sein zu. Das ist eine vollständig metaphysische, eine unhaltbare Position. Sie ist radikal leibfeindlich. Sie ist frauenfeindlich, weil Frauen zu so etwas wie Philosophie gar nicht in der Lage sind. Und sie ist tier- und denkfeindlich, weil ausgeschlossen ist, dass die Wesen dieser Welt außer Plappern und Gerede überhaupt irgendwas zu sagen haben. Also, Welthaltigkeit heißt eigentlich die Verachtung der Welt, außer meinem eigenen Ego.

Farbe, Leinwand, Baum – Atelierarbeit von Dos Pfeil/Doris Feil

Doris Feil: Vielleicht müssen wir Natur nicht immer deuten. Vielleicht müssen wir uns nicht gleich irgendwie zur Natur verhalten, sondern wir stellen uns, wie du sagst, mit dem Leib, mit unserem Körper einfach hinein in etwas. Das ist mir zum Beispiel in meiner Kunst auch wichtig. Deswegen arbeite ich gern mal raumgreifend. Sich mit dem Körper hineinstellen in einen Erfahrungsraum und wahrzunehmen, was passiert. Ja, ohne sofort eine bestimmte Privilegierung vorzunehmen: Also, was ist denn eigentlich inmitten dieser Bäume und Schleier auf der Bühne zu spüren? Danach erst könnte man ein bisschen fantasieren. Natürlich folgen die Deutungen auf den Fuß, aber vielleicht sind es dann überraschende … Würdest Du kurz einmal fantasieren, Hartmut?

Hartmut Böhme: Man muss erst mal daran denken, dass seit dem Mittelalter Kunst identifiziert wurde mit dem Schleier. Kunst ist der Schleier, der vor dem eigentlichen Sein der Dinge durch eine bestimmte Transparenz sowohl verbindet wie auch trennt, sowohl zeigt wie auch nicht zeigt, verhüllt und enthüllt. Und das ermöglicht auch Zugänge zu ganz verschiedenen Formen, nämlich, dass die Natur für uns ebenso verhüllt wie enthüllend ist und dass es in der Erotik auch nicht anders zugeht, als dass dabei die kunstgeschichtlichen Bilder über das Entkleiden und Bekleiden, dieses Moment des Verbergens, Versteckens, Verhüllens und Offenbarens und Zeigens. Das sind Polaritäten, die von einer extremen Wichtigkeit sind, zu verstehen, was sind eigentlich die Dynamiken und Funktionen der Kunst? Aber nicht nur der Kunst, sondern auch der Erkenntnis. Denn wir müssen nun mal zurückdenken, auch von Novalis natürlich, aber auch von Alexander von Humboldt, zitiert das Bildnis zu Seis. Worum geht es da? Ich nehme mal, beschreibe Ihnen kurz einen Kupferstich, den Alexander von Humboldt, als er nach Deutschland zurückkam, hat anfertigen lassen. Da steht eine Statue: das ist die vielbrüstige Diana von Ephesos/Maria, die Mutter der Natur selbst, mit einem Vorhang, einem Schleier bedeckt und davor ein Jüngling mit einer Lyra: Es ist also Apollo, der gerade den Schleier fortreißt. Um dadurch die Natur zu enthüllen und auf die Wahrheit selbst zu stoßen. Darunter auf einem kleinen Sockel steht »Metamorphosen der Pflanzen«. Dieser Titel ist ein Gedicht von Goethe, und mit dem Kupferstich wollte Humboldt nach zehn Jahren in Jena und Weimar wieder gut ankommen. Und indem er den Stich an Goethe adressiert, gelingt ihm eine Werbekampagne. Goethe ist der große Verhüller und Enthüller zugleich. Er erfüllt wie niemand sonst in der Literatur diese doppelte Codierung, wenn die Kunst zum Schleier wird.

Und manchmal entstehen andere Bilder. Die Hamburger unter Ihnen kennen aus der Kunsthalle von Jean-Léon Gérôme das Gemälde *Die Entschleierung der Phryne*. Vor ungefähr 50 fetten, unansehnlichen und hässlichen Männern steht hier auf einer Bühne eine Frau, der gerade ihr Gewand weggerissen wird, im Kreuzfeuer ihrer Blicke. Sie steht nackt vor den Männern und macht eine Geste des Verhüllens. Und sie ist angeklagt, dass sie bestimmte Verbrechen begangen hätte. Sie ist eine Hetäre. Doch die Demonstration ihrer erotisierenden Nacktheit weicht der Demonstration eines anderen hohen Werts. Das ist die Unschuld. Es ist ein Unschuldsbeweis, der durch die Nacktheit überhaupt erst entsteht. Und jetzt haben wir es: den Schleier als Kunstmetapher und den Schleier, der unser Verhältnis als Wahrnehmungs-Subjekt zur Natur reflektiert. Dies widerspiegelt auch das Verhältnis von Mensch und Wahrheit und das Verhältnis von Mensch und

Schuld. Das ist das große Thema der Nacktheit, aber auch von Begehren und Lüsternheit.

Wer eigentlich ist der Verworfene in dem Gemälde von Gérôme? Sind es die Richter, vor denen Phryne steht? Ist die Angeklagte diejenige, die durch ihre Entblößung ihre Unschuld und ihre Wahrhaftigkeit darstellt? Handelt es sich um die Umkehrung der Asymmetrie zwischen Angeklagter und Richter? Ist sie diejenige, die, jetzt in dieser Geste, über die Richter richtet? Fragen der Ethik und Schuld kommen mit rein. Und das ist hier gewissermaßen alles so angedeutet, aber Bezug auf eine Sache: Es könnte auch sein, dass unsere Augen noch verschleiert sind im Verhältnis zur Natur? Dass wir wenig sehen? Ist die lebendige Katze, mit der ich zusammenlebe, mir offenbar? Aber es ist mir noch nicht offenbar, dass hinter dem Schleier, den auch sie für mich bedeutet, etwas anderes wartet, nämlich ihr Tot-Sein. Vielleicht entschleiert sie unserer Kognitionen, unsere kognitiven Brillen; vielleicht verschleiert die Katze, dass die Natur stirbt. Und das wäre ihre einzige Wahrheit. Dies wäre eine melancholische und traurige Wahrheit, mit der wir uns zum ersten Mal in der Geschichte unseres Kontinents konfrontieren müssen: Die Natur stirbt; sie wird von uns getötet. Da ist der Mörder der Natur, das ist der Mensch.

FREITAG
20.6.
10:15 Uhr
WILDNIS UND KULTIVIERUNG
Plädoyer für die Re-Naturierung des Menschen
Bernd Marcel Gonner und Jan Röhnert
Lesung und Gespräch
Gesprächsleitung: Tanya Lieske
→ Zentralbibliothek
15:00 Uhr
NATURE WRITING ÜBER WASSER
„Talmäander", „Älv" und „Stillgewässer"
Lena Frings, Jannete Hentati und Paula Schweers
Gesprächsleitung: Hella Kemper
Deutsch und Englisch
→ Zentralbibliothek
Mehr Information
18:00 Uhr
WAS SPRICHT DIE NATUR?
Ein philosophisches Gespräch
Eine Bestandsaufnahme und ein Ausblick
Hartmut Böhme und Doris Feil
→ Zentralbibliothek
Zeichnung Rüdiger Tillmann – Copyrights der Fotos: siehe parallele Programmbroschüre

Gedanken zur Veranstaltung »Natur im Poetry Slam. Man kann nicht zweimal in denselben Fluss steigen«, von Mona Harry und Stefan Schwarck, 20.6.2025

Clara Gold: Zwischen Alsterfleet, Möwen und Schafen

Ein Natur-Poetry-Slam-Abend mit Mona Harry und Stefan Schwarck

An einem sommerlichen Juniabend stand ich vor dem Hamburger Rathaus. Die Strahlen der Abendsonne ließen den weißen Stein des imposanten Gebäudes geradezu leuchten. Vor dieser Kulisse wanderte mein Blick in Richtung Alster und konnte gerade ein paar weiße Schwäne erhaschen. Anmutige Tiere, zweifellos, die jedoch auch immer, so scheint es mir zumindest, etwas Achtungsgebietendes an sich haben. Direkt neben mir, an einem Treppenabgang, den ich vorher gar nicht wahrgenommen hatte, bemerkte ich ein Schild mit der Aufschrift Rathauspassage. Das war für heute meine Zieladresse, denn an diesem sonnigen Abend war ich auf dem Weg zur Buchhandlung Kehrwieder, die sich eben in der Hamburger Rathauspassage befindet, direkt am Alsterfleet. Dort sollte in zwanzig Minuten ein Natur-Poetry-Slam-Abend mit Mona Harry und Stefan Schwarck stattfinden. Da ich – als Nicht-Hamburgerin – bisher noch nie in dieser Buchhandlung gewesen war, zögerte ich ein paar Sekunden, bevor ich die Treppe herunterging, an deren Ende ich mich zunächst einer sanitären Einrichtung gegenüber fand. Während ich mich noch im Stillen fragte, ob ich hier wirklich richtig sei, stand ich plötzlich vor der gesuchten Buchhandlung. Und was für eine Buchhandlung!!! Eine unerwartete Perle an einem wundersamen Ort: eine riesige Fläche, schlicht und modern eingerichtet, ohne im Mindesten kühl zu wirken. Die Auswahl ist groß und vielfältig. Es gibt sowohl Neuerscheinungen als auch den ein oder anderen Klassiker, und auch Liebhaber von alten Vinyl-Schallplatten kommen dort auf ihre Kosten. Obwohl quasi unterirdisch, wirkt der große Raum hell und luftig und strahlt eine gewisse Ruhe oder, noch besser, jene typisch hanseatische Gelassenheit aus, die wohl nur Nicht-Hamburger bemerken. Von den Bücherregalen aus kommt der Besucher direkt in das – gastronomische – Herz der Buchhandlung: Die Cafédrale und der Ankerplatz bieten allerlei Leckereien an – vom süßen Franz- bis zum herzhaften Fischbrötchen. Wenn man an einem der Tische des Cafés sitzt, hat man einen herrlichen Blick auf die Alsterarkaden beziehungsweise die Kleine Alster. Das Wasser scheint so nah, dass man meint, man müsste nur die Arme strecken und könnte mit den Fingerspitzen die Wasseroberfläche berühren.

Ein Blick auf die Armbanduhr. Es ist so weit. Ein besonderer Abend beginnt. Die bereits erwähnte Slam-Poetin, Autorin und Illustratorin Mona Harry und ihr Kieler Kollege, der Autor, Lyriker, Poetry Slammer und Künstler Stefan Schwarck lassen die kleinen und die großen Alltagssorgen verschwinden. Mit ihren Stimmen, mit ihren Texten, gesponnen aus »Seemannsgarn« vertreiben sie die bösen Geister und lassen Bilder vor den Augen des Publikums erscheinen, die wie Wellen aufkommen, sich aufbäumen, um dann schon im nächsten Moment wieder zusammenzufallen.

Den Anfang macht Stefan Schwarck. Er ist charismatisch, hat den berühmten Schalk im Nacken und einen eigenwilligen, trockenen Humor. Mit abgehackter, kräftiger Stimme trägt er den ersten und leicht skurrilen, aber amüsanten Text *Nordsee-Dada* vor:

»Wasser daaaaa. Wasser weg. Wasser daaaaa. Wasser weg. Wasser daaaaa. Wasser weg. Wasser daaaaa. Wasser weg. Schafe, Schafe, Schafe, Schafe, Schafe, Schafe, Schafe. Wasser daaaaa. Schafe weg. Deich, Deich, Deich, Deich, Deich, Deich, Deich, Deich. Wasser weg. Schafe da. Wasser da. Schafe da. Alles klar. […].«

Anschließend erzählt er von seiner Liebe zum Meer. Und auch sein nächster Text handelt von einem seiner Lieblingsorte – dem Strand und den skurrilen Beobachtungen, die man dort machen kann: *»Da gibt es die Jogger, […], die Moin-Sager, […], Nur-die-mit-den-Füßen-rein-Menschen, […], da gibt es die mit athletischem Körper […].«* Mit seinen treffsicheren, liebevollen und detailverliebten Formulierungen erntet er viel Gelächter, stürmischen Applaus, und so mancher nickt heftig, wenn er oder sie sich selbst in den Beschreibungen zu erkennen glaubt.

Szenenwechsel.

Mona Harry kommt auf die Bühne. Eine richtige Wortakrobatin. Sie reiht Wörter wie Perlenketten aneinander. Ihre Texte erzählen etwa vom Fernweh oder vom Draußensein. Einer der Texte beschreibt die Sehnsucht nach dem Unterwegssein: *»[…]. Komm, lass uns raus gehen / Ich habe diesen tristen Grauton so satt / Lass uns Augenringe mit Sonnenbrand füllen / Überhitzte Köpfe im Gegenwind kühlen / Lass uns Glühwürmchen fangen. […]«.*[1]

Zwischendurch erfreut sie das Publikum mit einem Text, der von ihrer alten Heimat Hamburg handelt – der *Stadt im Hafen*. Der Stadt, in der sie als Studentin gelebt hat.

»Weit nördlich des Südens […] / Hat eine Stadt im Hafen festgemacht. […]. Diese Stadt ist manchmal / Ein bisschen viel Klischee […]. Doch Hamburg ist auch der Nebeldunst / Der aus den Hafenbecken steigt / Ist Franzbrötchen und Krabbenduft / Und die Möwe, die am Himmel kreist. […]. Diese Stadt ist Fernweh und Heimweh / Ist Leben unter den Möwen / Hamburg, du machst es mir ordentlich schwer / Auch andere Städte zu mögen.«[2]

Auch sie begeistert das Publikum. Ich persönlich finde es immer wieder faszinierend, wie die beiden Autoren mit der deutschen Sprache umgehen. Wie sie alles aus ihr herauslocken oder regelrecht herausholen. Beide Autoren erzeugen so bunte, fast fassbare Bilder im Kopf, die jeder versteht.

Es ist ein Abend mit skurrilen, teils humoristischen, teils tiefgründigen Texten, die einen nachdenklich werden lassen. Wenn Stefan Schwarck etwa über seinen unbedarften Versuch berichtet, im Meer zu paddeln. Ein Vorhaben, das völlig schiefging. Und obwohl er niemals in Gefahr war, schien er so hilfsbedürftig ausgesehen zu haben, dass ein Rettungsteam des DLRG einschreiten wollte. Bei diesen amüsanten Schilderungen kann man nicht aufhören zu lachen. Im nächsten Moment aber berichtet er von bestimmten Düften, und das Publikum lauscht still und aufmerksam, fast ehrfürchtig. Er beschreibt Düfte aus seiner Kindheit; Düfte, die er mit seinen Kindern verbindet, der Duft des Chai Latte etwa, den er seiner Tochter ins Hotel mitgebracht hat, als sie beide zusammen in London waren; der Geruch vom Meer und vom Waschmittel, das er extra aufbewahrt für besonders schlechte Tage.

Zum krönenden Abschluss des Abends trägt Mona Harry ihren sicherlich bekanntesten Text vor – ihre *Liebeserklärung an den Norden*. Eine Hommage an ihre Lieblingsregion, ihr Heimatland Schleswig-Holstein. Dieser Text, der zigmal auf YouTube aufgerufen wurde, machte sie innerhalb kürzester Zeit bekannt. Hier eine kleine Kostprobe:

»[...]. Wir haben Jollen und Kutter und Ebbe und Flut / Haben Schollen und Krabben und Hafengeruch / Und die Kräne und Möwen in salziger Luft [...] Ja, ich mag dieses Schroffe, das Raue / Das Land und die Menschen / Das offene Blaue, den Strand an den Grenzen / Des nicht endenden Wassers. [...].«[3]

Der viel zu kurze Abend endete mit einer kleinen Autogrammstunde, und dann brachen die beiden Stars dieses rundherum gelungenen, aufregenden Abends auch schon auf. Sie mussten schließlich noch ihren Zug nach Kiel erreichen und hofften, dass keine Weichenstörung ihre Rückfahrt erschweren würde. Währenddessen ließ ich den Abend mit einem Matjesbrötchen ausklingen. Die Buchhandlung und das Café leerten sich langsam. Und während ich genüsslich mein Brötchen aß, blickte ich auf die Kleine Alster. Eine leichte Brise wehte und unwillkürlich dachte ich an die Endstrophe aus *Liebeserklärung an den Norden:*

»Und egal, wie oft es mich auf Reisen / Und in weit entfernt gelegene Gegenden zieht / Eine steife Brise / Trägt mein Herz stetig zurück / Land zwischen den Meeren / Vor dem sich sogar die Bäume verneigen / Du bist der wahre Grund / Warum Kompassnadeln nach Norden zeigen.«[4]

Ich musste grinsen. Ja der Norden. Er ist Heimat. Ganz sicher. Und mit einem kleinen Lächeln im Mundwinkel machte ich mich auf den Weg, den Kopf voll mit »Seemannsgarn«.

1 *Harry, Mona*, Unterwegssein, in: Dies., Fliegen ist doch eigentlich ganz leicht. Liebeserklärung an den Norden und andere Geschichten, Hamburg 2025, S. 72–80, hier: S. 75 f.
2 *Harry, Mona*, Stadt im Hafen, ebd., S. 92–95, hier: S. 92, 94 f.
3 *Harry, Mona*, Norden, in: ebd., S. 8–19, hier: S. 12, 17.
4 Ebd., S. 18.

SAMSTAG
21.6.
18 Uhr Uhr
SCHLUSSVERANSTALTUNG
Die Veranstaltung wird von Reinhard Kahl moderiert
ROBIN WALL KIMMERER
Über ein Naturverständnis
Lann Hornscheidt und Helmut Schreier
BÜCHER ÜBER DIE NATUR
Nature Writing verlegen
Lars Fischer, Kristin Gora, Lann Hornscheidt, Klaas Jarchow, Verlage Aufland, Katapult, w_orten & meer, European Essays on Nature and Landscape
CODA
Finale Worte und Musik zum Nature Writing Festival
→ Zentralbibliothek
Mehr Information
Zeichnung Rüdiger Tillmann – Copyrights der Fotos: siehe parallele Programmbroschüre

Auszug aus dem Gespräch »Robin Wall Kimmerer – Über ein Naturverständnis« von Lann Hornscheidt, Helmut Schreier und Reinhard Kahl, 21.6.2025

Lann Hornscheidt, Helmut Schreier und Reinhard Kahl: Robin Wall Kimmerer. Über ein Naturverständnis

Reinhard Kahl: Wir haben jetzt an mehreren Tagen sehr viele schichten von dem gehört, was wir Natur nennen, und von den Begegnungen, die wir mit ihr haben. Und wenn man diese verschiedenen Geschichten, gewissermaßen wie auf transparentem Papier, übereinanderlegt, dann ergeben sich Muster. Und diese Muster könnte man Grammatik nennen. Und vielleicht ist das auch wirklich das Thema hinter dem Thema, dass wir dabei sind, sehr vorsichtig, an unserer Grammatik, oder man könnte auch sagen unserer Haltung, andere sagen DNA zu arbeiten. Ich habe meine Gesprächspartner gebeten, ein, zwei kleine Gewebeproben aus den Texten von Robin Wall Kimmerer bereitzuhalten. Und habt ihr da einen Text, der als Erstes geeignet ist? Helmut?

Helmut Schreier: Ich hab mir überlegt, wie ich dem Publikum zeigen kann, wes Geistes Kind Robin Wall Kimmerer ist. Und hab tatsächlich auch etwas gefunden, was mit meinen ganzen Vorurteilen übereinstimmt. [lacht] Also, es ist in *Braiding Sweetgrass* enthalten. Woher kommt der Erfolg dieses Buches? Ich vermute, es hat damit zu tun, dass Robin Kimmerer Mut macht. Ich lese Ihnen einfach den letzten Absatz dieses Buches vor. Da geht es um ein Dankbarkeitsfest. Ist ein kurzer Abschnitt: »Das moralische Bündnis der Reziprozität ruft uns auf, Verantwortung zu übernehmen für alles, was uns geschenkt wurde, für alles, was wir uns genommen haben. Jetzt sind wir dran, und das ist überfällig. Feiern wir eine Give-away-Feier für Mutter Erde, breiten wir unsere Decken für sie aus und häufen wir darauf unsere

Geschenke an, die wir selbst erschaffen haben. All die Bücher, Gemälde, Gedichte, die schlauen Maschinen, die Akte des Mitgefühls, die transzendenten Ideen, die ausgeklügelten Werkzeuge. Leidenschaftlicher Schutz all dessen, was uns geschenkt wurde. Geschenke wie Geist, Hand, Herz, Stimme und Augen. Lauter Geschenke für die Erde. Egal, worin unsere Gabe besteht, wir sind aufgerufen, sie zu verschenken und zu tanzen für die Erneuerung der Welt. Als Gegengeschenk für das Privileg, atmen zu dürfen.« Die Essenz dieses letzten Kapitels ist Dankbarkeit. Ich meine, dass das sehr typisch für sie ist.

Lann Hornscheidt: Ja, Dankbarkeit kommt in allen ihren Büchern oder Texten immer wieder ganz zentral vor. Dankbarkeit ist in meiner Lesart ihr Schlüssel, in Verbundenheit zu gehen oder Verbundenheit mit allem Lebendigen bewusst wahrzunehmen. Sie geht sehr stark davon aus: Wir sind bereits verbunden. Wir stellen das nicht her als ein Add-on zu unserem Leben, sondern es ist bereits als Grundlage da. Wir sind uns dessen aber nicht bewusst, und auch nicht darüber, dass es einen Unterschied macht, wenn wir dankbar sind dafür, dass Pflanzen uns nähren, dass die Sonne uns wärmt, dass wir Wasser trinken können und dass wir dadurch diese Verbundenheit feiern und explizit erleben können, gleichzeitig dadurch dann aber auch Verantwortung übernehmen können für alles andere Lebendige. Also die Definition von Lebendig sein ist sehr schön bei Robin Wall Kimmerer. Sie ist da sehr grundlegend: Alles ist lebendig. Am Anfang hat sie gesagt, alles ist lebendig, was atmet. Dann später hat sie gesagt, alles ist lebendig, was nicht von Menschen hergestellt ist. Das, was vom Menschen hergestellt ist, ist das, was nicht lebendig ist, was sie als unlebendig bezeichnet. Alles andere ist lebendig. Das heißt, es sind nicht nur Tiere und Pflanzen, sondern es sind auch Gewässer, Gebirge, Landschaften, alles ist lebendig. Davon sind wir ein Teil, und das Wichtige ist, nicht paternalistisch Umweltschutz zu betreiben und uns darüber zu stellen, sondern auf Augenhöhe zu versuchen, die Sprache des anderen Lebendigen zu hören. Das ist eine Haltung der Dankbarkeit dafür, dass wir hier sein können. Denn der Baum und das Eichhörnchen, die brauchen die Menschen nicht. Und was ist das, was der Mensch eigentlich beitragen kann zu dieser Erde? Sie geht immer den Weg über die Dankbarkeit, dass wir uns kümmern können, sorgen können, nicht in Form von paternalistischem Schutz, sondern dass wir mitdenken und mitfühlen können, was sonst auf der Welt ist und lebendig ist.

Helmut Schreier: Die Dankbarkeit gründet, in Robin Wall Kimmerers Sinn, darin, dass wir alles im Überfluss haben. Das steht im exakten Gegensatz zu dem, was im Grunde die Wurzel des Kapitalismus ist, die Knappheit, die Knappheit der Dinge, man macht Dinge auch künstlich knapp, damit man damit Umsatz macht, nicht wahr? Die Knappheit der Dinge ist, wie sie meint, der Fehler unserer Welt. Denn es gibt alles, es ist im Überfluss da. Wir könnten dafür sorgen, dass zum Beispiel das gute Wasser, das noch da ist, nicht von der Firma Coca-Cola gekauft und vermarktet wird. Wir könnten die Dinge, die da sind und die gut sind, erhalten, weil es sie im Überfluss gibt. Das ist sozusagen ein Grundsatz ihres ganzen Seins. Und daher kommt dann die Sache mit der Dankbarkeit und natürlich auch, was Du eben angedeutet hast, die Sache mit der Ethik, die im Gewand der Sprache von ihr abgehandelt wird, also dieser Grammatik des Lebendigen. Das erzählt sie sehr schön, weil sie sich eben Mühe gibt, die Sprache der Potavatomi zu beherrschen. Sie möchte diese Sprache sprechen. Es gibt nur noch neun Leute, die das sprechen. Und dann hat sie zu Hause am Kühlschrank Zettelchen, da steht drauf, was was ist. Aber dann merkt sie, dass die Sprache einen anderen Sinn macht, vielleicht auch eine andere Moral vermittelt. Zum Beispiel gibt es im Englischen nur dreißig Prozent Verben, aber im Potavatomi siebzig Prozent. Und dann sagt sie, das Schlimmste ist, dass das auch noch alles falsch ist im Englischen. Da findet sie ein Wort: Wickwigama. Wickwigama bedeutet auf Deutsch: eine Bucht sein. Ist das nicht Blödsinn? Auf jeden Fall. Wie kann man nur eine Bucht sein? Sie erzählt, wie sie schon im Hintergrund die Lehrer aus dem Internat kichern hört, die sagen, jetzt lernt sie endlich, dass das Indianerwesen völlig daneben ist... Dann sagt sie: Nein, auf einmal merk ich, wie es bei mir im Hirn schaltet. Es macht Sinn, eine Bucht zu sein. Wenn das Wasser eine Person ist, wenn das Wasser ein Lebewesen ist, genau wie ich ein Lebewesen bin in der Welt, dann kann das Wasser eine Bucht werden, weil es an die Felsen spülen möchte, weil es sich vielleicht mit den kleinen Gänsen unterhalten möchte. Das Wasser ist eine Person, ist eine Person und so vieles andere.

Lann Hornscheidt: Ich möchte noch etwas zum Bild der Menschen als der Krone der Schöpfung sagen. Dazu schreibt sie ganz klar – und das schreiben viele Indigene Personen, insbesondere aus den USA: Die Menschen sind als Letztes auf die Welt gekommen. Das heißt, sie sind die mit den wenigsten Erfahrungen, mit dem wenigsten Wissen, mit dem wenigsten Können. Und sie würden gut daran tun zuzuhören, was die, die schon viel länger da sind, zum Beispiel die Pflanzen, ausgebildet haben, um mit Dürren umzugehen, mit Klimaveränderungen. Dass wir als Menschen ganz viel lernen und wieder eintreten könnten in den Kreis des Lebendigen. Sie sagt das sehr explizit. Ich lese jetzt etwas aus dem Band *Erdverbunden* vor. In diesem Band geht es um ein Familientreffen kurz vorm Ende der Welt. Es geht darum, dass sich alle Lebewesen treffen, die jetzt noch leben. Die Menschen haben schon sehr lange nicht mehr an diesem Treffen teilgenommen, sind aber jetzt noch mal explizit eingeladen. Dann kommen auch welche, und am Anfang gibt es sehr heftige Vorwürfe von anderen Lebewesen an die Menschen, am Ende aber noch mal die Bitte, in einen anderen Kontakt zu gehen:

> »Eine letzte Bitte geht an die Menschen. Wir möchten, dass ihr wieder nach Hause zurück zu uns kommt. Wir wünschen uns, dass ihr wieder gute Verwandte seid. Steigt von eurer Pyramide runter und kommt in den Kreis.
>
> Wie aufs Stichwort tanzen die Jüngeren zu trommelnden Kargenhühnern und trillernden Vireos im Kreis. Die Menschen gesellen sich anfangs mit ungelenken Schritten zu ihnen, lernen aber schnell von den anderen.
>
> Kennst du das, wenn auf einer großen Feier oder einem Familientreffen die Teller geleert sind, die Unterhaltungen langsam verklingen und du darüber nachdenkst, bald aufzubrechen? Dann aber hörst du hinter der Küchentür schallendes Gelächter, klappernde Teller und ansteckendes Gekicher. Dort findet die eigentliche Party statt, während die Tanten für alle Reste einpacken, die Teller abkratzen, die Hände lachend in Seifenwasser

tauchen und beim Abtrocknen der Töpfe und Pfannen feuchte Geschirrtücher knallen lassen. Es ist eine Sache, zu der Party eingeladen zu sein. Dann hast du die Wahl, als höflicher Besuch abseits in einem Sessel sitzenzubleiben oder durch die Küchentür zu gehen, die Ärmel hochzukrempeln und mit Liebe und Lachen überschüttet zu werden.

Verwandtschaft beruht auf Gegenseitigkeit. Kein*er muss einsam sein. In der Küche von Mutter Erde wird gerade abgewaschen.«

Reinhard Kahl, Lars Fischer, Kristin Gora, Lann Hornscheidt und Klaas Jarchow während der Veranstaltung »Bücher über die Natur – Nature Writing verlegen«, 21.6.2025

17.–21.6.2025
LITERATUR
SCHUTZ
GEBIET
NATURE WRITING FESTIVAL
HAMBURG 2025

Die Festivalschreiberinnen haben sich zu einem abschließenden Gespräch getroffen – ein Auszug

Clara Gold, Bianka Schaffus, Julia Klinckmann und Marie Husar: Gespräch über das Nature Writing Festival

Marie Husar: Mit welchen Erwartungen seid ihr in das Festival gegangen? Und welche Veranstaltungen haben euch besonders gefallen?

Clara Gold: Mir hat besonders die Diskussion über die Rechte der Natur und die Natur als Rechtspersönlichkeit gefallen. Zwar war dieser Gedanke mir nicht neu, ich kannte aber keine Einzelheiten. Ich finde ihn sehr erhellend und bin der Meinung, dass er einen notwendigen Paradigmenwechsel markiert in Deutschland, aber auch weltweit. Man hätte dadurch wirkungsvolle Instrumente zur Verfügung, mit denen man mehr erreichen kann als bisher, wie zum Beispiel für den Umwelt- und Naturschutz, ohne sich radikalisieren zu müssen.

Marie Husar: Das ist dann ja eine andere Form der Radikalisierung, oder?

Clara Gold: Ja. Besonders für Europa ist dieser Gedanke in vielerlei Hinsicht noch sehr revolutionär. Nimmt man allein die Tiere. Ich finde es abstrus, dass Tiere noch immer im juristischen Sinne als Gegenstände, als Objekte angesehen werden. Mal abgesehen davon, schließt der Begriff der Natur auch die Tiere ein. Tiere gehören maßgeblich zur Natur dazu. Daher müsste sich auch hier das bisherige Verhältnis zu Tieren beziehungsweise der juristische Status von Tieren ändern. In Deutschland ist man doch immer sehr auf die Bewahrung von Eigentumsrechten bedacht, warum sollte die Natur nicht auch eigene Rechte, Eigentumsrechte und auch Pflichten haben?

Marie Husar: Absolut. Ich denke aber, dass viele Menschen sehr zurückhaltend in Bezug auf diese Idee von der Natur und Tieren als juristische Personen sind, weil sich so viel ändern müsste – Massentierhaltung wäre dann beispielsweise gar keine Option mehr. Insofern ist der Gedanke meiner Ansicht nach sehr wohl radikal.

Bianka Schaffus: Ich glaube, so neu wie es gerade geframt wird, ist der Gedanke nicht. Erich Fromm zum Beispiel hat 1976 in *Haben oder Sein* viel ältere Gedichte hinsichtlich ihrer Haltung zur Natur gegenübergestellt – pflückt man die Blume am Wegesrand und nimmt sie mit, betrachtet sie also als Besitz, über den frei verfügt werden kann, oder lässt man die Blume stehen und erfreut sich immer wieder daran? Darin steckt ein nachhaltiger Nutzen. In den Anfängen des Waldschutzes zeigt sich, dass Natur als etwas Schützenswertes galt, wenn auch eher mit ästhetischem Anspruch und stark dem Zeitgeist unterlegen. Vielleicht ist der Gedanke gar nicht so radikal, sondern wird eher als »radikal« konstruiert, weil die Einschränkungen, die ein konsequenter Schutz mit sich bringen würde, etwa bei der Massentierhaltung, als unangenehm empfunden werden. Aber das zeigt vielleicht auch, dass gar nicht so klar ist, was als Natur verstanden wird und wie ein angemessener Umgang aussieht. Das spiegelt sich auch in den Veranstaltungen auf dem Nature Writing Festival wider, wo es sehr unterschiedliche Positionen gab, was als Naturschutz gilt oder was vielleicht als anmaßende Haltung gegenüber der Natur gelten würde.

Julia Klinckmann: Ich finde es total spannend, wie sehr unser Blick auf Natur durch unsere kulturelle Einbettung geprägt ist. In einer Veranstaltung wurde die sehr westliche Denkschule des Teilens und Herrschens (»divide and conquer«) thematisiert. Wir betrachten den Zustand der Natur als komplexes Problem, welchem wir durch die Zerlegung in Einzelteile Herr werden wollen. Das ist eine sehr engstirnige Herangehensweise. Robin Wall Kimmerer hat in ihren Texten über ihre Indigene Kultur und deren Zusammenleben mit der Natur gesprochen. Das erstreckt sich bis auf die semantische Ebene, auf der Naturbegriffe in Verb-Form existieren und somit auf den Menschen selbst übertragen werden können. Sehr spannend! Ich finde das mit dem Blumenpflücken bezeichnend, weil es für uns normal ist zu sagen, ich sehe etwas, das finde ich schön, deswegen nehme ich mir das jetzt – dass es dadurch stirbt, ist für mich okay. Das Festival hat dazu angeregt, sich erneut und auch fortwährend mit unserem grundlegenden Verhältnis zur Natur auseinanderzusetzen, zum Beispiel eben die Thematik um Recht und Besitz der Natur.

Marie Husar: Ich würde auch nicht sagen, dass der Gedanke neu ist. Das wird ganz deutlich, wenn man sich allein Indigene Gesellschaften anschaut, an denen sich heutige Bewegungen ja auch orientieren. Wir im ›Westen‹ sehen uns oftmals als so fortschrittlich, aber eigentlich sollten wir uns mehr an genau diesen Ansätzen orientieren. Auf eine bestimmte Art und Weise sehen wir die Natur oder die Landschaft als schützenswert an, aber die entscheidende Frage ist, aus welchem Grund. In der Regel eben nicht, weil wir sie als etwas Gleichwertiges anerkennen. Stattdessen fragen wir nach dem Wert, den sie für uns hat. Wir wollen in der Lüneburger Heide Urlaub machen – Natur als Erholung – und deshalb möchten wir, dass sie erhalten bleibt, aber die Basis dafür ist kein Respekt, sondern …

Clara Gold: Gewinn? Wie zum Beispiel Gewinn durch den Tourismus oder Ästhetik als Gewinn?

Marie Husar: Ja, genau. Und immer steht die Frage dahinter, welchen Wert die Natur für uns hat. Vielleicht muss sie ja gar keinen Wert haben, keine Nützlichkeit. Und wenn man jetzt nochmal überlegt, Bianka, du hattest ja das Beispiel mit den Blumen gebracht, dass man diese Blume pflückt, in eine Vase stellt und sich daran erfreut – womit man sich aber ja gerade von der ›unbeschnittenen‹ Natur abschottet, anstatt vielleicht mehr Zeit auf Blumenwiesen zu verbringen.

Julia Klinckmann: Meines Erachtens haben die Veranstaltungen erstaunlich viel darüber ausgesagt, wie es um das Mensch-Natur-Verhältnis wirklich steht. Es gab da auch die Stimmen, die meinen, dass wir uns um die Natur kümmern müssen, dass wir für den Schutz Sorge zu tragen haben. Damit wurde der Natur in meinen Augen eine sehr passive Rolle zugeschrieben. Kann man das so über die Natur sagen? Ich glaube, Lothar Frenz war derjenige, der meinte, wenn man mal auf den Erfolg guckt, sind die Natur und viele andere Spezies viel erfolgreicher als der Mensch. Und es ist ja die Frage, wie lange es uns noch gibt, wenn wir so weitermachen. Mir haben die Impulse des Festivals gezeigt, dass wir ein wenig den Bezug zur Natur verloren haben. Einerseits wollen wir sie als ästhetischen Gegenstand und andererseits haben wir dieses Bild von der unberührten Natur. Aber was ist denn unberührte Natur? Nicht jedes Stück Natur ist eine Blumenwiese – da musste ich, wie du, Marie, direkt an die Veranstaltung über die Heide mit Markus Thielemann denken, der ja herausgestellt hat, dass wir die Heide nur erhalten, um sie dann für unsere eigenen Zwecke zu nutzen. Wir entscheiden in dem Fall ganz einfach, dass uns die Blume mehr auf der Wiese nützt, jedoch nicht aus einem Nachhaltigkeitsgedanken.

Bianka Schaffus: Beim Verständnis von Natur muss ich an Gerhard Trommer, Biologe und Umweltpädagoge, denken, der von »Wilderness«, dem nordamerikanischen Verständnis von Wildnis, gesprochen hat, die es bei uns in Deutschland nicht gäbe. Und dennoch sprechen wir von Natur, haben ein Verständnis von Natur, aber was ist Natur? Es ist so, dass wir hier kaum noch vom Menschen unberührte Flächen vorfinden. »Wilderness« können wir also gar nicht wirklich kennen, dennoch kennen wir vielleicht Momente von Natürlichkeit, solche, in denen es uns mitreißt und wir wie verzaubert sind. Aber dieses Draußen-, Abgeschottet- und Ausgeliefertsein, wovon er in seinem *Niemandland* spricht, das scheint mir nochmal eine andere Dimension zu sein. Das fand ich beeindruckend.

Marie Husar: Absolut. Mich hat das Thema Wildnis auch sehr beschäftigt, weil ich mich, ähnlich wie du, gefragt habe, wer von uns denn überhaupt schon einmal Wildnis erlebt hat. Teilweise *erscheint* uns etwas vielleicht auch nur im Vergleich zu einem angelegten Vorgarten wie Wildnis. Und haben wir Menschen eigentlich schon alle Regionen erschlossen? Darum ging es ja auch in der Veranstaltung *#ÖtrifftÖ*, Lothar Frenz hat von einem Projekt in Afrika erzählt, von einem Gebiet, das noch komplett Wildnis war, oder Julia, wie war das noch?

Julia Klinckmann: Ja, das war wirklich Land, das nicht kartografiert war, und das ist schon damals, vor ein paar Jahrzehnten, total ungewöhnlich gewesen, dass es einfach so ein Stück Erde gab, das niemand kannte.

Marie Husar: Es gibt diesen Gedanken, dass wir schon alles kennen. Darüber haben auch Gerhard Trommer und Birgit Lutz, die beide Wildniserfahrung haben, bei der Veranstaltung »Das Verschwinden der Wildnis« gesprochen. Beide waren der Meinung, die Wildnis könne man gar nicht erforschen, ohne sie dabei zu zerstören. Lutz meinte auch, die wenigsten von uns hätten eine solche Erfahrung gemacht, es *sollten* idealerweise aber alle mal gemacht haben. Denn eine der größten Veränderungen für sie war, dass sie auf diese Weise so eine Demut entwickelt hat, vor der Wildnis und der Natur. Das fand ich total spannend. Wir Menschen – zumindest in der sogenannten westlichen Welt – hätten so viel verlernt: Wir verlassen uns auf Google Maps zur Orientierung und auf die Wettervorhersage auf wetter.de, für alles gibt es irgendeine App oder ein Gerät.

Julia Klinckmann: Daran anschließend möchte ich euch fragen, ob denn das überhaupt ein Zustand ist, zu dem wir zurückkehren müssen? Sollten wir Wildnis zurückholen oder haben wir durch die ganzen menschlichen Eingriffe die Natur nicht doch schon so stark geformt, dass das utopisch ist? Welcher Zustand von Natur ist noch möglich, oder haben wir einen neuen Status quo erreicht? Wildniserfahrung ist natürlich etwas Bereicherndes, aber es können nicht acht Milliarden Menschen die gleiche unberührte Wildnis erfahren. Mich würde interessieren, was ihr dazu denkt und was ihr mitgenommen habt aus den Veranstaltungen.

Clara Gold: Der Mensch braucht ja zumindest irgendeinen Unterschlupf. Wir neigen ja dazu, uns einen festen Ort zu suchen, wo wir bleiben können. Ich glaube, in gewisser Weise sind wir auch irgendwie anders als ›die Natur‹, weil wir, um zu überleben, um überhaupt zu leben, uns in der Natur etwas Naturfremdes aufbauen müssen ... Aber ich denke, es gibt Wege, besser mit der Natur zu leben.

Bianka Schaffus: Vielleicht sind gerade die Übergangsbereiche interessant, denken wir etwa an Kulturlandschaften. Der Fakt, dass wir ihnen erst durch die menschliche Formung Kultur zugestehen beziehungsweise der Natur im Umkehrschluss Kultur absprechen, führt zu der Frage, was wir uns da aneignen. Dennoch sind in der Vergangenheit unserer Meinung nach schützenswerte Synergien geschaffen worden, wie bestimmte Insektenarten und Pilze auf traditionellen Weidelandschaften, die wiederum bestimmte Vogelarten versorgen. Zumindest gibt es wohl solche Zusammenhänge, die sich weniger schadhaft auf Ökosysteme auswirken als die maximale vermeintliche Wertschöpfung in der Massenproduktion und Optimierung. Wenn ich eine verpackte Orange kaufen kann, die weit mit dem Schiff gereist ist, graust es mir. Es gibt ja bereits umweltverträglicheres Vorgehen und Verfahren. Mich begeistert beispielsweise, dass die Kartoffel, wenn auch nicht heimisch, so gut funktioniert: Sie ist im Sommer reif und bleibt bis in den Herbst unter besten Lagerbedingungen ohne weiteres im Boden und muss erst zum Winter hin entnommen werden. Es braucht in dieser Zeit weder Kühlhäuser noch anderen großen Aufwand. Eine sensible Nutzung von Ressourcen finden wir in Konzepten, die zum Beispiel den Ansatz »ein guter Gärtner ist unsichtbar« verfolgen. Was bedeutet, sich nur im Rahmen des Notwendigen zu bedienen und immer auch etwas für andere Lebewesen wie Insekten und Vögel stehenzulassen. Das wären vielleicht Übergangsbereiche, in denen ganz klar Eingriffe stattfinden, aber sensibel mit dem, was besteht, umgegangen wird. Solche Praktiken können Chancen aufzeigen.

Marie Husar: Ja, da habe ich mich auch gefragt, was könnte denn eine Lösung sein? Wir haben jetzt eine bestimmte Situation und einen bestimmten Umgang mit der Natur – wir kontrollieren sie, und diese Kontrolle stößt auch an ihre Grenzen. Was hat das Festival dazu gesagt, was könnte die Lösung sein? Was ich sehr oft gehört habe, war, dass die Natur an vielen Stellen gar nicht viel von uns bräuchte, außer in Ruhe gelassen zu werden. Also die Natur einfach machen zu lassen, so dass sie sich dann auch viel Areal zurücknimmt. Aber von dem, was du, Bianka, gerade angesprochen hast, nämlich nur das zu nehmen, was ich brauche, also letztlich Subsistenzwirtschaft, davon sind wir ja unglaublich weit weg.

Julia Klinckmann: Graciana Petersen meinte bei *»#ÖtrifftÖ«*, dass der westliche Mensch gerne vom Hundertsten ins Tausendste denkt. Ich glaube, es fällt uns tatsächlich ganz schwer, die Kontrolle abzugeben. Wir haben anscheinend das Gefühl, wir müssten die Natur managen, damit die Natur sie selbst ist – was ein Widerspruch ist. Das ist sehr weit weg von ›die Natur machen lassen‹. Der Gegenentwurf wird dann eher in der fiktiven Welt des Nature Writings entwickelt.

Und dort erlebe ich teilweise ein Nature-Strikes-Back-Phänomen; Bernhard Kegel erzählt davon eindrucksvoll in seinem Roman »Gras«.

Clara Gold: Ja, genau. Wenn die Natur aus unserer Sicht nicht mehr funktioniert, dann scheinen wir ein inneres Bedürfnis zu haben, etwas dagegen zu unternehmen. Gegen das, was wir als Störung sehen.

Julia Klinckmann: Es ist echt interessant, wie wir damit umgehen. Im Rahmen des Festivals hätte man theoretisch auch in romantischer Tradition einfach schöne Naturbeschreibungen vortragen können. Nature Writing ist und war ja überhaupt nicht vordefiniert. Dieses Thema scheint die Autoren und Autorinnen, aber auch das Publikum sehr zu beschäftigen …

Marie Husar: Aber meint ihr, dass wir als Menschheit die Natur kontrollieren können?

Clara Gold: Teilweise. Andererseits, wenn man an das Hochwasser im Juli 2021 denkt, wo allein an der Ahr über hundert Menschen umgekommen sind … Daraus werden wir aber vermutlich auch nicht wirklich etwas lernen. Irgendwann gibt es wieder so eine Katastrophe, eine Störung durch die Natur, und wir werden wieder überrascht sein, dass so etwas passieren kann.

Bianka Schaffus: Vielleicht ist der Mensch ein bisschen seinem eigenen Definitionszwang ausgeliefert, wie du schon mit dem Hundertsten und Tausendsten sagst, Julia. Bei den *Narrativen der Nordseeküste*, wo Wissenschaftler aus Geographie, Kulturgeschichte und Kulturwissenschaft Erzählweisen um das Meer herum diskutierten, wurde deutlich, wie derselben Figur Attribute des Verheißungsvollen und Schützenswerten bis hin zum Gefährlichen und Zerstörerischen zugeschrieben werden. Der Mensch lädt etwas mit Bedeutungen auf, die durchaus im Widerspruch stehen können. Unsere Zugänge zur und Vorstellungen von Natur können sehr unterschiedlich sein. Als Rückkehrerin auf das Land fällt mir der sehr unterschiedliche Umgang mit Grünflächen auf. Einerseits wird ein nahezu perfekter Golfrasen mit dem Mähroboter im immergleichen Zustand gehalten, der einen perfekt geglätteten Untergrund braucht. Im selbigen wurde noch Löwenzahn als Problempflanze entfernt. Andere machen gute Erfahrungen damit, es den Pflanzen selbst zu überlassen, sich anzusiedeln. In verschiedenen Etappen erscheinen Kräuter, wie die wilde Malve, die man ähnlich wie Spinat in der Küche verwenden kann. Da wachsen plötzlich von ganz allein prachtvolle Stauden, die heimische Insekten einer ganz speziellen Nische ansprechen. Andere kaufen Stauden vielleicht im Baumarkt und pflanzen sie in Kübel. Einiges entsteht von alleine, Systeme halten sich manchmal selbst im Gleichgewicht, und dann scheint es umso absurder, eine aufwendige »Pflege« zu betreiben, in der alles gesteuert wird.

Julia Klinckmann: Da muss ich daran denken, was Lothar Frenz angesprochen hat: die Frage, was uns eigentlich vom Tier unterscheidet. Ein Unterschied ist, dass Seltenheit Begehren auslöst. Rasen, wie er in deutschen Vorgärten zu finden ist, ist etwas nicht Natürliches, es gibt ja keine Waldlichtung, auf der getrimmter Rasen wächst. Dadurch wird für den Menschen auf einmal ein vermeintlich perfekter Rasen begehrenswert. Eigentlich ist das was total Lustiges, dass wir so sehr an etwas festhalten, was biologisch nicht mal produktiv ist. Wahrscheinlich entspringen unsere Probleme mit der Natur auch aus dieser menschlichen Eigenschaft. Der artifizielle Wert von Dingen ist das, worauf wir hinarbeiten, und nicht die biologische Produktivität. Ein Tier würde sich im übertragenen Sinne niemals die Mühe machen, Arbeit in einen Quadratmeter perfekten Rasen zu stecken.

Marie Husar: Mir ist auch sehr in Erinnerung geblieben, dass Lothar Frenz meinte, Gier sei der Unterschied zwischen Mensch und Tier. Und das ist ja genau das, was du sagst: Wenn etwas selten ist, ist es besonders wertvoll.

Julia Klinckmann: Völlig irrational eigentlich.

Marie Husar: Unter anderem dadurch entstehen ja auch so viele Machtkämpfe und Verteilungskämpfe. Ich musste gerade nochmal an den Löwenzahn denken, bei dem es ja auch eine Wertung gibt. Da sieht man, wie fest das in unserem Denken verankert ist: Der Löwenzahn bringt mir nichts – aber weshalb muss er mir denn überhaupt etwas bringen? In einem spezifischen Kontext empfinden wir Natur als schön und erholsam, in anderen Kontexten dann wiederum als störend. Da wird deutlich, wie sehr wir an dieser Kontrolle festhalten, wie sehr wir bestimmen wollen, wo und wie und wann genau Natur ist. Clara, du meintest ja auch gerade, jetzt redet man so viel über das Thema, aber wie kann man denn zu einer Lösung kommen? Ich glaube tatsächlich, das könnte auch eine Art Vermeidungsstrategie sein, dass wir so sehr verlernt haben, zu fühlen und mit der Natur zu leben. Dass wir da sehr verkopft sind.

Clara Gold: Vielleicht ist es auch Angst vor Endlichkeit. Vielleicht spielt das eine wichtige Rolle. Natur verdeutlicht auf markante Art und Weise die Endlichkeit – auch und gerade des Menschen. Wenn man sich beispielsweise einen Fluss ansieht … der fließt auch noch in hundert Jahren, wenn man selbst längst nicht mehr am Leben ist. Eine andere Seite von uns scheint zu sein, dass eine Art von Illusion uns wichtig ist.

Marie Husar: Eine Illusion von ›wir wollen wichtig sein‹?

Clara: Ja, genau. Ich komme zurück auf das Beispiel Rasen. Wenn du diesen gepflegten Rasen hast, dann hast du deinen perfekten Ort. So ein Ort scheint uns zu helfen, eine Illusion aufrechtzuerhalten, dass man irgendwie doch länger lebt oder wichtig ist, wirksam ist, Einfluss und Kontrolle hat …

Julia Klinckmann: … dass man eine Wirkmacht hat.

Clara Gold: Genau. Ich denke, es hat viel mit Illusion zu tun, und natürlich muss der Mensch ja auch einen Sinn in seinem Leben sehen. Dass sein Leben eine Bedeutung hat … Und Natur zeigt uns eben oft schmerzlich auf, wie klein wir sind, und dann versucht man, mit irgendeiner Handlung gegenzusteuern, sodass man sich nicht mehr so klein fühlt.

Bianka Schaffus: Der Mensch ist gut darin, sich etwas zu konstruieren. Wenn man sich zum Beispiel anschaut, wie vielseitig der Löwenzahn mit Bedeutung aufgeladen wird. Er kann Lebensmittel sein, als »Asphaltsprenger« quasi rebellierende Neuerungsarbeit für mehr Biodiversität leisten oder im Rasen stören. Der Mensch hangelt sich an Konstrukten lang, irgendwie muss alles Bedeutung haben. Und gleichzeitig ist der Mensch die Spezies, die sich sehenden Auges die eigene Lebensgrundlage entzieht, was nicht sonderlich smart ist. Das finde ich unglaublich schräg.

Julia Klinckmann: Ich habe den Eindruck, dass das Bewusstsein dafür mittlerweile da ist – das hat ja auch das Festival gezeigt. Früher stand in Naturbeschreibungen oft die Ästhetik im Vordergrund, beispielsweise die berühmte blaue Blume von Novalis als Symbol für das Traumhafte und Schöne. Obwohl Umweltschutz und unser Verhältnis zur Natur eigentlich nicht explizit auf der Themenagenda standen, waren sie total präsent und kamen früher oder später bei jeder Veranstaltung auf. Für mich waren genau diese unbequemen Themen sehr prägend für das Nature Writing Festival.

Marie Husar: Da muss ich auch nochmal an etwas denken, das Lothar Frenz gesagt hat. Als Graciana Petersen meinte, die Natur wäre wahrscheinlich froh, wenn wir Menschen weg wären – da dachte ich, ja, die wäre wirklich besser dran ohne uns – und Lothar Frenz sagte: »Der Natur ist das egal.« Das hat mich total zum Nachdenken angeregt: wie viel wir der Natur zusprechen, wie allgegenwärtig diese Personifizierung ist – und es kann ja auch durchaus Sinn ergeben, die Natur als Akteurin zu begreifen. Ist Natur beispielsweise rachsüchtig?

Clara Gold: Eigentlich nicht.

Marie Husar: Das sehe ich genauso. Auch dabei, glaube ich, konstruieren wir sehr viel und schreiben der Natur etwas zu. Dieses Bedürfnis, bestimmen zu wollen, um sich nicht mehr so ohnmächtig zu fühlen, scheint mir zentral. Gerade denke ich auch nochmal daran, dass die Natur andere, viel längere Zyklen hat als beispielsweise die Wissenschaft oder die Politik.

Julia Klinckmann: Das passt zu dem, was du eben zum Sinn des Lebens gesagt hast, Clara. Genauso wie das Universum bleibt für uns auch die Natur abstrakt, sodass wir versuchen, sie in uns verständlichen Maßstäben zu erklären. Wir versuchen, unsere Lebenszyklen auf die Natur zu projizieren. Doch eigentlich ist die Natur die Natur, und der ist es egal, was mit uns ist oder nicht. Wir hingegen müssen einen Sinn in unserem Sein stiften.

Marie Husar: Genau. Lothar Frenz meinte ja, der Natur sei es egal, aber *uns* sollte es nicht egal sein, weil es um unser Überleben geht. Warum brauchen wir diesen Gedanken, dass die Natur ansonsten »böse« auf uns ist? Wir sollten einfach Verantwortung für unser Handeln übernehmen.

Bianka Schaffus: Vielleicht können das ganze Konstruieren und Personifizieren auch hilfreich sein. Ich glaube, dass das Nature Writing Festival neben der Beleuchtung des Umgangs mit Natur auch Lösungsansätze mitliefert oder zumindest Ansätze, um sich damit auseinanderzusetzen. Wenn ich etwa daran denke, dass selbst zentrale Nachhaltigkeitskonzepte wie das Drei-Säulen-Modell oder die UN-Nachhaltigkeitsziele von wirtschaftlicher Stabilität her gedacht sind, wird deutlich, wie sehr westliche Gesellschaften diese Blickrichtung verinnerlicht haben. Es scheint schwer, außerhalb dieser Brille zu denken. Da fand ich sehr spannend, was Mara-Daria Cojocaru gemacht hat. Sie hat ganz bewusst den Perspektivwechsel gemacht und in ihren Gedichten den Blick ihrer Hunde eingenommen. Mit dieser »Multi-Spezies-Poesie« experimentiert sie. Ihr Zugang wirkt dabei fast spielerisch-tastend oder forschend. Sie öffnet dabei den Blick für andere als nur rein menschliche Perspektiven. Wenn wir schon konstruieren, dann ist dies vielleicht auch eine Möglichkeit, bewusst eine empathische Haltung einzunehmen, uns in etwas Nicht-Menschliches reinzudenken. Vielleicht können menschliches Handeln, und die Folgen dessen und Alternativen so nochmal neu und außerhalb eingetretener Pfade betrachtet werden. Solche Perspektivwechsel fand ich wahnsinnig anregend.

Clara Gold: Ich war im ersten Moment enttäuscht über die Lösungsansätze. Ich hatte oft das Gefühl, dass man zwar immer viel redet, aber nicht so richtig auf eine fassbare Lösung kommt. Mir hat etwas Konkretes gefehlt. Aber andererseits ging es um Nature Writing. Es war primär ein Natur- und ein Kulturfestival. Vielleicht ging es doch eher um Vergnügen. Es war eben kein Treffen primär für Umweltaktivisten.

Julia Klinckmann: Welche Themen und Veranstaltungen würdest du dir denn wünschen, wenn das Festival nochmal stattfindet?

Clara Gold: Zum Beispiel einen Nachhaltigkeitskurs, in dem man lernt, was man auf seinem Balkon pflanzen kann, sodass bedrohte Insekten dort Nahrung finden. Allgemein, was man konkret in seinem Alltag ändern kann. Vielleicht ist das auch nur wieder eine Illusion, aber an sowas denke ich.

Julia Klinckmann: Ich sehe es so, dass das Thema und auch der Zugang experimentell sind. Das Festival ist ja das erste seiner Art. Ich war mit Miek Swamborn auf dem Grünen Bunker, und sie hatte diese tollen langen Algen mitgebracht, das ist mir total im Kopf geblieben. Da hatte ich das Gefühl, dass die Themen Nachhaltigkeit und Mensch-Natur-Beziehung viel natürlicher und einfacher waren, da es eine viel praktischere Herangehensweise war. Mir hat dieser Zugang dazu wirklich gefallen, und ich finde die Workshops sehr passend. Ich könnte mir vorstellen, dass es Sinn macht, auch in Zukunft stark darauf zu setzen, die theoretische Ebene, die zwar auch wichtig ist, zu verlassen. Ich glaube, es hilft, aus diesem Gedankenkarussell wieder rauszukommen. Dann wirklich mal eine nasse Alge anzupacken.

Bianka Schaffus: Und, wie war das für dich?

Julia Klinckmann: Die Alge sah aus wie eine lange Schlange, die war wirklich lang, so eine richtig dicke Alge. Die wurde dann getrocknet und vor dem Anfassen wieder befeuchtet. Tatsächlich war ich ganz im Moment, es hat so richtig nach nasser Alge und Strand gerochen, ihr kennt den Geruch bestimmt. Miek wohnt ja auf einer Insel vor Schottland, und diese Naturverbundenheit hat total gewirkt, weil ich mich wirklich an diesen Ort versetzt gefühlt habe. Das war eine sehr, sehr berührende Erfahrung. Dieser Moment hat die sonst sehr abstrakten und universellen Fragen über Menschen und Natur sehr greifbar gemacht, und das war schön.

Marie Husar: Vielleicht ist das ja auch das Spannende an dem Zugang – dass so viele Sinne wie möglich mit einbezogen wurden, zumal wir ja oft auf unser Sehen und Hören als dominante Sinneswahrnehmungen fokussiert sind. Und vielleicht noch eine Sache zu dem, was Clara gerade gesagt hat: Ich kann es total nachvollziehen, dass man wissen möchte, an welchen Stellen man in seinem eigenen Alltag etwas verändern kann. Gleichzeitig sehe ich das aber auch immer kritisch, weil damit letztendlich strukturelle Probleme wie die Klimakrise oder das Artensterben individualisiert werden. Es wird suggeriert, dass die Individuen diese Probleme lösen könnten, ohne dabei Bereiche wie die Industrie angemessen miteinzubeziehen. Vielleicht müssten beim nächsten Festival auch Menschen aus der Politik eingeladen werden, um so einen anderen Zugang zur Natur zu bekommen.

Bianka Schaffus: Noch weitere Verbindungen zu anderen Akteuren herzustellen, finde ich einen sehr schönen Gedanken. Bei deinen Schilderungen zur Erfahrung mit der Alge, die ja schon für sich ein großes (Natur-)Talent ist, habe ich gedacht, dass solche Momente von ›Nature‹ richtig starke Wirkungen entfalten können. Das Nature Writing Festival mit seiner Vielformatigkeit hat da tolle Möglichkeiten, Menschen zu berühren und in kleinen Momenten sehr komplexe Sachverhalte zu vermitteln. Auch mit Vorträgen zum Beispiel. Thomas Kunadt und Laura Kranich setzen sich unter anderem mit Wetterphänomenen auseinander und zeigten nicht nur seltene und wunderschöne Phänomene, sondern letztlich auch Verflechtungen mit Klimaprozessen. – Was können wir dann vielleicht mitnehmen? Wir haben über Ansätze des Wachsenlassens, des Prozessschutzes und der Rechte der Natur gesprochen. Wir können andere Perspektiven einnehmen, Verbindungen schaffen, Erfahrungen ermöglichen oder einfach ins Gespräch kommen. Wir haben gesehen, wie Räume geschaffen werden, um das eigene Handeln zu reflektieren, ohne die Verantwortung beim Individuum abzulagern. Das Nature Writing Festival kann in vielfältiger Weise Verbindungen zwischen Menschen schaffen. Vielleicht geht es gerade um die Vielseitigkeit, so eine Art Kanon aus Prozessen, der das Interesse rund um die komplexe ›Nature‹ und das ›Writing‹ über sie berührt. Und in dieser Auseinandersetzung kommt man vielleicht gar nicht drum herum, sich auch mit vielseitigen Perspektiven auf ihren Erhalt zu befassen. Das möchte ich schon mal als Erfolg des Festivals formulieren: dass es diese Prozesse weiter voranbringt.

Marie Husar: Mir kommt dabei noch eine Situation in den Sinn, als eine Textstelle aus dem Buch von Lothar Frenz vorgelesen wurde. Da beschreibt er eine Interaktion mit Sophie, und es wird erst am Ende des Absatzes klar, dass Sophie ein Schimpanse ist. Und Frenz meinte dann, er sei Biologe, Wissenschaftler, aber das habe ihn so sehr berührt, diese Nähe, sich gegenseitig zu sehen, in die Augen zu gucken, solche Momente habe er bis dahin nur mit der eigenen Spezies gehabt. Ich glaube, das sind wichtige Momente, auch auf dem Festival, weil die einen anders berühren. Ich bin überzeugt, solche Momente können im Rahmen eines solchen Festivals nicht nur auf der rationalen, sondern eben auf einer tieferen Ebene berühren.

Julia Klinckmann: Ich finde es ganz wichtig zu verstehen, was Graciana Petersen so schön erklärt hat: dass der westliche Mensch eben sehr gut denken und sehr schlecht alles andere kann. Da passt der Moment mit dem Schimpansen, der ja deshalb so berührend war, weil es gerade nicht ums Denken ging, sondern um andere Sinne. Das Nature Writing Festival war sehr gut darin, uns dahingehend aus der Komfortzone zu holen. Uns solche Geschichten und Erfahrungen wie beispielsweise mit der Alge näherzubringen. Daraus können wir alle etwas lernen. Natürlich hat das seine Grenzen, das Festival kann nicht die eine Lösung bieten. Das kann es nicht, das soll es auch nicht – es soll ja eben nicht zu einer aktivistischen Veranstaltung werden. Aber ich finde es total gut, dass es beides kann: über die großen Dinge sprechen, aber auch über die kleinen Erfahrungen und Berührungen, die wir im Leben machen. Und dass daraus dann im Idealfall ein Bild entsteht, das uns etwas Neues zeigt.

Clara Gold: Genau. Ein anderer Zugang. Ich habe eine Veranstaltung besucht, auf der die Autoren – Bernd Marcel Gonner und Jan Röhnert – ihre jeweiligen Texte vorlasen. Bei Bernd Marcel Gonner ging es um die Beschreibung eines Waldspazierganges mit einer Fülle von Pflanzen- und Farbbeschreibungen. Ein wahres Feuerwerk von Neologismen. Nature Writing pur also. Am Anfang war ich noch skeptisch, aber dann habe ich die Augen geschlossen und mich merklich entspannt. Und bei Jan Röhnert ging es um Wasser, um Wirbel. Auch dort habe ich die Augen geschlossen, und ich fühlte geradezu, wie ich nach unten sank. Ich glaube, das ist wirklich ein Zugang, der dich Natur bewusst erleben lässt, sei es im Garten oder im Wald. Wenn du dich hinsetzt und vielleicht die Augen schließt und überlegst, wie riecht denn eigentlich Natur? Hier ist er wieder, dieser Aspekt, dass der Mensch die Natur braucht. Man merkt ja: In der Natur können wir aufatmen, der Herzschlag wird ruhiger. Nicht immer dieses Wir-gegen-die, sondern ein Miteinander.

Julia Klinckmann: Ein schönes Schlusswort.

Auftaktveranstaltung, 17.6.2025

Miek Zwamborn und Tanya Lieske mit einer Alge von der Isle of Mull, 20.6.2025

Materialien von der Isle of Mull/Miek Zwamborn, 20.6.2025

Hans-Helmut Poppendieck unter einer Stieleiche auf der Exkursion am Festivalsamstag, 21.6.2026

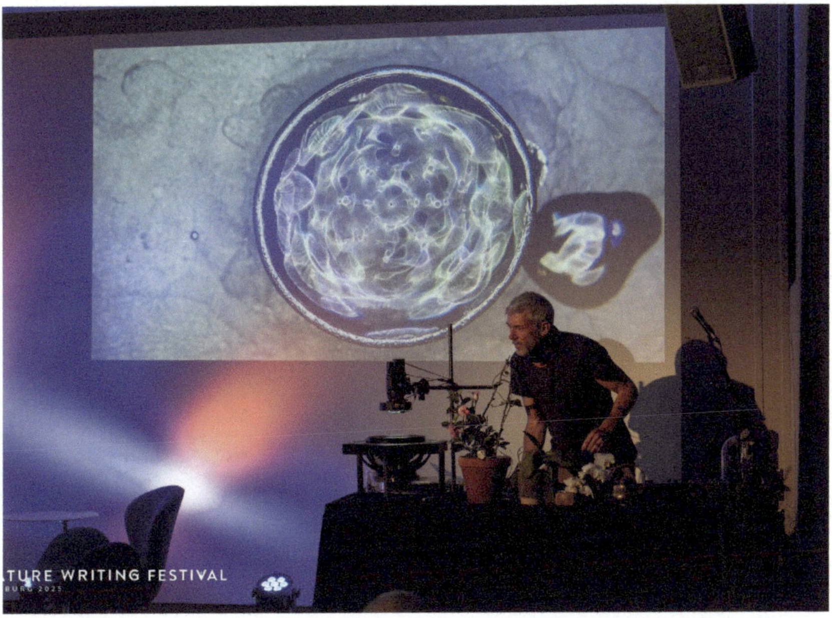

Musik mit Pflanzen von Sven Meyer / KYMAT zum Schluss des Festivals, 21.6.2025

NATURE WRITING AKTUELL

Von den Schreibtischen der Festival-Autorinnen und -Autoren

Aus: Philosophy Going Wild,
thedrynosedprimate.substack.com

Mara-Daria Cojocaru: Hot Topics – Unter Menschen

A poet, a shrunk punk and a philosopher travel to Germany

Jun 24, 2025
This post is a quick and drafty response to a change of plans: the Live with Michelle Strauss on personhood is postponed! Updates to follow. Nevertheless, I hope you stay with me for a special edition of my Hot Topics-series. Last week, I haven't been to my regular sauna but to a very hot Hamburg (temperatures soared, up to 32°) – and I am just so keen to share some freshly baked musings on:

- Talking to strangers and as a stranger about the current political landscape in Germany
- Acknowledging the human in the more-than-human

I am writing this on a long train ride back to the UK. The train keeps interrupting its journey, is running late – for various reasons. So does my train of thoughts.

My seat number is 88. As a German-born person with migration background, I instinctively recoil when I see that number. Or perhaps that response is produced by the rest-self of the suburban punk I was, who learnt, as a teenager, about the long history of secret political symbolism in Germany. You see, 88 can be read as HH, because H is the 8th letter in our alphabet. And so HH can stand for »Heil Hitler«, which is something you are by law not allowed to say in Germany. I think it's Aristotle who said that the law comes in where friendship and a shared culture among citizens is not enough.

Sprächen Sie überhaubbt Doitsch? I like language. I like to play with language. It has been like that ever since I was given language, and I vividly remember my excitement when I found my first »Umlaut« on a cardboard box in our yard: ÄPFEL VOM BODENSEE – way before school. Because I like playing with language, I have been invited to join the first Nature Writing Festival in the German language, which took place last week in the city where I was born: Hamburg.

My mother tongue is German. Yet my Romanian name often caused irritation. I once applied for a job and I would have had to answer the phone. I was asked whether I was actually fluent in German. By that time, I had not only won a backpack for my poetry in elementary school and was taking German literature as main subject in high school – I had also already spoken about five minutes with the person on the phone … »Still, you would have to give a different name when you answer the phone!« I didn't get that job. I became a poet and philosopher.

The poet and philosopher who currently reside in the UK leave the train in Hamburg and the little punk is happily swinging between their hands. The philosopher stops because her eyes spy a tattoo on a muscular upper arm. Some symbol she has not seen before, and underneath a date: 27.8.1933. The poet is keen to get to the hotel. But

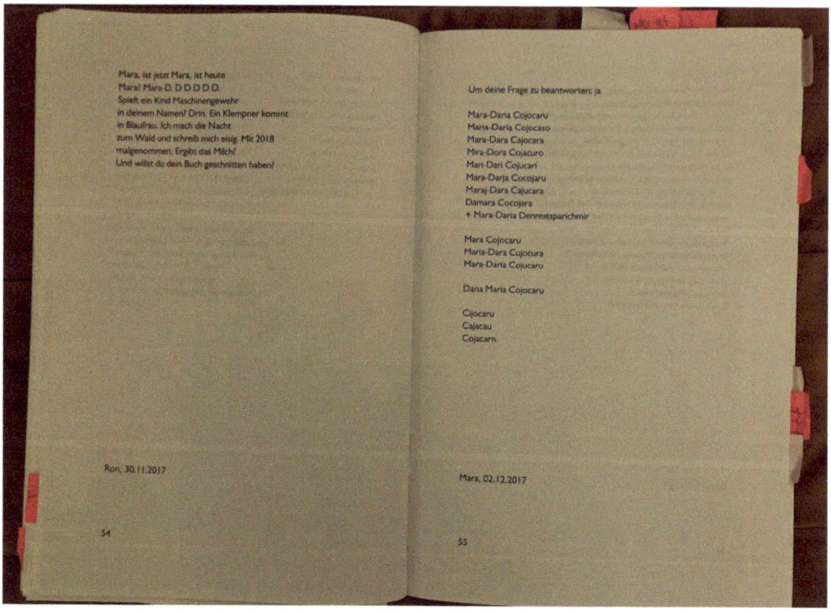

Mara, ist jetzt Mara, ist heute
Mara? Mara-D. D D D D D.
Spielt ein Kind Maschinengewehr
in deinem Namen? Drin. Ein Klempner kommt
in Blaufrau. Ich mach die Nacht
zum Wald und schreib mich eisig. Mit 2018
malgenommen. Ergibt das Milch?
Und willst du dein Buch geschnitten haben?

Ron, 30.11.2017

54

Um deine Frage zu beantworten: ja

Mara-Daria Cojocaru
Maria-Daria Cojocaso
Mara-Dara Cajocara
Mira-Dora Cojacuro
Mari-Dari Cojucari
Mara-Darja Cocojaru
Maraj-Dara Cajucara
Damara Cocojara
+ Mara-Daria Denrestsparichmir

Mara Cojocaru
Maria-Dara Cujocura
Mara-Daria Cojucaru

Dana Maria Cojocaru

Cijocaru
Cajacau
Cojacarn

Mara, 02.12.2017

55

the punk agrees: This needs investigation. Why would anybody want a date from that year under their skin? Google helps. Three possibilities.

- The Jüdisches Museum in Berlin lists a marriage contract between Heinz Gottschalk and Liselott Feilchenfeld for the day. The wedding took place against the backdrop of rising antisemitism in Germany after Hitler had been appointed as Chancellor.
- Wikipedia tells me that Louisiana Senator Huey Long ended up in a brawl after he is said to have pissed on the man in the neighbouring urinal and received a black eye.
- The Hitler Archive tells me that Hitler met that day with Hindenburg and Göring to commemorate a horrific battle that took place during the first month of World War I.

To me, the aesthetics of the tattoo make it unlikely that that sporty German chap in 2025 – who looks nothing like the chubby, stinking Neo-nazis of my suburban youth – is commemorating a Jewish wedding. It's hard to say what he thinks of pissing on other people. Perhaps one of his relatives was born or died that day. Perhaps! But perhaps he is just one of the increasing number of people who think that some humans are inferior to others. Unter-Menschen. Not humans among humans. Certainly not humans as animals among other animals. But that lame old story that is often connected with the subjugation of other animals, too. Lame, but dangerous nevertheless.

People push past, usher us on. These days, I don't regularly spend time among people. I work from home, I teach online, I travel for some events but not very many. My work with and for other animals has made me sensitive to body language and even odours. It frankly flashes me to be »unter Menschen« for this nature writing event.

I have that new thing where I ask strangers to take pictures of me somewhere for me, because, if I am honest, I like having memories! But I never liked selfies. This was the fourth time I have asked a complete stranger to do this for me. I loved the colours, the hotel, the rooftop terrace (complete with sauna), and I just started to like these little awkward interactions, too. These tickles of spontaneity, the process of scanning people for the ones of whom you think you can ask a favour, perhaps a bit like an Indian streetic. I wasn't prepared for what followed this time, though. I considered the interaction over, but the brief poking of the bubble of the self that has to keep it all in and all to itself had motivated the person who had taken my picture for me to give me … a pretty full picture of their life.

The poet, philosopher and punk were astonished – had they missed that a therapist had joined them? Increasingly, when I am unter Menschen, people talk to me about things they feel they can't but have to talk about. Whether that is a Syrian refugee who sadly feels he needs to assure me that his name comes in a Christian version, too, or this business man selling security cameras for trains. I pay attention to his words which move like reeds in a twisty breeze:

He is unhappy with the desolate condition of the German army.

He detests the AfD.

He thinks complete surveillance of public spaces is a good thing so that people follow the norms.

He despairs over the fact that his ex-wife did not meet their child with the love and understanding they needed when coming out as a trans-woman.

He doesn't read books.

He plays the violin.

And. so. on

The device that surveys his blood sugar levels ends our conversation. I sit with it. I don't know what to say or think. The poet has a headache. The philosopher is running late for the first event.

Humans are political animals. Other animals are political animals, too. That is something already Aristotle knew. Aristotle thought that humans are animals endowed with speech, and other animals are not. Which is why he thought humans were special political animals in that they could debate about the good life. Now that we know that other animals have language and conceptions of the good life, too, isn't it just a little curious that we increasingly fail to engage in meaningful political conversations about the good life with fellow humans?

I am chairing an event with Lea Schneider, a German poet who is working on a book on human relations with the more-than-human. I like Lea. She suggests that we should adopt a *much* broader conception of what a person is – every surprising body. I disagree. Not in principle. But details matter here, in a room packed with people who have come to listen to us on a hot summer evening. I welcome the increasing interest in the more-than-human. Persons were always more-than-human. Think angels. Think corporations. But then think Happy and how hard it is to fight her case. How come, then, that people seem so eager to ascribe personhood to rivers, and seas, the planet as such? I am skeptical and sensitive to the politically conservative undertones in these and similar arguments. I feel this lets anthropocentrism in through the back door – and centre stage. Lea disagrees, which is great. It's a different anthropos. We debate. Somebody in the audience disagrees. In principle. I help Lea defend her general point.

At night, I meet another German poet who says: »The other day, my neighbours, who used to be Nazis and today are just right-wing, helped me when Nazis cut my tyres – *das geht dann doch zu weit.*« I repeat: »Your neighbours who used to be Nazis and today are only right-wing?« She nods. She has kind, sparkly eyes. She says she likes her neighbours. She also says you can only make progress on a political issue with people if you like them. I think Aristotle would like her. I like her, too.

I notice that I like everybody I speak to. The person who disagrees with me. The person who agrees. The person who first agrees and then disagrees. The person with the puzzled face. The person with tears in the eyes. The person who has said and done things I strongly disagree with. The person who makes me feel insecure. The person who falls silent with me and it's okay.

That is odd, says the philosopher. You talk a lot, says the poet. You're alright – the shrunk punk.

As I get up, my eyes fall on hoodies, caps, sporting words like: Nationalgarde, Lonsdale. The people speak Spanish. I hope I get to catch my next train.

Aus: Online-Veröffentlichung
Goethe-Institut 2020

Esther Kinsky: Die kleine Reise

Es ist Mai. Anfang Mai 2020. Der Holunder blüht, die Akazien. Der Weißdorn. Nach fast sechs Wochen der Kontrolle, der Verbote, der Einschränkungen, des Fünfhundertmeterradius der sogenannten Freiheit darf man sich in Italien draußen wieder bewegen. Spazieren! Gehen! Ich lebe im Friaul, auf halbem Weg zwischen Meer und Alpen. Aus meinem Fenster sehe ich die Ebene in Richtung Südwesten, da, wo Venedig liegt. In die andere Richtung sehe ich die karnischen Alpen, hellblau, die Gipfel sind jetzt Anfang Mai noch mit Schneeadern überzogen, die Kette der Voralpen fast violett davor. Ich lebe im Hügelland, einer alten Moränenlandschaft zwischen Isonzo und Tagliamento, zwei Flüssen von den Alpen zur Adria, steinige, breite Betten, gleißend vom Kalkfels des Karsts und, wie es hier heißt, von den weißgebleichten Knochen der unzähligen Soldaten, die an der Isonzofront im Ersten Weltkrieg fielen. Eine der vielen europäischen Landschaften, in denen sich Schönheit und Traurigkeit miteinander verwoben und verheddert haben, sie lassen sich nicht mehr entwirren. Es ist ein heller Tag. Früh am Morgen konnte man vom Hügel hinter meinem Haus das Meer in der Ferne sehen. Die Lagune von Grado schimmerte rötlich unter der aufgehenden Sonne, sogar die kleinen, nur von Vögeln besiedelten Inseln ließen sich ausmachen, wie Grasbüschel standen sie auf der leuchtenden Fläche.

Wohin an diesem ersten Tag nach der »stretta«, wie man es hier genannt hat, nach der Enge? Wie lässt sich wieder eintreten ins Freie, Offene? Man übt die Schritte, langsam. Gewöhnt sich wieder an den Boden unter den Füßen, den Boden, auf dem man gehen kann, gehen darf. An das Knirschen und Rascheln und leise Seufzen von Stein, Sand, Gras unter jedem Schritt.

Wohin geht die erste Reise? Und wie? Die erste Reise ist eine

Reise zu Fuß. Sie führt an die Orte der alltäglichen Wanderungen, die in diesen Wochen gefehlt haben, an die im Gedächtnis zurückgelegten Strecken in naher Umgebung, über den steinigen Boden, die sanften Hänge, zwischen Feldern und kleinen Wäldern, unspektakuläres Gelände. Eine Wiedereroberung der Alltäglichkeit. Des Gehens als Körper- und Denkbewegung.

Ich wohne am Rand des verschachtelten, wabenartigen Dorfes mit so vielen Stein- und Mauergrenzen zwischen Höfen, Höfen und Gassen, Gassen und Häusern. Doch mit wenigen Schritten bin ich von meinem Haus aus draußen in den Feldern.

Die Erde ist steinig hier, jeder Stein ein Zeugnis der Eis- und Fels- und Erdverschiebungen, die zu diesem Hügelland zwischen Gebirge und Ebene geführt haben. Die beim Pflügen aufgeworfenen Steine werden an Weg- und Ackerecken zusammengetragen und aufgeschichtet, nicht, wie in anderen Gegenden, für Trennmauern verwendet. Sie bilden kleine Erhebungen an den Ecken der Felder und Kreuzungen der Pfade, die Spalten und Ritzen bieten Unterschlupf für die schwarzen Schlangen, die es hier gibt, die Carabon. Sie sind nicht giftig, aber angriffslustig: Zur Abwehr beißen sie sich in den eigenen Schwanz und bilden so einen elektrisch geladenen Ring, der sich rasend schnell bergab bewegen kann, auf vermeintlich Feindliches zu. Später im Mai, wenn die Rosen blühen, sieht man sie auf Paarungssuche vor allem in der Ebene, nicht selten als Opfer ihres Umherschweifens, berieselt mit weißen und rosa Hundsrosenblüten im Regen auf den kleinen Straßen.

Die Grenzen zwischen den Feldern und zwischen Feld und Weg markieren hier keine Steine sondern Bäume. Fast immer sind es die tief gefurchten, raurindigen Maulbeerbäume, von weitem gleichen sie im Winter Kopfweiden, doch jetzt sind sie unverkennbar mit ihrem glänzend grünen Frühlingslaub. Als ich das letzte Mal hier entlang ging, war es fast noch Winter, die blassgelben Primeln waren kaum erblüht, die kahlen Bäume standen unbelaubt, nackt und wie hilflos in frischer Gestutztheit. Im Januar und Februar werden die Kronen bis auf Aststümpfe gekürzt, damit sie dicht und rund bleiben. Wochenlang liegen die Reisighaufen an den Feldern, bis sie zum Zündeln trocken genug sind. In einer Gegend, in der das Land bis ins 20. Jahrhundert hinein von den Bauern nur bestellt wurde, dem Adel aber gehörte, waren die Maulbeerbäume das einzige, was die Bauern gemeinsam außerhalb von Haus und Hof besaßen. Längs den Feldern der Herren, von deren Ertrag sie sich einen Teil nehmen durften, hielten die Bauern Seidenraupen in den Maulbeerbäumen, eine kleine Industrie neben dem Ackerbau. Die Bäume sind bis heute geblieben, die Seidenraupen nicht. Am Tagliamento, wenige Kilometer von hier, an der Ostseite einer alten Brücke über das breite Kiesbett des Flusses, steht die Ruine einer »Filanda«, einer Seidenspinnerei. Ein schönes Fabrikgebäude, eine Industriekirche des 19. Jahrhunderts mit gotisierenden Spitzbogenfenstern und Bleiglasrosetten im Giebel, das Glas ist längst zerbrochen, die Einfassungen verbogen. Hierher brachten früher die Bauern aus der Gegend die Erträge der Seidenraupen von den Grenzbäumen zwischen den Feldern, gesponnen wurde von Frauen, Kindern, Greisen, den sogenannten Schwachen, die hier für kleines Geld arbeiteten. Doch gab es hier auch den ersten Streik Italiens.

Wiesen gibt es wenige, nur Felder, die zwischen den bestellten Vierecken brachliegen, gesäumt von Taubnesseln, Vergissmeinnicht und Sauerklee, von zähem Seggengras durchsetzt. In den feuchten Senken stehen Iris in Blau und Violett.

Von dem Weg zwischen den Feldern aus sieht man die Berge im Norden und Osten, den dunklen Rücken des Monte Musi, dahinter die kalkigen Gipfel des beginnenden Karst. Der höchste Berg im Blickfeld ist der Monte Canin, noch schneebedeckt: Er markiert die Grenze der Italia Slava, der spärlich bevölkerten Täler mit aussterbenden slavischen Sprachen. Dahinter beginnt Slowenien.

Nie lässt sich hier vergessen, dass dies ein Durchzugsland war, ein Korridor für kleinasiatische Stämme, die den schmalen Streifen Küste unterhalb des Karsts nutzten, um nach Westen zu ziehen, für Etrusker, Römer, Kelten. Wohin man auch schaut, der Blick wird immer an einem Punkt hängenbleiben, der mit Geschichte behaftet und befrachtet ist. Von hier, zwischen den Feldrainen, erkennt man die Kerbe des Fellatals zwischen den Hängen und Gipfeln im Norden, dort bahnten die Römer den Weg ins heutige Kärnten und erkundeten dabei die Goldadern und Rohstoffe in den Bergen. Die Kelten kamen aus der Gegenrichtung über dieselbe Straße und brachten das durchscheinende, noch nicht durchsichtige Glas und Bernstein, Wunderwerke für die Bewohner dieser steinigen Gegenden. Auf einigen Hügeln ringsum stehen noch die Ruinen der Burgen, die von den vielen Kleinkriegen des Spätmittelalters und der Frührenaissance zeugen. Über den schmalen Landstreifen im Osten, am Golf von Triest, kamen die Türken und stießen bis nach Venetien vor. Die Habsburger und Deutschen folgten demselben Weg wie die Kelten, doch hatten sie mehr mit Waffen im Sinn als mit leuchtenden kleinen Wunderwerken. Zwischen dem Golf von Triest und dem Fluss Piave wüteten viele Kriege, um Salz, Gold, Rohstoffe und Territorium, unterbrochen von halbwegs friedlichen Jahren der Freskenmalerei und der Mosaiken. Und immer gab es harte Arbeit.

In den Wochen der Ausgehsperre herrschte eine noch nie dagewesene Stille. Nachts hörte man das rhythmische Gurlen des Ziegenmelkers, die Frösche, seufzende Triller der Heckenvögel im Schlaf. Und dann, als die Autos wieder – wenn auch eingeschränkt – fahren durften, erfüllte aufs Neue nervöses Verkehrsrauschen die Luft, dieses Auf- und Abflauen der Unstille, das man früher, vor der großen Stille, kaum wahrgenommen hat. Doch zum Glück waren bald die Zikaden da. Jedes Jahr erscheinen sie so plötzlich. Von einem auf den anderen Tag, und sogleich weiß man nicht mehr, wie sich die Welt ohne sie anhörte. Nun vibrieren Luft und Erde von ihren Lauten, im offenen Gelände, auf dem Weg zwischen den Feldern, übertönen sie die Vögel.

Es geht bergab, der Monte Canin rückt aus dem Blickfeld, ringsum zeigt sich die Landschaft lieblich ländlich, in solchem Kontrast zu den eben noch sichtbaren schroffen Gebirgskämmen. Der Pfad führt durch ein kleines Waldgebiet, gesäumt von Holunder, Weißdorn und Schneeball, in den schattigen Mulden blüht der Bärlauch, ein Meer weißer Sterne im Halbdunkel. Hinter dem Wäldchen tun sich leere, größere Felder auf, dazwischen Dörfer mit den spitzen weißen, minarettartigen Kirchtürmen dieses Landstrichs. Und wieder schließen die Berge das Bild ab, in anderem Winkel jetzt, als hätte die Welt außerhalb des Wäldchens sich unmerklich um ein paar Grad gedreht. An einer Weggabelung muss ich mich entscheiden – den Hügel hinauf ins nächste Dorf, an dessen höchstem Punkt man einen weiten Blick über die ganze Ebene hat, oder weiter auf ebenem Gelände zur Torbiera, dem alten Torfmoor. Ich nehme den Weg zum Moor, ein verwunschen unwirklicher Ort, solange noch keine Mücken unterwegs sind. An winterlichen Frosttagen ist es ein Märchenland reifglitzernder Baumgestalten und eiskrustiger Tümpel, in lauter Grau- und Silbertönen erstarrt. Aber jetzt sind die Bäume belaubt und voller Vögel. Auf dem weichen Waldboden fällt der Schritt lautlos. Früher wurde hier Torf gestochen, auch das ein Armutsberuf. Beim Anblick der steinigen breiten Flussbetten dieser Gegend, in denen das Wasser monatelang nur als Rinnsal fließt, kann man sich kaum denken, wieviel Sumpf es hier gibt, wieviel von Wasser durchzogenes, zu Nutzland untaugliches Gelände mit dürftigem Holz der Weiden, Erlen, Holundergebüsche, mit dunklem, weichem Boden, in den sich kein Stein verirrt hat. Die Torbiera liegt heute sich selbst überlassen, drei Seen in wucherndem Sumpfwald. Am Rand der Pfade Farne, Orchideen, Iris in ganzen Büscheln. Seerosen auf dem Wasser, noch ohne Blüten. Der Torfmoorwald – eigentlich kaum mehr als ein Hain und früher sicher ein offenes Gelände, in dem kein Baum hoch wuchs – ist eine fremde Insel mit merkwürdig unsüdlicher Stimmung, wie versprengt aus einer anderen Region, einer Landschaft mit anderer Geschichte als das Offne ringsum. Und überhaupt gehört dieses leise, etwas düstere Einsprengsel mehr in eine Erzählung als in eine Landschaft, und wenn ich hinaustrete, auf den hellen Weg, Weinfelder sehe, eine Mühle, die Obstgärten mit Kirschbäumen am Rand des nächsten Dorfes, liegt die Torbiera hinter mir wie eine Kulisse aus einem ausgedienten Historienstück.

Über den Feldern kreisen die Störche, lautlos, ausdauernd, gleitend. Schauflüge für mögliche Gefährten, Einübung in die Pflichten bevorstehenden Familienlebens. Im Winter sah ich immer wieder eine Gruppe von sieben Störchen auf den Feldern an einer bestimmten Wegkreuzung. Wie die sieben verzauberten Gestalten aus dem Märchen, das es in einer weiblichen und einer männlichen Variante gibt – in der weiblichen sind es Schwäne, in der männlichen Raben. Aber hier, im Friaul, sind es Störche. Im Winter suchten sie auf den Feldern nach Nahrung, weit verstreut, jeder für sich, doch sobald sie sich gestört fühlten und aufflogen, fanden sie sich alle zu einem Schwarm zusammen. Dutzende Storchenpaare brüten in dem kleinen Dorf am Ende des Weges. Einige – mindestens sieben – bleiben im Winter hier. Ausgangs des Dorfes liegt ein Vogelschutzgebiet, wo Störche in kalten Wintern Schutz und Obdach finden. Auch das ist ein Sumpfgebiet, hier waren früher die Lehmgruben der Gegend. Die Brennerei für Bau- und Dachziegel gibt es längst nicht mehr. Hinter den Lehmgruben liegt ein Streifen Wald, wo die Bauern der umliegenden Dörfer auf zugeteilten Parzellen eine festgesetzte Menge Brennholz für den Winter schlagen konnten. Mein alter Nachbar erzählt mir immer wieder, wie sie früher, als er Kind war, auf Frost warten mussten, um mit dem Fuhrwerk über die zugefrorenen Lehmgruben zu fahren und auf der anderen Seite das im Sommer geschlagene Holz zu holen. Und immer erzählt er dann auch, wie man das Holz nach dem Mondkalender schlagen muss. Immer nur bei abnehmendem Mond. Sonst gibt das Holz keine rechte Wärme. Und es weint im Feuer, dass es nicht zum Anhören ist. Kalte Winter gibt es schon lange nicht mehr. Der letzte die Landschaft auf Wochen verwandelnde Schneefall liegt Jahrzehnte zurück.

Hinter den ehemaligen Lehmgruben biegt der Weg nach Westen und führt leicht bergauf. Eichenhaine wechseln ab mit jungen Olivenpflanzungen, schmalen Weingärten. Mit dem Ausbleiben der harten Winter sind die Oliven gekommen, die hier erst heimisch werden müssen, um zu ersetzen, was im Süden unter immer heftigeren Unwettern und zunehmendem Regen von einem noch nie dagewesenen Schädling vernichtet wird.

Wieder hat sich die Welt unmerklich gedreht, haben sich die Kirchtürme und Dorfdächer verschoben. An jedem Ausblickspunkt muss ich mich neu orientieren, als hätte die »stretta« meinen Richtungssinn verwirrt. Vielleicht liegt es an den Wochen der Eingesperrtheit, in denen sich die Welt, wie jedes Frühjahr, so wandelte, ohne dass man im Begehen der Wege Zeuge wurde. Und ich muss einen ungewohnten Weg eingeschlagen haben: Nach einer Biegung gelange ich an einen Ort, den ich lieber meide. In einer Mulde liegt das ›Fort‹, eine Art Kasernenbunker, in den gegenüberliegenden Hang der Mulde hineingestemmt, aus stumpfgrauem dunklem Betonstein, gekrönt von vier Kuppeln mit Schießscharten. Eine Wehranlage der Jahrhundertwende vom 19. zum 20. Jahrhundert mit unbeholfenen Jugendstilanklängen, eine steinerne Drohgebärde des rabiaten Nationalismus und der Grenzlüsternheit, wie sie zum Vorspiel des Ersten Weltkriegs gehörten. Etliche solche Trutzfesten stehen auf der Ostseite des Tagliamento, ausgediente Kulissen der Gemetzel vor über hundert Jahren. Aus den Betonritzen sprießt dünnes störrisches Gras, das der Wind in eine Richtung bürstet. Auf den Pfosten des Tors zum Hof vor dem Gebäude sind die italienischen Nationalfarben aufgemalt, ziemlich frisch, wie es scheint.

Bis auf den Wind ist es still, sogar die Vögel scheinen sich fern zu halten, nur den Grünspecht hört man von einer verwilderten Obstwiese hinter mir. Der Grünspecht gehört zu meinen Lieblingsvögeln, und sein melancholisches Meckern ist ein Trost.

Auf dem Heimweg komme ich an einem winzigen Friedhof mit einer kleinen Kapelle vorbei. Die Kapelle ist noch geschlossen, es gibt kein Fresko zu entdecken, kein überraschendes und bewegendes Bild eines weniger bekannten Renaissancemalers. Die Pforte des Friedhofs steht offen, ein paar Frauen machen sich an den steinernen Gräbern zu schaffen, wechseln die längst verblühten Blumen aus, fegen, polieren ein wenig an den Grabsteinvignetten mit emaillierten Fotos herum. Das Schild mit dem Motto der letzten Wochen baumelt noch an der Klinke: Io resto a casa – ich bleib zu Haus. Vielleicht ist das Makabre des Spruchs an diesem Ort noch niemandem aufgefallen. Hier herrscht die ewige stretta, es braucht keine Polizei, um sie durchzusetzen. Das letzte Stück des Weges im Abendlicht ist friedlich, fast idyllisch, zwischen Holunderbüschen, Weißdorn, lilablauen Witwenknöpfen und dem ersten roten Mohn am Wegrand. Hinter den Feldern sehe ich schon die ansteigenden lehmroten Dächer meines Dorfes, den kleinen Hügel mit Kastanienbäumen, die noch keine Blätter haben. Wenn sie belaubt sind, ist der Blick von meinem Haus in die Ebene ganz schmal.

Der Knoten der Enge hat sich im Gehen gelöst. Die kleine Reise hat die Welt wieder größer werden lassen. Ein Bussard ruft klagend, vielleicht sind es auch zwei, die einander suchen. Ich bin nie dahintergekommen, was einen Raubvogel so klagen lässt.

Originalbeitrag
Jutta Kempe gewidmet

Miek Zwamborn: Zugeknöpfte Borke

Übersetzung Bettina Bach

Im noch längst nicht entwurzelten Wald
einigen sich klare Luft, scheue Schimmel,
Grünalgen und Cyanobakterien.
Ihr uraltes Bündnis muss erforscht werden.

Borke gibt anfangs wenig preis,
spendet dem zu Tode verzweifelten Soldaten
allenfalls einen weißen Bogen.
Nach acht Jahrzehnten kommt seine Feldpost an.

Frag die Asseln,
wie sie es machen, Schriftflechten zu lesen.
Bei ihren täglichen Rundgängen treffen sie
auf immer neue Silben.

Besuch die in der Eiche eingewachsene Vogelbeere.
Erfahr, weshalb ein Mastjahr Mastjahr heißt
und was einen Baum zum Baum krönt.

Warn die Spinne,
bevor du ihr Netz umziehst
und entschuldige dich beim fast
umgerannten Hirschkäfer.

Sie ist vor Ort, und zwar oft.
Die Lupe vergrößert ihr Staunen: Schau!

Da die leuchtenden Tupfen des Goldenen Schönflecks,
dort die seltene Apfelflechte,
die auffällige Schlanke Scharlachflechte,
einen Stamm weiter die Behaarte Erdschüssel.
Taxonomie und Waldkrumen kriechen ihr unter die Nägel.

Raue Gestalt wird regenweich.
Übersehene, missachtete Doppelwesen.
Spore für Spore, Wort für Wort –
der Ursprung des Lebens.

Ohr-Weide, Moor-Birke und Gagel im Klammergriff des Unwetters.
Nach dem Sturm der Duft von Borke und zerbröselten Blättern:
die unerwartet liebliche Essenz
des nahen Waldes.

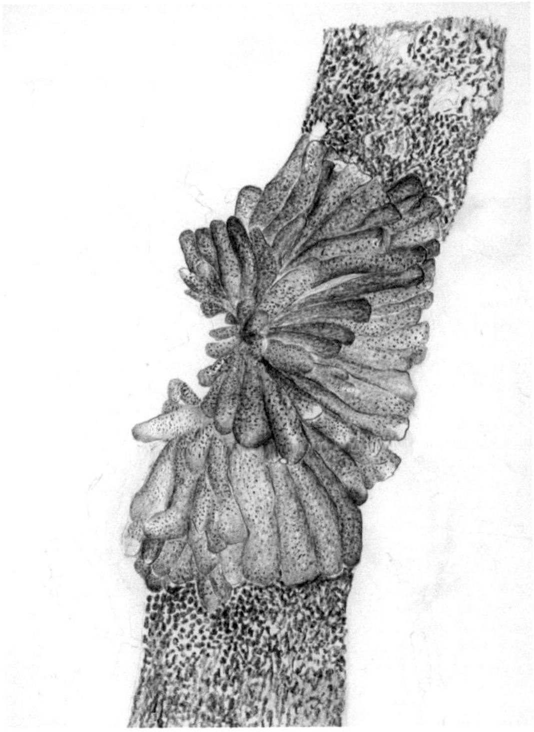

Astrid Kaminski: Baumpilzübung

1–3: Baumpilzfreunde; 4/5 aus der Serie SHEETISM – For(e)st

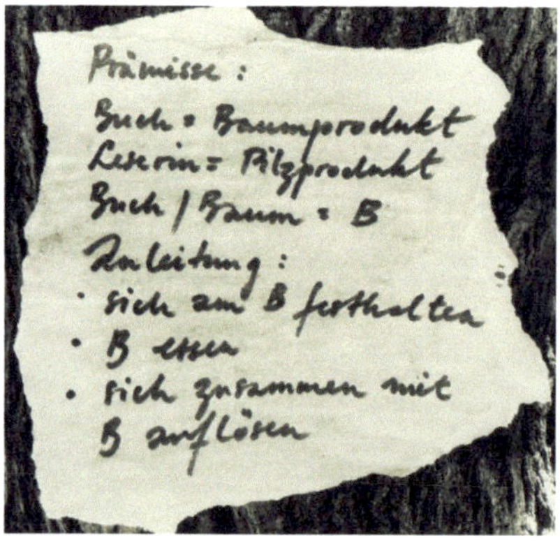

1

4

2

3

5

Originalbeitrag

Tanya Lieske: Mám Éan. Pass des Vogels

Man kann sich dem Gebirgspass Mám Éan aus westlicher und aus östlicher Richtung nähern, über die nächstgrößeren Ortschaften Recess und Maum. Ich komme meist über Maum, gönne mir die Anfahrt auf immer kleiner werdenden Landstraßen durch das südliche Connemara. Sonnenstand, Wetter und Jahreszeit entscheiden über das, was ich durch die Windschutzscheibe sehe. Im Herbst und in den frühen Morgenstunden changieren die Torfmoore braun, gold und violett. Vom Wind gebeugte Föhren stehen hell im Licht, dunkel im Gegenlicht. Nacheiszeitliche Tümpel und Seen geben dem Himmel die Farben der Stunde zurück, weiß, grau, blau oder schwarz. Die Kuppen der Berge im Hintergrund sind meist wolkenverhangen. Hinter der Kreuzung von Maam Cross rücken sie näher.

Mein Ziel ist ein kleiner Weg, der den Rücken der Maumturks etwa mittig öffnet. Dieser Gebirgszug ist rund 25 Kilometer lang, er besteht aus neun Gipfeln, der höchste ist 700 Meter hoch. Die Maumturks, im Nordwesten der irischen Region Connemara gelegen, sind Wetterscheide und Kulturgrenze. Sie trennen das geschütztere Binnenklima vom rauen Atlantikklima im Westen. Im Inland liegt die Joyce Country. Der berühmte Name geht auf den normannischen Familienclan Jorse zurück, der sich hier im 13. Jahrhundert ansiedelte. Westlich davon, zum Atlantik hin, der dort in ungezählten größeren und kleineren Buchten strandet, wird noch Gälisch gesprochen. Schafzucht hier, Fischfang dort, neue Siedler hier, altes Volk dort, es gab in der Vergangenheit viele Gründe, die Maumturks zu überwinden. Und zwar mit Hilfe des Passes von Mám Éan.

Das heute fast menschenleere Gebiet, ich passiere einzelne Bauernhöfe, war einst dicht besiedelt. Bis in die Berghänge hinein lebten Menschen. Clacháns nannten sich kleine Cluster von Steincottages, die durch schmale Fußpfade miteinander verbunden waren. Von ihnen ist nicht viel geblieben. Im Frühjahr kann man weit oben noch hellgrüne Streifen ausmachen. Sie markieren die Lazybeds, die Furchen der kleinen Kartoffeläcker von einst. Kartoffeln, Hafer, etwas Milch, gelegentlich ein Stück Fleisch: Über Jahrhunderte trotzten die Menschen in Berg und Tal dem harschen Wetter und dem kargen Boden ihre Existenz ab. All dies endete Mitte des 19. Jahrhunderts mit der Großen Hungersnot. Die Kartoffelfäule vernichtete eine ganze Ernte. Wer dem Tod entging, verließ das Land nach Übersee. Ganze Landstriche wurden entvölkert. Die Hänge der Berge zu beiden Seiten des Passes gehören heute den Schafherden.

Bis dahin war der Pass von Mám Éan eine Lebensader. Wenn sie diesen Weg gingen, muss der Blick der Menschen sich von der Erde zum Himmel gehoben haben. Sie beobachteten Schwärme von Vögeln. Mám Éan ist irisch und bedeutet Pass des Vogels. Interessanterweise taucht der Vogel in dieser Benennung als Einzelwesen auf. Warum das so ist, lässt sich nicht mehr ohne weiteres nachvollziehen, doch ein Versuch sei mir gestattet. Mit dem Singular ist die Gattung benannt. Éan, Vogel, weist über das biologische Tier hinaus, öffnet einen größeren Deutungsraum. Der Vogel nimmt in der keltischen Mythologie eine zentrale Stellung ein. Er ist Bote und Gestaltwandler. Sein Erscheinen markiert eine Grenzerfahrung, nicht selten weist er den Menschen auf seine Endlichkeit hin.

Der Pass von Mám Éan ist einer meiner liebsten Wege überhaupt. Über meine Fußsohlen verbindet er mich mit geologischen, historischen, anthropologischen und mythologischen Gegebenheiten, die weit über mein eigenes Leben hinausreichen. All das geschieht auf einigen wenigen Kilometern, die dem Wanderer wenig abverlangen. Sanft steigt der Pass hinter Maum an, um auf der anderen Seite zum Atlantik hin etwas steiler abzufallen. Man nähert sich ihm über einen immer schmaler werdenden asphaltierten Weg. Ich nehme eine letzte, nun halsbrecherisch scharfe Haarnadelkurve und parke mein Auto vor dem ersten Gatter. Dahinter grüßen mich zur Rechten alte Bekannte, zwei vom Wind gebeugte, doch äußerst standhafte Hawthorns. Der Weißdorn wächst hierzulande zu Baumriesen heran, und er genießt seinen eigenen Bestandsschutz. Ihn zu fällen bringt Unglück, denn dem Volksglauben nach gehört er dem Volk der Feen. Die lokalen Schafzüchter werden diese Bäume stehen lassen, bis sie von selbst kippen. Der Pass von Mám Éan liegt außerhalb des Nationalparks von Connemara. Alle hier geltenden Regeln sind ungeschriebener Natur. Gut ist es zu wissen, dass man einen Pilgerweg betritt. In jedem Fall empfiehlt es sich, auch wegen der Schafe, die Gatter wieder zu schließen.

In früheren Tagen, sagen die älteren Menschen in der Gegend, konnte es geschehen, dass der Himmel über Mám Éan sich verdunkelte. Dann kamen die Zugvögel. In aufeinanderfolgenden Schwärmen, im Frühjahr und im Herbst. Nach topographischen Merkmalen, nach Wind und Wetter, nach Kilometern, Sternen, Sonnenstand und Magnetfeldern wiederholten diese bemerkenswerten Wesen ihre Passage durch den Bergrücken. Im April und im Mai kommen noch heute Schwalben und Mauersegler, jedoch in weit geringerer Stückzahl. Sie sind zu sichten in den Morgenstunden und nach Südwind, dem einige ruhigere Tage folgen. Erschöpft von ihrem langen Flug nutzen sie auf den letzten Kilometern den Windkorridor des Passes. Von hier aus bewegen sie sich zu ihren Nistplätzen im Inland. Im September und Oktober, gerne mit Ostwind, treten sie die Heimreise an. Der Winter gehörte früher dem Zug der Wildgänse und Brachvögel. Es gab auch Schwärme von Rotdrosseln und Goldregenpfeifern. Vor allem Letztere sind nur noch mit viel Glück zu sichten. Irland verzeichnet seit den 1970er-Jahren einen dramatischen Rückgang der Vogelpopulation. Schwindende Feuchtgebiete, Brutstätten und Insektenbestände sind die Ursache, all dies aufgrund der modernen Landwirtschaft. Die Kausalketten sind bekannt. Ein besonders drastisches Beispiel für das Sterben einer Art betrifft den Curlew, der früher ebenfalls über Mám Éan gesichtet wurde. Er ist ein für Irland fast ikonographischer Vogel. Der Curlew liebt es, im Wasser zu waten und mit seinem gebogenen Schnabel Krustentiere, Würmer und Seetang aus Spalten und Ritzen zu angeln. Seine charakteristische, etwas plumpe Silhouette, vor allem aber sein trillerndes Pfeifen, sind fast verschwunden. In meiner Erinnerung ist der Curlew, der Brachvogel, noch präsent; doch gesehen habe ich ihn schon seit Jahren nicht mehr. Das Irish Farmers Journal zählte unlängst noch 95 Brutpaare. Ein Verein, der zu seiner Rettung gegründet wurde, heißt Curlew Action.

Vogelschwärme über Mám Eán sind also selten geworden, doch noch immer ist der Weg ein Paradies für Vogelliebhaber. Silbermöwe, Mantelmöwe und Sturmtaucher nutzen die Thermodynamik des Luftkorridors für halsbrecherische Gleitflüge. Binnenvögel lieben die niedrigeren Luftströme, im Frühjahr schrauben sich dutzende Feldlerchen säulengleich und tirilierend in die Luft. Spektakulär ist das begleitende Spiel von Licht und Schatten, wenn tiefer liegende Wolken fliehende Muster über die Berghänge ziehen. Meist ist es windig, so dass menschliche Rufe verhallen. Es gibt hier kein Echo. Wenn überhaupt, antworten gleichmütig blökende Schafe. Kommen Nebel auf und Sprühregen, der berühmte Irish Mist, dann kann die Sicht sich sehr schnell auf einige Meter verringern. Jetzt ist der heisere Ruf der Kolkraben, denen der Pass inzwischen gehört, besonders eindrucksvoll. Die Population dieses äußerst intelligenten Vogels ist stabil. Er ist kein Zugvogel, braucht keine Feuchtgebiete, gedeiht auch in diesem rauen Klima bestens. Auch die Raben sind in der irischen Mythologie präsent. Sie stehen für Tod und Transformation, begleiten Schlachten, überbringen Prophezeihungen. Die Göttin Mórrígan zeigte sich den Menschen gerne in Gestalt eines Raben. Sie stand dem berühmten Krieger Cú Chulainn bei, der sich, schwer verwundet, an einen Stein fesselte, um aufrecht zu sterben. Als sich ein Rabe auf seinen Kopf setzte, wussten seine Feinde, dass der Held von Ulster geschlagen war.

Zwei Flüsse flankieren den Pass von Mám Éan, der Abhainn Tua – Owentooey River – und der Abhainn Bhéal Átha na mBreac – Bealanabrack River. Bei Letzterem verweist die irische Wortfolge auf eine breite Mündung und einen ehemaligen Reichtum an Bachforellen. Zudem gibt es kleinere Bäche und Rinnsale, die von den Berghängen fließen. Früher oder später muss man sie überqueren. Etwas Balance und Geschicklichkeit sind jetzt gefragt, rutscht man ab, läuft man mit nassem Schuhwerk weiter. Was immer noch ein Luxus ist. Die Menschen früher waren nicht selten barfuß unterwegs, mit störrischen

Eseln als Lastenträgern, mit Körben, in denen Federvieh gackerte, mit Waren und Gerätschaften am Gürtel. Es war ein beschwerlicher Weg. Die Spitze des Passes bot sich an, um eine Rast einzulegen. Spätestens dort wird man den Spaziergang als eine leichte Bergwanderung wahrnehmen. Am höchsten Punkt gewährt der Mám Éan ein Gipfelerlebnis mit atemberaubendem Ausblick in beide Richtungen. Nach Westen endet Irland in einer Vielzahl von zerklüfteten Buchten, über denen sich aus einem hohen Himmel silbernes Licht ergießt.

Auf den letzten Metern zum höchsten Punkt verliert sich der Fußweg im Geröll. Man geht nun vorbei an hüfthohen Steinhaufen, welche die Stationen eines Kreuzweges markieren. Dreimal im Jahr pilgern die Menschen aus den benachbarten Tälern nach Mám Éan. Dort gibt es einige alte, in die Landschaft eingebettete sakrale Formationen. Zudem zwei Quellen, die alte und die neue Quelle. Die Gläubigen suchen sie auf, nehmen einige Trittstufen hinab zum Wasser, lassen als Vorlass für zu erhörende Gebete ein Geldstück zurück. Irland, die Insel der Heiligen, ist ein Land der Quellen. Seriöse Schätzungen gehen von circa 3000 heiligen Quellen aus, das sind fast so viele wie in dem ungleich größeren Russland. Man findet diese Quellen unter Steinen und Bäumen, an Flussmündungen und in Berghöhen. Ich habe sie in Verkehrskreiseln und Vorgärten gesichtet, manchmal werden sie zugepflastert. In vorchristlicher Zeit waren Quellen Orte, an denen Ahnen, Elementarwesen oder Götter verehrt wurden. Im Zuge der Christianisierung wurden diese Orte keltischer Frömmigkeit umgewidmet. Daher tragen die Quellen von Mám Éan den Namen des irischen Nationalheiligen Patrick. Von hier aus soll er seinen Segen über Connemara gelegt haben.

In den 1980er-Jahren wurden auf Initiative eines örtlichen Geistlichen hin ein Freiluftaltar und eine kleine, in den Stein des Berges gesetzte Kapelle oberhalb der Quellen errichtet. Die Blickrichtung geht von hier aus nach Osten. In die gleiche Richtung blickt eine mittig platzierte Statue des Heiligen Patrick. Nachdenklich stützt der Schutzpatron das Kinn auf seinen Stab, dessen Knauf verborgen bleibt. Der Künstler hat hier keinen Bischof verewigt, sondern einen in sich versunkenen Hirten. Schokoladenpapiere und Zigarettenstummel zu seinen Füßen weisen darauf hin, dass dieser Heilige gelegentlich Besuch bekommt. Im Internet kursiert ein Foto, auf dem er eine Baseballmütze trägt.

Manchmal treffe ich am Gipfel von Mám Éan Touristen, die ein wenig ratlos scheinen. Gipfel, Quelle, Stein, Kapelle, Statue – was nun? Es kommt vor, dass ich die Fremden einlade, mir zu folgen. Wir stellen uns hinter den Altar. Ich zeige ihnen eine Aussparung im Stein mit einem Sammelsurium an Gaben, die Pilger hier ablegten. Drahtherzen, bemalte Steine, Plastikrosen, Plüschtiere, Kronkorken, Kerzen, auf Papier gekritzelte Gedichte, Gebete, Münzen und Rosenkränze, ein Spielzeugauto, eine Puppe, eine Haarschleife, Stoffreste und Wollfäden. Könnte der Alkoven sprechen, hörten wir ein Palimpsest menschlichen Flehens. Doch bekanntlich ist es eine zentrale und von uns Menschen sehr geschätzte Eigenschaft der Steine, dass sie stumm bleiben. Da sich mir an dieser Stelle ein immer neues Bild bietet, gehe ich davon aus, dass diese Devotionalien irgendwann entsorgt werden. Sollte ich eine dieser verschwundenen Reliquien nennen, die mir im Gedächtnis geblieben sind, so ist es das Foto eines jungen Feuerwehrmannes, der in den Flammen der Twin Towers in New York sein Leben ließ bei dem Versuch, ein anderes zu retten. Seine Angehörigen haben ihren Stolz und ihren Schmerz in Mám Éan niedergelegt.

Auf dem Rückweg treffe ich gelegentlich einen der Schafhirten, er ist neuerdings auf einem Quad unterwegs. Er tippt sich kurz an die Mütze. Erlaubt es seine Zeit, hält er an, um sich mit mir über das Wetter und die Wahrscheinlichkeit von Regen zu verständigen. Es war kein so schlechter Tag, vom Wetter her betrachtet, außerdem können die Dinge immer noch eine günstige Wendung nehmen. It might be a nice evening yet.

Bevor ich wieder an meinem Auto angelangt bin, prüfe ich noch einmal den Himmel. Es kann sein, dass sich gerade jetzt die Silhouette des Wanderfalken zeigt. Er gilt als der schnellste Vogel unseres Planeten, ein Raubvogel mit atemberaubenden Flugmanövern. Der Einsatz von DDT dezimierte seinen Bestand seit den 1940er Jahren. Das Gift ließ die Schale seiner Eier so dünn werden, dass sie brach, noch bevor

Nachwuchs schlüpfen konnte. Mittlerweile erholt sich der Wanderfalke. Zwischen Februar und März kommt er aus Südeuropa oder Westafrika zurück nach Irland. Dieser lange Weg ist auch seinem englischen Namen eingeschrieben. Im Peregrine Falcon verbirgt sich das lateinische Wort peregrinus, das fremd oder auch umherschweifend bedeutet. Darum sehe ich ihn besonders gerne hier, über dem Pass von Mám Éan, der eigentlich den Vögeln gehört. Pilger sind wir beide, wir bewegen uns von hier nach da im gleichen Raum, terrestrisch ich, er in der Luft. Sein Herz schlägt mehr als drei Mal schneller als das eines Menschen. Meines schlägt höher, wenn ich ihn heute noch sehe.

Aus: Andreas Unterweger: »Stadt Land Rand«
(noch nicht veröffentlicht)

Andreas Unterweger: Peripheres Sehen

Man müsse, sagt Christian Thanhäuser, an jeder Haltestelle aussteigen. In jedes Dorf gehen. In jedes Gasthaus und dort lange bleiben. Dann wiederkommen. Man müsse manchmal dreimal, viermal wiederkommen. An drei, vier Tagen hintereinander. Erst dann: komme man mit den Leuten ins Reden. Erst dann, so Thanhäuser – und seine Augen blitzen! –, höre man sie: »die wirklichen Geschichten«.

Der Mann – so viel steht außer Zweifel – weiß, wovon er spricht. Schließlich ist Christian so etwas wie der Godfather des österreichischen, womöglich des deutschsprachigen Nature und damit auch Landscape Writings. Jedenfalls erscheinen in seinem Verlag, Edition Thanhäuser, wunderschöne Bücher über Landschaften, etwa Esther Kinskys *FlussLand Tagliamento* oder, schon vorab mit dem Deutschen Nature Writing Preis ausgezeichnet, Franziska Füchsls Arbeit über das oberösterreichische Mühlviertel, *Am Rande der Müh*. Da die bibliophilen Bücher der Edition Thanhäuser immer auch Illustrationen des Künstler-Verlegers enthalten, begleitet Christian seine Autor*innen häufig bei deren Recherchen. In die Dörfer. Und in die Gasthäuser. Und nun sitzt er mir gegenüber, im manuskripte-Büro. Und erklärt, wie man über Landschaften schreibt.

Während seine Augen – wohl in Erinnerung an all die wirklichen Geschichten! – noch blitzen, geht in mir bereits ein Regen nieder. Es ist einer jener Starkregen, wie sie neuerdings (Stichwort: Klimawandel!) immer häufiger auftreten. Im Sommer 2023 war der halbe Bezirk Leibnitz überflutet (Stichwort: Bodenversiegelung!). Nur eine Straße von unserem Haus entfernt wurden die Keller ausgepumpt. Zwei Straßen weiter wurde evakuiert. Ein inneres Starkregenereignis verläuft glimpflicher. Ich sitze nur da wie ein begossener Pudel.

Bei jeder Haltestelle aussteigen? Mehrere Tage Recherche in einem einzigen Dorf? In jedem einzelnen Gasthaus des Dorfes? Wie soll denn ich, mit meinen zwei bis drei Kindern, zwei bis drei Jobs, dieses Pensum bewerkstelligen? Schon wird mein innerer Keller von dunklen Bildern geflutet... Ich sehe, wie ich meine beiden Töchter morgens am Grazer Hauptbahnhof in den Bus zur Schule setze, sehe mich hinterher wieder zurückfahren. Auf halbem Weg aussteigen. Und dann, allein und von unsichtbaren Augen misstrauisch beäugt, durch entvölkerte Trabantensiedlungen streifen. In Tankstellencafés sitzen, Dosenbier trinken. Den wirklichen Geschichten lauschen – der Tankwarte, der Dorfsäufer, der Pfarrblattverteilerinnen. Sehe mich müde dazu nicken. Während in der Redaktion der Schreibtisch überquillt, auf der Bank das Konto leer bleibt, auf dem Wohnzimmerboden sich keine Buchlandschaft bildet. Und ich sehe die Kinder abends im Dunklen allein nach Hause fahren, weil ihr Vater, den Kopf voller Dosenbier und fremder Geschichten, über Landstraßen irrt... Kein schönes Kopfkino.

Gleichzeitig regt sich Widerstand – so, wie die Blüten der so vielfältigen »siderodromophilen (eisenbahnliebenden) Arten« (das Klebrige Greiskraut, das Echte Leinkraut, das Echte Johanniskraut...)[1] besonders gelb zwischen den Schwellen der Bahntrassen hervorwuchern. Mein Trotz richtet sich freilich nicht gegen Christian, den ebenso wohlmeinenden wie -informierten Mentor und Freund, sondern gegen meine Selbstzweifel, die den eigenen Zugang immer als verquer, die eigenen Ansichten immer als die eines Clowns abtun. Muss Literatur dieser Art denn wirklich immer auf dieselbe Weise entstehen? Bei jeder*jedem Schreibenden? Bei jeder Landschaft?

Ist es nicht vielmehr so, dass jede Landscape, jede Nature ihr eigenes, ihren Eigenheiten gemäßes Writing hervorbringt? Und weiß ich von meiner Umgebung denn nicht schon längst, dass sie ein Gebiet darstellt, »durch das sich seit jeher viele Menschen (und Güter) auf verschiedenartigste Weise bewegen«, ja, dass sie sogar selbst »ständig in Bewegung« ist? Wäre es somit tatsächlich angebracht, sich dieser commuting zone zwischen ›Europastraßen‹ und transkontinentalen Bahnachsen, die täglich von zig Tausenden als vage vorbeiziehende Abfolge von Lärmschutzwänden, Bahnsteigen, Pannen- und Böschungsstreifen erlebt wird, mit der großen Müh der radikal individualistischen mühlviertlerischen Weise, dem langen, langsamen Gang über die (gastronomischen) Stationen, zu nähern? Hat denn nicht vielmehr jene Freundin recht, die über Schauplatz und Gegenstand dieses Buches bemerkte: »Es ist eine Landschaft, die verschwindet, sobald man aus dem Zug steigt«?

In den Schreibmonaten nach Christians Besuch verfolge ich einen Zickzack-Kurs. Zwar nutze ich jede Möglichkeit, in das Kolorit und sogar die Lokale jener Gegenden, die ich sonst nur durch Zug- und Autofenster betrachte, einzutauchen. Bei den seltenen familiären Besuchen in den Einkaufszentren der Gegend setze ich mich in das jeweils sympathischste Etablissement, bei den ebenso seltenen beruflichen Flugreisen plane ich für das Flughafen-Café eine Stunde extra ein, und wenn die Kinder bei ihren Freundinnen, die fast alle in der hier behandelten Landschaft wohnen, abzuholen sind, halte ich vorher ab und an am Straßenrand, um Güterzugs- und Tankstellenszenarien zu fotografieren, oder die Bahndämme, oder den Himmel über Kalsdorf.

Aber in Wirklichkeit unterscheidet sich diese »Arbeitsmethode« nicht im Geringsten von dem mir ohnehin eigenen Verhalten, es verbrämt dieses nur mit einem professionellen Anstrich. In den Zeilen, die ich dann etwa im *INTERSPAR Restaurant* am Leibnitzer Stadtrand

oder im euphemistisch benannten *Marktcafé* hinter der Sicherheitskontrolle des Flughafens Graz-Thalerhof notiere, rücke ich hingegen vom Mühlviertlerischen noch weiter ab, formuliere sogar folgende These: »Es ist eine Landschaft, die verschwindet, sobald man aus dem Zug *schaut.*«

Denn tatsächlich: Je länger ich mich mit dieser Gegend beschäftige, desto eher gewinne ich den Eindruck, dass ich sie immer dann am deutlichsten sehe, wenn ich sie nicht direkt anvisiere. Wenn ich in ein Buch, in mein Handy, ins (Waggon-)Innere schaue oder, beim Autofahren, auf nichts anderes als auf den Verkehr achte, während die Hallen und Felder, die Tank- und Baustellen, die Reihen- und Bauern- und Einfamilienhäuser der Peripherie in den Augenwinkeln vorbeiflimmern.

Die Konstellation erinnert an jenes optische Phänomen, welches das menschliche Auge schwach leuchtende Sterne dann besser sehen lässt, wenn der Blick sie nicht fixiert, sondern knapp daran vorbeizielt. Mag sein, dass meine Landschaft, von der man doch so gerne sagt, dass es sie gar nicht gebe, auf geheimnisvolle Weise diesen vorgeblich unsichtbaren, in Wirklichkeit aber nur lichtschwachen Sternen (müden ›Gelbchen?‹) ähnelt. Und dass es eben deshalb nicht nur adäquat, sondern vielleicht sogar geboten ist, sie auf eine ähnliche Weise zu betrachten.

Der Fachausdruck für die Wahrnehmung im Randbereich des Gesichtsfeldes lautet: peripheres Sehen. So gesehen liegt der Zweizeiler, den ich bei einem Verlängerten schwarz in der Auslage der Tchibo-Filiale, mit Blick auf das Einkaufszentrum »Weinland«, notiere, womöglich gar nicht so weit daneben – und doch weit genug, um genau richtig zu liegen:

Nur peripheres Sehen
wird Peripheres sehen.

1 Seltene Pflanzen. Gleisanlagen als Hotspots für Biodiversität. https://science.orf.at/stories/3212979/

Astrid Kaminski: Im Land Poseidons

> »Sie haben ihre Wurzeln hinter sich gelassen, vielleicht in einem anderen Wald, von dem sie kamen, jenem Wald ohne Bäume.«[1]

Dieser Zitatzipfel begleitete mich über Jahre hinweg. Er verhielt sich wie ein Gedicht: Er pulsierte als vollendete, aber offene Einheit durch meinen Kopf. Ich wusste schon lange nicht mehr, woher er stammte. Mehr als die Frage nach seinem Ursprung oder Kontext interessierte mich jedoch, was das für ein baumloser Wald sein könnte. Der Vergleich des Zitatzipfels, mit dem ich diesen Text begonnen habe, mit einem Gedicht hinkt ein wenig – aber nur ein wenig. Er hinkt, weil mir immer bewusst war, dass es sich um ein Bruchstück eines nicht-lyrischen Textes handelte. Aber seine poetische Wirkung bestand trotzdem. Sie bestand darin, mein Gefühl für die Suche nach wurzellosen Wesen und nach einem Wald ohne Bäume zu eichen. Ohne die Erwartung, dass ich sie in der Realität vor mir sähe. Aber ich habe mich getäuscht. Eines Tages waren sie plötzlich da. Der Wald und die Wesen.

Der Wald war seit Jahren mein Nachbar gewesen. Immer, wenn ich auf der griechischen Kykladeninsel Milos in meinem Garten (›mein‹ als Ausdruck einer Verbindung und nicht als Besitz) campiere, schwimme ich mindestens einmal täglich im nur 50 Meter entfernt liegenden Meer. Die Bucht dort ist gerahmt von Tamarisken, die ihren Wasserbedarf aus der Luft beziehen, aber nicht wurzellos sind, und einigen wenigen Sirmata: Häusern, die über einer Bootsgarage gebaut sind. Diese Garage ist eine natürliche Höhle im Felsen. Zu frühchristlichen Zeiten diente das Höhlensystem auf Milos als Grabstätte, Refugium und Gottesdienstort – wobei noch weitgehend unklar ist, wie die ersten Christen auf die Insel kamen. Dennoch gelten die dortigen Katakomben als die drittgrößten der christlichen Geschichte. Andere Spuren weisen auch auf viel frühere Bewohner:innen hin. Einheimische raunen hinter vorgehaltener Hand davon, jahrtausendealte Fresken, die jenen weltbekannten auf Santorini ähneln, gesichtet zu haben. Würde man es laut sagen, würde noch mehr Privateigentum zum archäologischen Schutzgebiet erklärt und mit strengen Auflagen versehen. Daher werden der Welt die Fresken, falls es sie denn gibt, vorenthalten. Darüber hinaus gilt als wahrscheinlich, dass schon steinzeitliche Bewohner:innen die Höhlen benutzt haben. Erst Ende des 19. Jahrhunderts wurden sie zu Bootsgaragen umfunktioniert, sodass man auf dem Meer direkt hineinfahren konnte. Inzwischen hat sich das Wasser etwa einen Meter zurückgezogen, und die nun mehr oder weniger trockenen Garagen wurden zu Wohnräumen, meistens Küchen, umgebaut. Sie sind mit ihren verschiedenfarbigen Toren und Türen eine Touristenattraktion auf Milos und werden zum Preis von Fünfsternehotels vermietet. In meiner Bucht gibt es nur sehr wenige davon. Der Sirmata-Hauptort ist Klima, eine Bucht weiter golfauswärts gelegen.

Tamarisken, Felsenhöhlen und Sirmata könnten aus meinem Badeplatz einen idyllischen Ort machen. Aber ganz so ist es nicht, denn das Wasser sieht nicht klar und türkis aus, wie es dem Traum einer Kykladeninsel entspräche, und der Sandstrand ist meterhoch zugeschüttet. Nicht durch Schmutz, sondern durch Seegras. Wenn es angeschwemmt wird, trocknet oder feucht vor sich hin rottet, oder auch, wenn es abgestorben im Wasser schwimmt, färbt es die Umgebung bräunlich-grau. Das verleiht ihr einen etwas morbiden und scheinbar ungepflegten Charakter. Auch ist der ganze Boden der Bucht von Seegras bewachsen, sodass beim Gang ins Wasser die Gefahr droht, auf etwas Verborgenes wie eine Seegurke zu treten und beim Schwimmen von Seeungeheuern, die aus dem undurchsichtigen Pflanzenwirrwarr lungern, am Fuss gekitzelt zu werden.

»Wie heißt Seegras eigentlich auf Griechisch?«, frage ich die Inselkoryphäe Kapitän Kiko eines Tages bei einem Getränk am Rande der angeschwemmten Grasberge.

»Wir nennen es kurzer Wald, aber die richtige Bezeichnung ist Poseidonia – was man wiederum als Land Poseidons übersetzen kann.«

Kurzer Wald! Da war er also plötzlich: der Wald ohne Bäume. Täglich bin ich drüber hinweg geschwommen. Mit seinen abgestorbenen und getrockneten Blättern habe ich Kissenhüllen gefüllt. Die lebenden Blätter dagegen wandeln wie die Wälder an Land Kohlendioxid in Sauerstoff um. Eine Seegrasfläche hat einen mehr als doppelt so hohen Umwandlungsfaktor wie ein entsprechendes Stück Regenwald. Tatsächlich wirkt das mediterrane Seegras wie ein Wald auf dem Meeresboden. Allerdings vermehrt es sich kaum über Samen, da es nur sehr selten blüht, sondern vor allem durch die Verzweigungen seiner Wurzeln. Dabei wächst es sehr langsam. Dennoch gibt es bis zu 15 Kilometer lange Rhizome einer einzigen Pflanze. Ihr Alter wird auf bis zu 80 000 Jahre geschätzt. Seegras könnte das älteste Lebewesen der Welt sein. Der botanische Name ist Posidonia oceanica, die deutsche Bezeichnung lautet Neptungras – wie so oft wurde in der Bezeichnung der griechische Gott gegen den römischen ausgetauscht. So, wie die Statue der Aphrodite von Milo, die als eines der bekanntesten Kunstwerke weltweit heute im Louvre steht, als Venus von Milo bekannt ist.

Als die ersten Wasserpflanzen an Land gezogen sind, es kolonisiert haben, wie es manche Biolog:innen nennen, sind die tierischen Kreaturen nach und nach mit ihnen gezogen. Im Gegensatz zu den Pflanzen haben wir Tiere jedoch die Wurzeln hinter uns gelassen. Für menschliche Tiere gilt das im Besonderen. Sie bewegen sich frei von ihrem Habitat, ihrer natürlichen Umgebung – wenn auch längst nicht alle, sondern nur jene, die ein Leben in relativ großer körperlicher und ökonomischer Freiheit führen und ihre Reproduktionsfähigkeit kontrollieren können. Wenn wir als Wurzeln all das bezeichnen, was uns an ein Habitat bindet und was zu nicht-selbstbestimmter Vermehrung führt, uns als Spezies also an einen Ort oder die eigenen Gene bindet, dann sind Menschen potentiell die wurzellosesten Wesen.

Das Land Poseidons, der uralte Wald ohne Bäume, wird das 21. Jahrhundert im Mittelmeer vielleicht nicht überleben. Wie auch sein bebaumtes Pendant ist er in Gefahr. Das mediterrane Seegras kann nur zwischen etwa 10 und 22 Grad Wassertemperatur bestehen. Mit der Erwärmung des Meeres schwinden seine Bestände. Und mit den Beständen schwindet das Land, das von dem ans Ufer geworfenen Seegras vor Sedimentierung geschützt wird. Und es schwinden die

Fische und all die anderen Wesen, die darin wohnen. Und natürlich viel Luft, die wir atmen. Und die Meeresbälle, die aus Seegras, das durch die Wellenbewegung verfilzt und rund geformt wird, gebildet und an den Strand geworfen werden. Die vielleicht nichts waren als ein Spiel, inzwischen aber auch Plastik, das sie in sich aufnehmen, aus dem Meer filtern. Ein nützliches Spiel. Immer schwindet etwas. Und immer entsteht etwas. Schönes oder Schreckliches. Irgendwann werden wir vielleicht in einem Wald ohne Wald leben.

1 »They have left their roots behind them, perhaps, in this other forest from which they came, this forest with no trees.« Das Zitat stammt aus Ursula Le Guins Science-Fiction-Roman »The Word for World is Forest«. Sie beschreibt in dem Kontext, aus dem der Satz entlehnt ist, eine Dystopie. Eine Spezies, die all ihre Bäume gekappt hat, will sich der Wälder anderer bemächtigen. Der ursprüngliche Kontext ist also das Gegenteil von der positiven Neugier, die der isolierte Satz bei mir geweckt hatte.

Aus: Philosophy Going Wild,
thedrynosedprimate.substack.com

Mara-Daria Cojocaru: On Nonsense

The Point is a circle

Dec 23, 2025
This is my last post and parting gift for 2025. It is longer than previous posts, even though (or perhaps because) it is about nonsense. Seriously. I share snippets of my creative practice and the reasoning behind it to advocate against narrative closure when we seek meaning in our relations with non-human animals. There are good reasons to assume that other animals' Umwelten provide them with experiences that are cognitively and emotionally rich, but difficult to represent by means of *human* linguistic conventions. These conventions favour narrative accounts and closure to help people make sense of something, that is: the moral of the *story*.

Poetry, on the other hand, allows for unwieldy experiences, cracks the mental space open, and encourages, if not outright linguistic innovation and practical insight, then at least humility in the face of the experiential richness of other beings: there just is no linear story to be told, and, *a fortiori*, no moral that we could recognise. Of course, different poets approach the non-human differently, always have. A Bertolt Brecht who deplores that humans can't converse about trees anymore has an altogether different perspective (as far as trees are concerned) than a Walter Benjamin who suggests that a quasi-magical language of trees exists. Yet both turn to poetry to acknowledge the importance of form and not just content, of leaving some things unsaid, to pay attention to the naturalness of ambiguity and the need for us chatty apes to enlarge our sense of world, politics and self through word play.

I believe without a doubt that we can really share and make meaning with other animals who are literally significant because they have, and intentionally act to communicate, their own perspective. Yet even in our dealings with such significant others, we want to keep some blanks on the page for them to fill in. Such interpretative restraint is perhaps most called for in our relations with non-animal nature where serious philosophical questions about intentionality and agency remain unanswered.

This »Philosophy Going Wild«-post is in dire need of some academic disciplining, but it escaped for now.

There.

This is not a dog poem

A few weeks ago, I read a poem out loud, in earnest, to a group of respectable people, that I usually only read to my dog Norman Ben Goof. This multispecies poem is called »No, I'm in the summer«. Norman and I co-created it almost exactly three years ago, on the 24th of December 2022. This is how it goes:

Nakom, Jackie Chan / can't come, Norman / assistant
with her / yeah, Manchester City / good boy / let's
go / super minchin / and twist twist / very good
friend / yes coming coming nice super / look up
show my patient oh okay / well, ha ha ha ha ha ha
ha ha that / this
That's nonsense. Right?
Right! But it has a point.

The Point

The words above are the part of the poem written in *human* language. It needs to be appreciated together with a scent that is encapsulated in a small tube! You need to sniff and listen. See?

Right.

Most people who came up to the podium to sniff weren't much helped by that even if their noses were not blocked on that misty November evening. If anything, having heard me read it out loud had

carried some meaning: the motherese intonation, the pauses, the stretched words — essentially, just how much enthusiasm I put into the nonsense. But what with that shroomy, foxy, briddle scent?

»Was zum Himmel meinst du?« Now, that translates into »What on earth do you mean?«. And the scent-carrying material in the tube really is an earthy mix of soil and decomposed leaves from an area Norman always finds highly interesting to sniff. But I am happy with it being the meaning of the poem. Some poetry relies on the audience meeting the author half-way for meaning-making. And »What on earth do you mean?« is an excellent response to this mesh of words and dirt, dressed up as a poem. Miraculously, it is the same whether the audience is dogs or humans, just vis-à-vis different parts of the poem. Which is why I consider it a successful multispecies poem.

As an experimental poem, it uses an aesthetic technique to interrogate the very idea of language in dog-human-relations. Recording and transcribing human words spoken to a dog in German in a wrong target language on a smartphone, it makes fun of the vast amount of words humans tend to throw at dogs, expecting them to be able to make sense of them. If this is what happens with German words in an

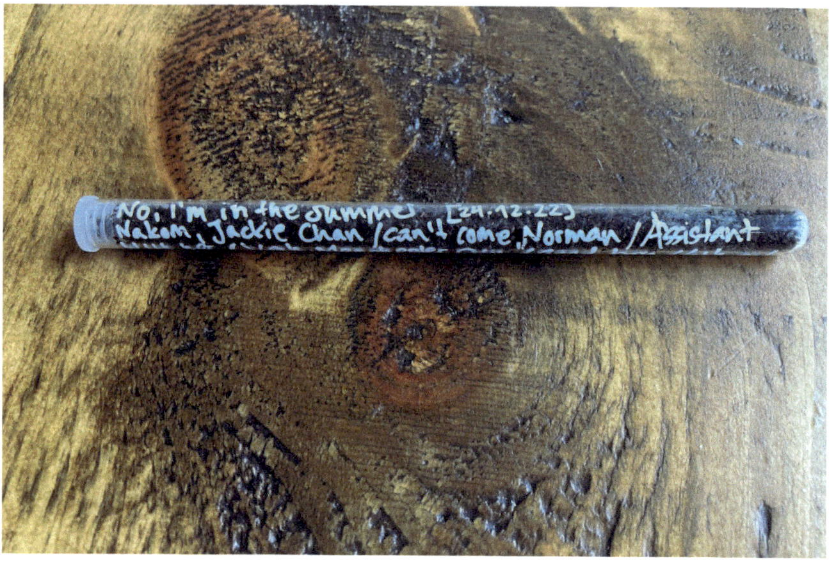

English receiver, you can only imagine what a transcription in a canine brain will look like. I am the last to deny dogs' remarkable word processing abilities. I know of Chaser, there are fascinating studies on what a word is to a dog — and I live with another dog who can memorise long stretches of text for a performance.

And yet. »More Than Words« really should be the theme song to our relations with dogs. »No, I'm in the summer« celebrates that there is extra-linguistic meaning, especially to a dog who is immersed in processing scents. We can get into complicated discussions about whether the signs Norman is interpreting are meant for him, and that will very much depend on the site and whether the signs have been left by conspecifics or not, and if not, how to make sense of interspecies communication beyond the human. And of course, there are ways in which I can enter the conversation and intentionally establish and use meaningful scents to play or work with him. But here, in this poem, I just love how Norman loves that spot, gets into a scratch marking frenzy, rolls his eyes, rubs himself against the bushes, throws his massive body up into the air and gallops as if possessed by the spirits of hedgehog and fox and whoever else is leaving their marks there at night. My goal with that poem is not to impersonate the dog, nor to »tell his story«, but to encourage curiosity and humility in light of a type of experience that makes no sense to us but is clearly very meaningful to a dog.

The Circle

If the point of such poetic experiments is to encourage humans to consider non-human animal meaning-making given an animal's respective Umwelt, then, clearly, it cannot be just about dogs. About a year ago, I worked with a small group of children and their pets: »Lieblingsgeschichten und Wunderwerke. Ein Tag Nature Writing für Kinder« — »Pet Stories and Works of Wonder. One Day of Nature Writing for Children«. Naturally, a dog was among them, but the circle of species that would contribute to the poetry was widened to include cats, gerbils and a pony. We went for walks and followed the other animals' lead to the extent that conditions of benevolent captivity allowed.

It probably won't surprise you that my invitations to collect smelly things in the environment and to write nonsense acrostics »in the

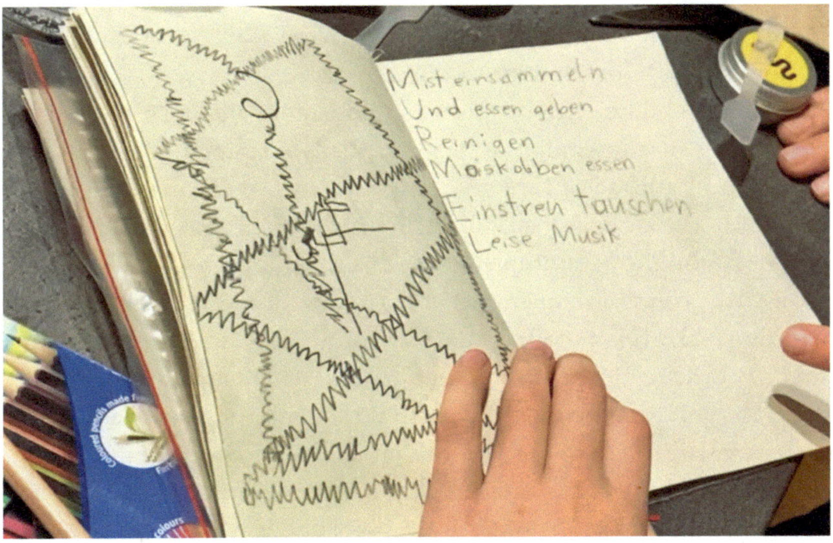

name of the pet« were met with a lot of giggling and enthusiasm. I had simply given young humans licence to do what they ordinarily mustn't, and linguistic concepts were still loose enough in these young minds that the fun they had juggling Dada-style words with their tongues was infectious.

But perhaps you wouldn't expect young humans to play along with another writing exercise which involved that they mustn't touch their very own pets. In that case, I had *taken away* something very meaningful, an expression of love but also of status and access rights. If only for a brief period, these little humans could not walk over to the other animal, reach out, take space, demand affection or obedience. The task was instead to develop creative field notes »budding ethologist«-style, with kids only observing the non-human animals, paying close attention to what these do when left to themselves, and always executing something on the page whenever the animal did something.

I am under no illusion how fleeting the effects of one workshop are. If not practiced regularly, the open-minded attention, wonder and creativity that come naturally to all people when they are young and that the workshop brought to the fore will make way for more rigid and unimaginative habits of feeling, thinking and acting in multispecies communities. And yet I really liked how — hands off, pen on, immobilised on the ground — the kids started wondering about what an animal *really* does and means.

Not just children can be quick to translate for »their« animals. Most pet owners or companion animal guardians will do it. I do it, too. It comes from a place of love and care. And yet we can also end up talking over the non-human animals, with the dog, cat, horse … whoever … becoming a mouthpiece for what the human would like (them) to say. Advocating for an animal you know well is one thing. But »Oh, you don't like this horrible man, do you, Fido!« is a string of words that has little to do with the other animal, whether Fido is fearful or not. »He only wants to play« is more often than not an at least incomplete translation of what is on another animal's mind, whether terrier or seal pup. Using creative techniques to take a step back, disrupt such anthropomorphic ventriloquy and truly wonder what another animal means, even one we believe we know very well, can be revelatory — or mystifying. Or both.

And that is the beauty of engaging in seemingly non-sensical writing exercises. The kids loved them just because, and so does my inner child. My adult self happens to believe that such humble exercises can teach us to become curious about more-than-human meaning-making and languages and attentive to the moments when it is actually humans who are adding, or at any rate decisively shaping, the significance.

Many points, forming a rose, to make a point

I have an unusually vivid childhood memory of my own: I am six or seven years old and have placed myself in front of the garage at my parents' place, right where the ants pass by. A collection of green leaves and red plastic broom bristles is by my side. Methodically, I push the bristles into the mossy cracks between the paving stones and stack leaves on top of the bristles with about half a centimetre space between them. I am building a high rise for the ants! What else? Makes total sense.

The ants had their own views about my offering. Some considered it a nuisance and just shuffled to get around all the crap I had put in their way. Others were more obliging (or opportunistic) and started pulling at some of the leaves or took off-cuts of my construction project to make better use of the material somewhere else. Not one ant looked as if she considered moving in. I clearly meant well, but my actions were nonsensical to the ants.

I know. I have been using concepts like ›sense‹, ›meaning‹ and ›significance‹ in a fashion that will make many a philosopher's hair stand on end. (Whether such piloerection would be a sign of intellectual excitement or outrage, I don't know, probably depends on the philosopher.) I apologise, but I have always lived with a strong feeling that philosophers of language are too focussed on *human* language. Perhaps pragmatists like Peirce who had a view of nature being shot through with sign relations would be more accommodating. And perhaps developments in biosemiotics are more promising than conservative Peirceans would allow for, some of whom quipped that Peirce's (rather complicated) sign theory was ultimately taken up by the wrong crowd.

Be that as it may, today, we are in the wonderful position that, if only outside of philosophy, it is widely accepted that there are more-than-human languages. Sure, we are still worlds (or Umwelten) away from fluent two-way-communication, and dog knows if humans successfully mastering the Doolittle Challenge will actually behave better vis-à-vis other beings. (Near-perfect mastery of two-way-communication between humans does not give much reason for hope but perhaps we should start incentivising good linguistic behaviour among humans: a prize for most noble conversations.)

It would be nice to be able to converse with all sorts of beings, but let's not forget that we have long established that being able to speak is *not* a necessary precondition for deserving moral concern. What is more, moral claims are complex. The fact that a competent speaker of a language you just happen to speak can tell you a long and moving story about how happy they would be if they would be granted a wish generates no special obligation for you to grant that wish if doing so would make another linguistically less competent being suffer. Even if your own child would like to keep a seal pup found on a beach as a pet and convincingly promises eternal happiness if only you allow it, that mustn't happen.

Complicating all this, the perspectives of different non-linguistic beings carry different weights regardless of their species membership. I have a special obligation for my own dogs, even though I somehow »care for« all dogs on the planet. Above and beyond securing Norman's general well-being, I should pay attention to his unique personality and what gives him meaning in life and if that means paying attention to things at which I would have turned my nose up, I should. On the other hand, just because my own dogs would be the happiest if they were allowed to hunt other animals, that doesn't mean that they just may.

Competing moral claims sometimes share a root or are neatly folded into each other as are leaves of a rose. Many claims humanity's

»best friends« make on us are rooted in and wrapped up with practices that harm other beings.

But what now with Norman's re-creative behaviour that I celebrate in »No, I'm in the summer«? The resident ants are 100% disturbed. I truly don't know how many other beings are uprooted once he gets going. Is it just nonsensical on my part to worry about what my dog does to a site which is regularly frequented by many other creatures going wild, some of which are human (going by telltale signs nearby)? I know I must not let him disturb a site if it has a sign saying »nature protection area« or some such nearby. Though what and when humans clearly signpost in »nature« is anything but straightforward. And anyway, Norman's favourite sniff spot has no such sign! It is a tiny, neglected urban park. But who says the beings that live there do not matter? Perhaps nature itself has a way of telling me »protect me« after all. How could I know?

Turning into a rose

Experimenting with more-than-human language in an attempt to understand »nature« is not a childish concern anymore. Many poets and perhaps even more scientists are actively engaged in it. That is great.

Any circle is made up of many points which are in turn made of circles ... and points ... adding new aspects and dimensions, blossoming into a rose.

As it happens, that is a rather thorny rose. Really handling the complexity of moral claims in what tends to be called animal and environmental ethics is as honorable and intriguing as it is difficult and frustrating.

We have good reasons to look for aspects we are missing. But we need to be clear about those reasons which, arguably, differ for different aspects. Some we need to take seriously because they result from perspectives that intentionally articulate claims that we can understand and ought to respect in their own right. Some we need to take seriously because they »tell us something« but the import is decided on our terms. And some will be in between. If we can only get this right, there is hope that we will become more just and less self-serving in our dealings with the more-than-human.

Hope. Now, the global philosophy and poetry project I am currently involved with, »Philosophy in the Wild. Finding Hope in Mixed Communities«, assumes that there are (at least) three types of relations between humans and wild living animals that give reason for such hope. The first two types are mutualistic relations and reparative relations; more on these types in the New Year. The third type is what I call futuristic relations. These are creative and speculative attempts to use what has worked in the case of intraspecific, human-human relations to improve human-animal relations. We know that sports can work wonders in getting destructive folks off the streets. So, why don't we build keas a gym? Money is perhaps more of a double-edged sword and yet, there are people who think providing gorillas with credit cards is a good idea. We haven't been able to send our anthrozoological vasculum to these two sites to investigate whether these ideas make sense in practice. But we found two futuristic innovations of human-animal relations in the political realm. Let me talk about one.

There is good reason to believe that democracy is an idea that has worked to improve human communities. Many thinkers in the political turn in animal ethics have spent a lot of time thinking about representing and including other animals in democracies, but as of today, there are no political systems that really experiment with these ideas in practice. Experiments are more small-scale. Like De Ceuvel, the ›zoöp‹ we looked at in Amsterdam.

›Zoöps‹ try to make democracy work for all life. That sounds nice and yet entails a complication. All life means non-animal and non-sentient life as well. In theory, there is no reason to exclude plants and fungi from moral consideration if we can understand their claims. The approach behind the ›zoöp‹ is to be open to that possibility and experiment with different attempts of mapping a given site, translating concerns and developing an innovative organisational practice.

Some elements of that practice can't hurt anybody: transitioning away from fossil fuels, offering plant-based food. Yet ideas of restoration and co-creation always invite questions: Whose perspective, whose sense of time and space, whose needs and yearnings are going to be decisive in the process? How do you negotiate with a lichen or is wondering how to go about that already »one thought too many«?

The poetry that is supposed to come out of that place is instructive. Perhaps this is so nonsensical that it mocks the very idea of poetry. But then, what ideas of poetry are going to survive in the future?

We don't have a poet on site that does the conventional spiel of translating from »the book of nature« into some kind of text. What we ended up doing, for now: We took two pages out of Mary Midgley's *Animals and Why They Matter* (p. 90–91) that I have read and annota-

ted many times, on social and ecological claims, and superimposed the double page with a monotype by a resident artist, Fabian Schäfer. This virtual erasure of philosophical thought by lichen imprint singled out a number of words, which I re-arranged in handwriting around it. Unsatisfied with the result, and in the spirt of futurism, I thought I should just feed the individual letters to an AI and ask for a poem in return. That conversation brought up issues about which human language would be appropriate for that site and for representing »all life« in the first place.

Perhaps not bad, but the poems spat out by AI are testament to a sentimental conception of poetry that claims that all, eventually, »echo the same song«.

The problems brought up by the zoöp-poem are not one of creative practice alone, but also of philosophical discussions around ›agency‹ as they are being cheered on by new materialism. I understand that there are chemical agents, but they are doing other things than, say a chemist. And surely a dog who can detect toxins is doing something closer to what the chemist is doing than to chemical agency itself.

The presence or absence of lichen might mean or »tell me« that an ecosystem has been on a particular ecological trajectory but it is

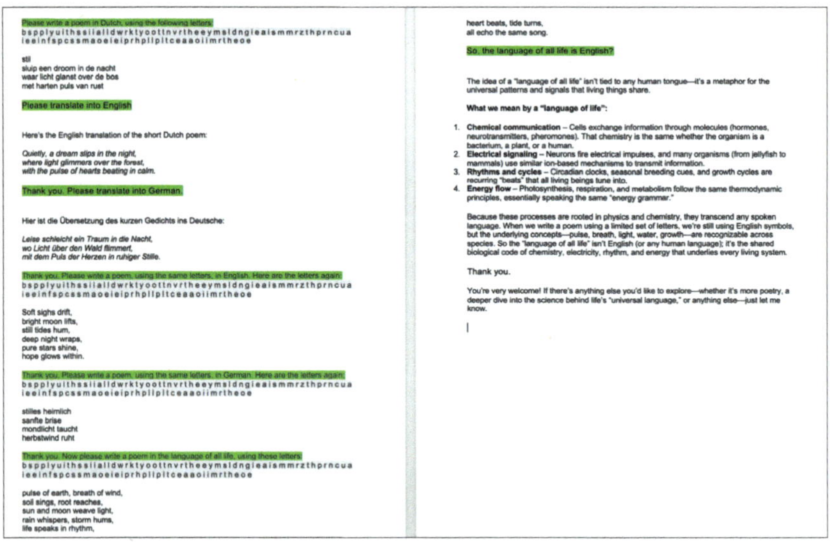

Please write a poem in Dutch, using the following letters:
b s p p l y u i t h s s i i a l l d w r k t y o o t t n v r t h e e y m s l d n g i e a i s m m r z t h p r n c u a
i e e i n f s p c s s m a o e i e i p r h p l i p l t c e a a o i i m r t h e o e

stil
sluip een droom in de nacht
waar licht glanst over de bos
met harten puls van rust

Please translate into English

Here's the English translation of the short Dutch poem:

Quietly, a dream slips in the night,
where light glimmers over the forest,
with the pulse of hearts beating in calm.

Thank you. Please translate into German.

Hier ist die Übersetzung des kurzen Gedichts ins Deutsche:

Leise schleicht ein Traum in die Nacht,
wo Licht über den Wald flimmert,
mit dem Puls der Herzen in ruhiger Stille.

Thank you. Please write a poem, using the same letters, in English. Here are the letters again:
b s p p l y u i t h s s i i a l l d w r k t y o o t t n v r t h e e y m s l d n g i e a i s m m r z t h p r n c u a
i e e i n f s p c s s m a o e i e i p r h p l i p l t c e a a o i i m r t h e o e

Soft sighs drift,
bright moon lifts,
still tides hum,
deep night wraps,
pure stars shine,
hope glows within.

Thank you. Please write a poem, using the same letters, in German. Here are the letters again:
b s p p l y u i t h s s i i a l l d w r k t y o o t t n v r t h e e y m s l d n g i e a i s m m r z t h p r n c u a
i e e i n f s p c s s m a o e i e i p r h p l i p l t c e a a o i i m r t h e o e

stilles heimlich
sanfte brise
mondlicht taucht
herbstwind ruht

Thank you. Now please write a poem in the language of all life, using these letters:
b s p p l y u i t h s s i i a l l d w r k t y o o t t n v r t h e e y m s l d n g i e a i s m m r z t h p r n c u a
i e e i n f s p c s s m a o e i e i p r h p l i p l t c e a a o i i m r t h e o e

pulse of earth, breath of wind,
soil sings, root reaches,
sun and moon weave light,
rain whispers, storm hums,
life speaks in rhythm,
heart beats, tide turns,
all echo the same song.

So, the language of all life is English?

The idea of a "language of all life" isn't tied to any human tongue—it's a metaphor for the universal patterns and signals that living things share.

What we mean by a "language of life":

1. **Chemical communication** – Cells exchange information through molecules (hormones, neurotransmitters, pheromones). That chemistry is the same whether the organism is a bacterium, a plant, or a human.
2. **Electrical signaling** – Neurons fire electrical impulses, and many organisms (from jellyfish to mammals) use similar ion-based mechanisms to transmit information.
3. **Rhythms and cycles** – Circadian clocks, seasonal breeding cues, and growth cycles are recurring "beats" that all living beings tune into.
4. **Energy flow** – Photosynthesis, respiration, and metabolism follow the same thermodynamic principles, essentially speaking the same "energy grammar."

Because these processes are rooted in physics and chemistry, they transcend any spoken language. When we write a poem using a limited set of letters, we're still using English symbols, but the underlying concepts—pulse, breath, light, water, growth—are recognizable across species. So the "language of all life" isn't English (or any human language); it's the shared biological code of chemistry, electricity, rhythm, and energy that underlies every living system.

Thank you.

You're very welcome! If there's anything else you'd like to explore—whether it's more poetry, a deeper dive into the science behind life's "universal language," or anything else—just let me know.

not that the lichen means to communicate this in the same way that a wildlife detection dog means to communicate the presence of a fungus or bark beetle to her handler. More-than-human meaning can also veer between natural and conventional meaning in its own right. Social play behaviours are a testament to that.

Does it matter that the hose states ›intent‹?

Finally, is there not a fundamental difference between the colours of a ripening fruit »telling me« that it is time to harvest (honourably, of course) and the contours of a pig filling in, perhaps »suggesting to some« that it is time for slaughter?

Call me old-fashioned or conservative, but for me, that difference is real and it lies in the perspective articulated by a sentient social being that expects something significant from life and we can organise meeting or frustrating such expectations within our communities. Language used for life is always also political. We see it in the artificial segregation of humans and other animals, when, say, »a bitch throws a litter« whereas »a woman gives birth to a child«. Something similarly suspicious is going on when different lifeforms with different perspectives are subsumed under homogenising frameworks. A new aesthetics that is philosophically awake and unwilling to gloss over real moral issues is important to counter this trend because aesthetic judgements are both contingent and deeply meaningful, veering on the religious.

I seem to remember but can't find a passage in which William James talks about aesthetics and the difference of perspectives. James, or someone whom for the sake of the argument I will just call James, tells of a trip to the countryside where he gazes across a freshly tilled field and the uplifting beauty he finds in the geometry of the lines. But, he says, the person who has worked the field might find little uplifting in this perspective. Perhaps pleased, but tired, they watch it anxiously and hope for the soil to produce a harvest to sell. Someone walking past a tilled field today might think of all the carbon released in the process of doing so, perhaps the mice disrupted or exposed to birds of prey.

We should never underestimate the role of aesthetics in our judgments and seek for greater control over how linguistic culture habituates us to interpret the world. Being able to »read in the book of nature« is an idea appealing to a poetic attitude in many humans: you don't have to be a poet to anthropomorphize and to play with meaning-making outside of the trodden paths of human linguistic communities. Allowing more for nonsense and uncertainty can, I believe, make us both more inventive and more accommodating, while staying real and, well, decisive for those in need.

To Make a Point

I feel we are currently trying to capture truly significant things — phenomena, beings, concerns — with words or concepts we already now. And yet these things, once looped into these concepts, keep bucking and kicking against being fixated like that. Many dogs are not ›pets‹. I don't like being called my dogs' ›mum‹ nor sold a ›puppuccino‹. Sure, perhaps these are just loose ways of playful speech in a culture besotted with companion animals. However, I also don't know what an individual right would do for a tree and the ›democracy of all species‹ is meaningless to me. At a time when human rights and democracies alike are endangered, this bothers me as a philosopher.

As a poet, I am bored. Do we need new words?

Perhaps we need an altogether new way with language. We seem to have gotten things the wrong way around if we are asking, one by one, whether a being has language, feelings, uses tools and so on. Perhaps human language is actually nothing more than one tool among many, and, as things stand, it is not serving us very well in co-creating meaningful communities with significant others. But who knows, the longer we play with this, perhaps we can evolve some sense to detect actually dangerous nonsense from three miles against a stiff breeze.

Geschrieben und vorgetragen am 6.9.2024
für das Stadtwald-Jubiläum in Lübeck

Mona Harry: Stadtwald

Wo sich Baumkronen verzweigen und dem Morgengrauen lauschen
Wo sich Blätterdächer spannen – tiefes Atmen, leises Rauschen

Wo Chlorophyll den Pinsel schwingt – grüne Farbe, viele Tupfen
Dort wo Äste zaghaft schwanken, um den Himmel anzustupsen

Wo in Baumrinde gezeichnet Linien kunstvoll sich verstreben
Und wo immer neue Formen sich aus diesem Bild abheben

Wo ein Wasserlauf verzweigt und wie ein Hase Haken schlägt
Der kleine Bach plätschert verschmitzt und erfindet seinen Weg

Eine Szene wie gezeichnet, wie gemalt in einem Buche
Dort erhebt sich neues Leben an Füßen einer Buche

Erst ein Warten, dann ein Keimen, dann ein Sprießen und ein Wachsen
Wurzeln schlagen, Blätter formen und sich in die Welt vortasten

Erst geschützt von Laub und Zweigen, die am Waldboden verwittern
Und dann streckt er sich empor, um im ersten Wind zu zittern

Er verzweigt und er vernetzt sich, er erblüht und er greift Raum
Er erhebt sich aus dem Boden, zart und wild: der junge Baum!

Und er wird Teil eines Waldes und erstreckt sich in die Zeit
So viele Möglichkeiten vor ihm, tausendfach auch ein *Vielleicht*

Vielleicht wird er dreißig Meter hoch, vielleicht wird er erwachsen
Vielleicht wird er auch besucht von Füchsen, Hasen, Dachsen

Vielleicht sieht er einen Seeadler am Himmel Kreise zieh'n
Vielleicht hört er mal das Summen von wilden Hummeln oder Bienen

Vielleicht wird auch seine Baumkrone mal alle überragen
Vielleicht wird er ein Versteck und bietet Schutz an vielen Tagen

Vielleicht trifft er graue Reiher, schwarze Störche, blaue Meisen
Vielleicht wird auch mal ein Eisvogel auf seinen Zweigen kurz verweilen

Vielleicht trifft er tausend Arten von Vögeln und Insekten
Vielleicht werden sich auch Eichhörnchen auf seine Äste setzen

Vielleicht spannt er Blätterdächer, vielleicht spannt er manchen Bogen
Vielleicht reichen seine Wurzeln tief in nährstoffreichen Boden

Vielleicht geht er Symbiosen ein mit den Pilzen ihm zu Füßen
Vielleicht werden seine Blüten manchem Insekt den Tag versüßen

Vielleicht fallen seine Zweige und sein Laub in kleine Bäche
Und bilden dort für Fischnachwuchs dann zahlreiche Verstecke

Vielleicht werden hundert Vögel in seinen Ästen nisten
Vielleicht trifft der Baum auf Tierarten, gesetzt auf rote Listen

Vielleicht wird einmal ein Specht eine Höhle in ihn meißeln
Vielleicht werden seine Baumkronen im Wind den Himmel streicheln

Vielleicht wird er ein Zuhause für Käfer oder Falter
Vielleicht hat er morsches Holz und Baumhöhlen im Alter

Vielleicht stirbt er irgendwann und vielleicht darf er dann verweilen
Vielleicht hat der Baum das Glück, dann in diesem Wald zu bleiben

Vielleicht wird er dann zu Totholz, das einen Neuanfang verspricht
Weil es für unzählige Arten Lebensgrundlage ist

Der junge Baum steht nicht für sich, er ist Teil eines Ganzen
Ein Ökosystem, ein Wechselspiel aus Tieren, Pilzen, Pflanzen

Denn Wälder sind Vernetzungen in stetiger Begegnung
Empfindlich feines Gleichgewicht und alles in Bewegung

Insekt, Vogel und Säugetier, vom Boden zu den Bäumen
Komplex, vernetzte Kreisläufe und nichts bleibt ohne Folgen

Und wie man in den Wald ruft, so schallt es dann heraus
Und wo Geld allein im Fokus steht, da steht die Zukunft vor dem Aus

Geschwächter Wald ist anfällig für Schädlinge und Hitze
So sägen Menschen motiviert am Ast, auf dem sie sitzen

Doch mancherorts sind Menschen, die suchen andre Wege
Die fragen sich, wie man Wald nutzt, ohne Natur den Raum zu nehmen

Bäume werden zwar entnommen, doch gezielt nicht massenhaft
Weder Kahlschlag noch Maschine, die den Boden leblos macht

Keine Monokultur wird angestrebt und verwendet wird kein Gift
Weil das Ziel nicht nur das Geld, sondern auch Waldgesundheit ist

Und wo sich Baumkronen verzweigen und dem Morgengrauen
lauschen
Wo sich Blätterdächer spannen – tiefes Atmen, leises Rauschen

Wo Chlorophyll den Pinsel schwingt – grüne Farbe, viele Tupfen
Dort wo Äste zaghaft schwanken, um den Himmel anzustupsen

Dort steht ein Wald voller Vernetzungen, voll stetiger Begegnung
Empfindlich feines Gleichgewicht und alles in Bewegung

Auszug aus: Dankesrede zum
Johann-Gottfried-Seume-Literaturpreis 2025

Jan Röhnert: Mit Seume über Bäume reden

Die Dryade
(Als man anfing, das Rosenthal bei Leipzig auszuhauen)

Wolkenumschleiert war der Himmel, die blutrote Sonne
Sank zu den Hesperiden hinab, mit Trauer im Antlitz,
Als dem offenen Hain der Rosen fernhin der Klage
Jammernde Stimmen entströmten, und in die Nähe mich zogen.
Also weinten die Göttinnen laut; und Eine vor allen,
Eine der hehrsten des Tales, das jetzt Verwüstung durchströmte:
Jammert, ihr Schwesetern und Kinder! ach! jammert, meine Verwandten,
Meine Lieblinge! weinet mit mir die Zähre der Wehmut!
Die Erhabensten unsers Geschlechts, die Zierden des Waldes,
Ach! sie stürzen mit ihren Wolkenkronen zu Boden.
…

Das Eingangsgedicht, für den Weimarer Germanisten Eberhard Haufe wie ein ›Irrläufer‹ in seiner Zeit, eines der wenigen Beispiele einer in formvollendeten Hexametern verfassten deutschen Elegie – Elegien wurden im Deutschen meist in Distichen, dem Wechsel von Hexa- und Pentametern verfasst –, hat Seume nicht in seine gesammelten Gedichte aufgenommen, dabei ist es eines seiner Besten. Es erschien am 22. Mai 1804 zehn Tage nach seiner mutmaßlichen Entstehung in der Berliner Zeitschrift *Der Freimüthige* seines Freundes Garlieb Merkel und muss den Verfasser bei den Leipziger Oberen gehörig unbeliebt gemacht haben. Hatte er es doch gewagt, sich damit direkt in einen unmittelbar von der Stadt zu verantwortenden Umweltfrevel einzumischen, der vor seinen Augen geschehen war: Unter dem Vorwand der Verbreiterung des Abwasserkanals hatte man einen nicht unbeträchtlichen Teil des schon im späten Barock berühmten Leipziger Rosentals zwischen der Innenstadt und Gohlis gerodet. »Die Leipziger Machthaber begehen die Sünde das Rosenthal am Eingang der Promenade entsetzlich auszuhauen und die schönsten gesündesten Eichen wegzuschlagen. Das verdient einige Rüge und vielleicht kommt sie noch früh genug, noch etwas zu retten«, schreibt Seume an Merkel im Begleitbrief zum Gedicht. Eberhard Haufe dazu: »Man glaubt die Worte eines Natur- und Umweltschützers von heute zu vernehmen.« Möglicherweise war es der Stadt auch um Zusatzeinkünfte aus dem Holzverkauf gegangen, denn an der Wende vom 18. zum 19. Jahrhundert zeichnete sich eine Energiewende ab, wie wir sie heute wieder erleben. Damals wurde Holz als Brennstoff extrem knapp und ließ sich, wenn noch vorhanden, entsprechend überteuert veräußern. Man begann sich mit dem Abbau von Braun- oder Steinkohle als neuem Heizmaterial zu beschäftigen, was Seume 1805 auf seiner Wanderung durch Südschweden vermerkt und was seinen Zeitgenossen Friedrich von Hardenberg – »mein Freund Novalis«, so Seume in den *Apokryphen* – als Weißenfelser Amtshauptmann und Bergbauingenieur im Juni 1800 die Leipziger Tiefebene bis nach Ostthüringen geologisch kartieren ließ. Seumes Gedicht gegen den Holzfrevel des Leipziger Magistrats führte zum Aufschrei der Leserschaft und einer heftigen Verstimmung der Stadt gegen ihren sie anzeigenden Autor. Am 3. Juli 1804 reagierte er deshalb in der *Zeitung für die elegante Welt* mit einer längeren Stellungnahme, die zwar kein Widerruf, jedoch eine prosaisch genauere Angabe dessen war, was ihn empört hatte: »Es sind in allem dreißig Eichen, und ungefähr doppelt so viel Ulmen, Buchen und Erlen, allerdings in keinem großen Bezirke, niedergehauen worden ... Mir kommt bei dem Anblick vor, als ob das auch forstmäßig zu viel gewesen sei; und forstmäßig und rein ökonomisch durfte doch nach der Humanität ein Plätzchen nicht behandelt werden, das, so zu sagen, das Eigentum von ganz Europa ist«. Sie sehen, Seume war kein kompromissloser Sponti, der sich an Bäume kettete, sondern er blieb auch in seinen Argumenten gegen die Baumfällung beim gesunden Menschenverstand – und hätte wohl auch einen kompetenten Forstmeister abgegeben. Am gesunden Menschenverstand jedenfalls hatten es die Stadtoberen in Seumes Augen mangeln lassen, als sie so viele alte Baumriesen einem Abwasserprojekt opferten, dessen Sinn und Notwendigkeit er durchaus einsah. Es ist die Maßlosigkeit der Rodung, die ihn offenbar zur Feder und damit zu seinem Medium ökologischen Widerstands als Schriftsteller drängte. Nochmal Eberhard Haufe dazu: »Trotz der Schwächen des Gedichts bleibt es sein Verdienst, offenbar erstmalig in der deutschen Lyrik ein Thema zur Sprache gebracht zu haben, das heute, nur in ganz anderen Dimensionen, keine Ruhe mehr läßt.«

Mir will es wie Schuppen von den Augen fallen, wie sehr die von Seume gerügte Maßlosigkeit auch heute noch, allen anders lautenden Beteuerungen zum Trotz, bei Leipziger Oberen – und nicht nur bei diesen – mentalitätsbestimmend zu sein scheint. Auf dem Leipziger Leuschnerplatz, der vielleicht berühmtesten Brache der Stadt, die mittlerweile kaum mehr als Brachfläche zu bezeichnen ist, so schnell hat die Bauindustrie nach der erfolgten Baugenehmigung ihre neuen Fassaden dort schon hochgezogen, hat sich über 80 Jahre, seit Ende des Zweiten Weltkriegs, eine kleine Wildnis entwickelt, der andere, mit ihr korrespondierende Brachen wie am Bayerischen Platz oder im Westen an der Zschocherschen Straße zur Seite stehen – oder standen, denn sie alle sind, obwohl großenteils in Kommunal- und nicht Privatbesitz, in Gefahr, der Bauwut der Stadt irreversibel zum Opfer zu fallen. Die Rede ist nicht bloß von auf Schuttplätzen gedeihenden Essig- und Götterbäumen, von Holunder, Hartriegel oder Birken, die sich schnell ansiedeln, sondern ebenso von Esche, Pappel, Weide, Hasel oder Linde – jene Baumart, welcher Lipsia seinen Namen verdankt –, die Rede ist von der anderswo ausgestorbenen Feldulme, vom aus dem europäischen Südosten eingewanderten Zürgelbaum, von der Robinie, dem Silberahorn und anderen Arten, die sich als potentiell resistent im Klimawandel erweisen könnten und selbst wiederum eine schützenswerte Fauna wie Zauneidechsen oder Nachtigallen beherbergen. Die Rede ist bezogen auf den Leuschnerplatz von einer Fläche von immerhin 1,8 Hektar, auf der sich über fast 80 Jahre lang unbeeinträchtigt ein innerstädtisches Biotop hat ausbreiten können – unbeeindruckt vom Vorbeifluten des Verkehrslärms am Stadtring, unbeeinträchtigt von den in der späten DDR dort entstandenen architektonisch spannenden Bauten, die der Flora nichts von ihrer Vitalität nahmen. Dies alles ist nun durch Megabauprojekte bedroht, und es wirkt wie ein bitterer Zynismus und kaum wie ein Trost, dass dort auch der Neubau des Naturkundemuseums entsteht. Ebensowenig ist es ein Trost, wenn die Riesen der Gipsindustrie im Südharz verkünden, dass im weltweit einmaligen Gipskarst Sachsen-Anhalts auf Kosten eigentlich streng geschützter Höhlen, Magerrasen und Buchenwälder Arbeitsplätze beim Abbau des begehrten Baurohstoffs entstünden – schauen Sie sich einmal die mondkraterartigen Schrunden und Halden am Kohnstein über der KZ-Gedenkstätte Mittelbau-Dora oder auf dem Alten Stolberg an, die der Gispabbau dort in ehemals intakten Wäldern hinterlassen hat.

In *Wildnisarbeit* habe ich versucht darzustellen, warum es sich lohnt, sich für den Erhalt solch einer vermeintlich unscheinbaren, nur nach landläufiger Kleingartenästhetik ›unschönen‹ Brache einzusetzen, und wie beim Einsatz für ein solches Stück sich selbst überlassener Natur plötzlich neue Freundschaften mit Aktivistinnen und Aktivisten entstehen, denen das Leben eines ihnen nahen Baums vor Augen ebenso ans Herz oder unter die Haut geht wie Seume vor 220 Jahren. Oder wie sich beim Einsatz für den bedrohten Gipskarst im Südharz Freundschaften fürs Leben entwickelt haben.

Die Stadt, die Bau- und Gipsbranche ficht alle so sachlich wie ernstgemeinte Kritik einfacher Bürgerinnen und Bürger wenig an, beteuern alle Angeklagten doch unentwegt, dass sie ja den Klimawandel ernst nähmen, Baumpatenschaften unterstützten und überhaupt alles für eine Verbesserung unserer Städte und Landschaften täten – bei gleichzeitiger Versiegelung ehemals wilder Flächen durch kommunale und private Bauherren, solange es die Rendite für vermietete und verkaufte neue Immobilien hergibt, bei gleichzeitigem Flächenfraß, Verödung und Verschandelung des ländlichen Raums. Das Schicksal der städtischen Brachen ebenso wie der verbliebenen Gipskarstlandschaft im Südharz ist ein Prüfstein für unsere Koexistenz mit jener Form von sekundärer Wildnis, die nicht wie die einst primäre Wildnis in exterritoriale Naturschutzgebiete und Reservate verbannt überlebt, sondern unkontrolliert zwischen, neben, um und unter uns sich auszubreiten vermag. Meinen wir es wirklich ernst mit der Anerkennung anderer Lebensformen, von nichtmenschlichen Akteuren wie Tieren, Pflanzen, Pilzen, Bergen, Flüssen, Hügeln, Höhlen, Trockenwiesen, Magerrasen, Geländeformationen wie Erdfällen, Karstplateaus, Hang- und Schluchtwäldern, Auwäldern, Seen, Froschtümpeln bis hin zu Kleinstbiotopen wie Gebüschen und Brachplätzen?

Hand aufs Herz: Ist da nicht auch ein Widerspruch? Hat Seume mit seinem lateinischen, hier deutsch wiedergegebenen Leitspruch »Der Wahrheit folgen und sie pflegen, die Gerechtigkeit schützen, für alle in gleicher Weise das Gute wollen, nichts fürchten« sich nicht dazu bekannt, sich nur für den Menschen und seine Belange einzusetzen? »Ich habe nicht außerordentlich viel Sinn für das, was außer dem Menschen ist«, bekennt er in *Mein Sommer 1805*, und dazu noch sein Begriff von Politik: »Politisch ist, was zu dem allgemeinen Wohl etwas beiträgt oder beitragen soll: quod bonum publicum promovet.« Seume hätte aufs Schärfste dagegen protestiert, das Wohl der Bäume gegen das Gemeinwohl der Menschen auszuspielen, für ihn war selbstverständlich beides miteinander verschränkt. Wer wie Seume als Kind auf und unter Bäumen gespielt hat, wer wie er weiß, dass es sich im Baumschatten am besten geht, wem wie Seume oder seinem Malerfreund Schnorr von Carolsfeld Natur- und Kunstempfindung beim Anblick eines Baumes ein und dieselbe erhabene Sache sind, wie sollte der daran zweifeln, dass Bäume Teil unseres Menschenwohls, unseres Menschenrechts auf Wohlempfinden und Schönheit sind? Ist wirklich jemand unter uns, der Gedeih und Verderb der Bäume außerhalb von unserem eigenen Gedeih und Verderb zu betrachten vermöchte? Gleich im zweiten Satz seiner bestechenden Seume-Charakteristik verweist Werner Kraft – geboren 1896 in Braunschweig, gestorben 1991 in Jerusalem – auf Seumes symbiotische Beziehung zu den Eichen seiner sächsischen Heimat. Es ist nicht nur der statistisch bezifferbare Nutzen von Bäumen, die Luft zum Atmen, die sie uns dank ihres Stoffwechsels für unseren eigenen Stoffwechsel schenken – eine 100-jährige Buche etwa tägliche zwölf Kilo Sauerstoff, hinreichend für zehn Personen –, es ist neben dieser symbiotischen Beziehung zum Baum, der älter ist als wir und durch dessen Wirken wir erst hervorgebracht worden sind, und es ist neben dem unbestrittenen wirtschaftlichen Nutzen des Holzes, seinem Wert für Papier- – Bücher! – und Möbelindustrie, der Heizwert fällt heute nicht mehr so ins Gewicht wie zu Seumes Zeiten, es ist neben und vor all dem, was den Baum für uns unverzichtbar macht, doch zuallererst die Resonanz mit diesem Urgeschöpf der Erde, die wir mit allen Sinnen beim Kontakt mit ihm erfahren – wem geht nicht das Herz auf beim Anblick einer blühenden Kastanie, beim Geruch einer blühenden Linde, beim Entlangtasten über die mäandernde längsgestreifte Rinde einer Ulme?

Seumes Verhältnis zu den Bäumen umfasst alle möglichen Arten von Symbiose und Resonanz mit ihnen. Die ›Büsche‹, also die noch belassene Baumwildnis, die Seume bei seiner Landung in Nordamerika vorfinden konnte, sind der Ort, in den sich sein berühmter ›Wilder‹ schlägt, nachdem er dem Europäer seine Lektion an Gastfreundschaft und Humanität erwiesen hat. Die Wildnis, die er in Nordamerika fand, führt ihn in eine vorzivilisatorische Tiefenzeit: »Kreuzend liegen tausendjährge Eichen / Durch einander, die das Alter fraß; / Morsche eingeborstne Stämme zeigen, / Daß den Wald hier nie ein Förster maß.« Man zähle einmal die verschiedenen Baumarten und Bäume, an denen Seumes »berühmter Wanderer«, wie Goethe ihn nannte, auf dem Spaziergang nach Syrakus vorbeigekommen ist. Bei wie vielen von ihnen wird er sich an den Stamm gelehnt, sich ein Blatt in die Tasche gestopft oder in die Krone zum Himmel hinaufgeschaut haben? Wenn er nicht weiter wusste, haben Bäume ihm den Weg gezeigt: »Nur die Bäume, die ich dunkel durch den Regensturm sah, machten mir Mut vorwärts«, heißt es auf unsicheren Pfaden von Rom nach Neapel. Ein paar Stichproben aus *Mein Sommer 1805* zeigen sein waches Auge für Garten- und Forstwirtschaft, das sich stets mit dem Sinn fürs Schöne paart: »die Gärten von Pawlowsk … sind ziemlich groß, Wälder schön, die Partien mit Geschmack verteilt … als Seltenheit hat man hier noch einige ziemlich hohe italienische Pappeln … die einzigen, die ich so hoch nordwärts gesehen habe«. In Kaunas bemerkt er: »Peter der Erste, dessen Humanität eben nicht die höchste war, ließ den Soldaten Gassen laufen und den Offizier ehrlos wegjagen, der nur einen Baum ohne Befehl niedergehauen hatte; und jetzt vernichtet man ganze Wälder und Gärten und macht das ohnedies schon kahle Land noch verödeter.« In Dänemark dann: »Auf dem Wege von Helsingör sind einige ausgezeichnet schöne Buchenwälder, und du weißt, welchen Genuß mir der vaterländische Baum schafft, ob ich gleich weder Ökonom noch Weidmann bin.«

...

Ähnlich der Wurzelbrut der bereits totgesagten Feldulmen, die am Leuschnerplatz aufgegangen sind, auch wenn sie die von der Stadt bestellten Bagger bald ausreißen werden, sofern meinen Freundinnen und Freunden von der Initiative Stadtnatur nicht ein Wunder gelingt, setzen sich die Seume-Gedanken unterirdisch fort und treiben aus, gehen ihre wilden Wege. So wird es auch den umtriebigen Städte- und Landschaftsplanern nicht gelingen, die Natur auszutreiben, sie wird an anderer Stelle wieder hervortreiben und vielleicht unverhofft Widerstand leisten. Was ihr zusteht, holt sich die Erde zurück. Wenn Sie mir die etymologische Abschweifung erlauben – aber Seume liebte so etwas –, so sind die Bäume der geradezu natürliche Reim auf Seume. Sprechen wir also nicht nur über Bäume, sondern pflanzen und pflegen wir sie auch. Ich könnte mir mein Schreiben ohne diese Ergänzung und Korrespondenz im Tun gar nicht mehr vorstellen. Wir tun damit ja nur das oder helfen nur bei dem nach, was sie von sich aus tun, und es kommt uns zugute. Wir leben von ihrem Atem, sie thronen auf dem, was von uns bleiben wird oder, wie es Seume formulierte: »Wenn im Paradiese keine Eichen und Buchen wachsen, so bleibe ich bestimmt in die Länge nicht darin.«

Auszüge aus den Essays »Maschinenwörter, Wortmaschinen. Gedankenarbeit im Keller der KI« und »Frau C. versteht die Welt nicht mehr. Generationskram« (»Das Zenonzän. Paradoxien des Fortschritts.« 2025)

Isabel Fargo Cole: Natur 2.0

1

Mit der generativen KI sind wir eingeholt worden von den Aporien der Arbeit, die Hannah Arendt in *Vita activa* so eindringlich schildert. Bei ihr entwickelt sich der Mensch vom animal laborans, das im naturnahen Rhythmus – »dem Lebensprozess unterworfen« – für das bloße Überleben arbeitet und »nichts Dauerndes zustande bringt« hin zum Homo faber, der sich eine Lebenswelt aus bleibenden Dingen *herstellt*. Doch als dieser beginnt, Maschinen zu bauen, schlägt die Entwicklung in ihr Gegenteil um. Mit der Industrie- und Konsumgesellschaft entstehen automatisierte Prozesse der Erzeugung und des Verzehrs, deren Eigendynamik paradoxerweise natürlich wirkt. Denn, so Arendt,

> Wir verstehen unter Naturprozessen Vorgänge, die ohne menschliche Hilfe entstehen, und wir verstehen unter Naturdingen all das, was [...] aus sich heraus wächst und eine Gestalt annimmt. [...] [S]o müssen sie als automatische Prozesse erscheinen.

Damit stellt die Automatik der Industriegesellschaft eine Art Natur 2.0 dar – und der Mensch, der sich ihr unterwirft, wird zu einem animal laborans 2.0, in einem natürlich wirkenden Kreislauf gefangen, wieder einmal außerstande, Dauerndes zu schaffen:

> Bei der Gefahr der bevorstehenden Automation handelt es sich

> […] darum, dass gerade die »Künste« des Menschen, und damit seine wirkliche Produktivität, in einem ungeheuer intensivierten Lebensprozess einfach untergehen könnten […]. […] Der natürliche Lebensprozess würde dabei […] außerordentlich viel »fruchtbarer« werden, weil er ständig von dem Rhythmus der Maschinen zusätzlich angetrieben und beschleunigt werden würde; aber auch dieses mechanisierte und motorisierte Leben würde […] nur ungeheuer schneller und intensiver die Dinge der Welt verzehren und damit die der Welt eigene Beständigkeit zerstören.

2

Februar 2024: Nach den Bildgeneratoren DALL-E und Midjourney entfesselt Sora eine Schwemme von künstlich generierten Videos. *Moving pictures*, so euphorisch empfangen wie anno dazumal die Anfänge des Kinos, so erschrocken, als offenbarten diese Animationen wahrhaftig die anima, den Hauch des Lebens in den Modellen. Als sei die Grenze zwischen Leben und Simulation ein für alle Mal verwischt, entstehen auf Knopfdruck Doppelgängerscharen, Politiker-Prätendenten, Promi-Avatare. Jedefrau muss mit Porno-Rache rechnen, Sukkuben ihres Selbst schwärmen im Netz aus. Naheliegend, sich den Vorgang am eigenen Leib vorzustellen. Als Kopfgeburt: Anhand meines Gesichtes beliebig viele Wechselbälger generieren. Mein Gesicht deren Gebaren, meine Lippen und Stimme deren Lauten anpassen. Meinen Körper gegen eine Gummipuppe austauschen, schlaff und klamm, unendlich dehn- und reproduzierbar, beliebig ab- oder überzustreifen.

Nach Wochen des Hypes und Gegenhypes: Die Simulierung der Lebenden scheint doch nur einen Nischenmarkt darzustellen. Die Bildbeispiele, die als Beweis der KI-Wunderkraft oder von deren Missbrauch geistigen Eigentums erbracht werden, entstammen größtenteils den Bereichen Animationsfilm oder Gaming. In diesem Superwahljahr, in dem – wie man nicht müde wird zu betonen – die Demokratie überall auf der Kippe steht, während Kriege toben, Los Angeles brennt und das 1,5-Grad-Ziel sich endgültig erledigt, rücken visuelle Welten in den Vordergrund, die ausdrücklich trivial und ausdrücklich fake sind. Eine Bilderflut wie im Fieberschub, bloß hier treiben die Bilder selbst die Fieberkurve nach oben, denn deren Energieverbrauch ist enorm. Kräftig an der Brust der Mutter Erde saugend, bevölkern die Halluzinationen wie gleichberechtigte Wesen das Netz. Auch das kein ganz neues, aber ein radikal sich verstärkendes Phänomen. Seit einigen Jahren schon fällt mir auf: Was auch immer ich im Netz suche, in die Bildergebnisse schleichen sich zunehmend Gaming-, Comic-, Trickfilmszenen. Eine Fantasy-, eine Manga-, eine Anime-Ästhetik, die mich in die eigene Pubertät zurückzuwerfen droht.

In gleich mehrfacher Hinsicht eine Regression. Und es ist doch *meine* Generation, die hier so spektakulär regrediert. Dabei sind wir noch gar nicht erst erwachsen geworden. Jedenfalls kann ich immer noch nicht fassen, dass meine Altersgenossen so selbstverständlich die Geschicke der Welt lenken. Zuckerberg, Musk – in ihnen stecken noch die linkischen, verkopften Kids, wie ich sie von meiner High School kannte, wie ich selbst eins gewesen bin. Sonderlinge, die sich in Science-Fiction-Welten flüchteten. *The Revenge of the Nerds* – der Kultfilm der 1980er nahm den Rachefeldzug der IT-Freaks, der oberschlauen Underdogs vorweg. Aus den Games ihrer Jugend schufen sie das Netz, die sozialen Netze, wie wir sie heute kennen, die zu unserer zweiten Kinderstube wurden, in der wir In- und Out-Group-Spiele in Reinform übten. Wir traten als junge Erwachsene in sie ein und niemals aus ihr heraus. In ihr ziehen wir noch die nächsten Generationen auf.

...War es Zufall, dass zur selben Zeit, Ende der 1980er, serielle Bezeichnungen den Markt fluteten, angefangen mit Windows 2.0? Ein neuer Fordismus eroberte die neue Wirtschaft, das Lineare an der Produktionslinie stand wieder im Vordergrund. Dabei erwies sich die Dezimalzählung markt-technisch als Geniestreich, denn jedes Vorrücken vor dem Komma wird mit großem Tamtam verkündet, im Nachkommabereich dafür eine Kaskade beliebig vieler Inkrementalschritte untergebracht. So zögert sich zum Zeitpunkt des Verfassens dieses Textes die Erscheinung einer nächsten ChatGPT-Generation hinaus, die, so Mit-GenXer Sam Altman, diesmal wahrhaftig den Schritt hin zur millenaristisch erwarteten artificial general intelligence vollzogen haben wird. Das Warten auf dieses Wunder bewegt sich längst im betriebsüblichen Rahmen: Die tech-affine Community zählt die Tage bis zur nächsten Aktualisierung, um sich dann endlos darüber zu streiten, ob auch diese Version bloß ein neues Beispiel für bloatware, feature creep oder gar prinzipieller enshittification sei. Fest steht nur, dass jede Software-Generation den Anspruch gesteigerter Funktionalität erhebt und dabei dazu neigt, sich ›aufzublähen‹, dass jede neue Inkarnation des Betriebssystems noch mehr Systemressourcen beansprucht, bis es den physischen Rahmen sprengt und in eine neue sterbliche Hülle schlüpfen muss – während das alte Gerät im immer zarteren Alter auf dem Elektroschrott landet. Eine Entwicklung, so selbstverständlich wie ein mathematisches Gesetz, haben wir doch längst die Reihe der Zehnerpotenzen verinnerlicht: mega-, giga-, tera-, peta- …

Wohlwissend, dass dem Normalverbraucher dabei der Kopf brummt, bemühen die Entwickler längst wieder die Magie der Namen: Siri, Alexa, Claude, Sora. Yosemite, El Capitan, Sierra, High Sierra, Mojave, Catalina, Big Sur, Monterey … Kalifornische Küste, kalifornische Hänge, Madrone und Straucheiche. Ich weiß, was dort wächst, auch wenn es in der gleißenden Weichzeichnung untergeht – es sind die Sehnsuchtsbilder der Westküstengenerationen, Steinbeck und Kerouac, meine Urgroßeltern in Livermore, mein Goldgräberuropa, mein Opa aus Los Banos, meine Eltern in Palo Alto 1968, als ihre Kommilitonen an der Stanford University das (wie es bald hieß) Silicon Valley beackerten … Vor allem meine Altersgenossen pilgerten dorthin, wo ich zwar Wurzeln besitze, aber niemals welche schlug. Sie machten das Siliziumtal zum Nabel der Welt und jeden Bildschirm zum Fenster auf die kalifornische Landschaft. Das vertraute Hintergrundbild von Windows XP – grüne Hügel, blauer Himmel – stammt aus dem Napa Valley. *Bliss*, Wonne, heißt das Foto von 1998, das ehemalige Weinberge zeigt. Die Reblaus hatte über 20.000 Hektar Wein vernichtet, ein gleichmäßiger Grasteppich bedeckte die Hänge, so weit das Auge reichte. Daher wirken die XP-Hügel so aufgeräumt, abstrakt – so simuliert wie sämtliche MacOS-Landschaftsschinken, bereinigt von allem, was den Rahmen purer Daten sprengt. Big Sur, Monterey – wo bleibt da Kerouac, wo bleibt Steinbeck? Von den Dörfern der Miwok-Stämme ganz zu schweigen. Ventura, Sonoma, Sequoia – wo bleibt in dieser Abfolge die andere, inzwischen gebräuchlich gewordene Aufzählung, Camp Fire, Tubbs Fire, North Complex Fire … das Verschwinden der Ortschaften Berry Creek, Feather Falls, Paradise …? Wo bleibt am strahlenden Himmel der Rauchschleier aus Altadena und Pacific Palisades, aus Arnold Schönbergs Archiv?

Kerstin Lange: Das Grüne Band. Wegweiser zu einem ökologischen Zuhause?

Weißer Nebel hängt wie ein langgezogener Wattebausch über den Feldern. Stille liegt über dem Land. Keine leere Stille, sondern eine verheißungsvolle. Es ist die Stille zwischen Nacht und Morgen. Eine leichte Brise trägt die ersten Singvogelstimmen aus einem kleinen Wäldchen herüber, die langen Grannen der Gerste wogen in sanften Wellen.

Im nächsten Moment gellt ein Geräusch durch die Stille, fast wie ein Schrei. Etwas Wildes. Ein Vogel? Oder sind es zwei? Der wilde Ruf kippt nach oben, wie ein aus einer Trompete gepresstes Fragezeichen. Kraniche? Seit Hunderten von Kilometern hatte ich darauf gehofft, Kraniche zu sehen. Hier, im Wendland, stehen die Chancen gut: Dieser Winkel im östlichsten Niedersachsen, der einst in die DDR ragte, ist einer ihrer größten Brut- und Raststätten in Nordeuropa.

Es trompetet wieder. Die Rufe scheinen von jenseits des Wäldchens zu kommen, auf das der Betonplattenweg mich und mein Fahrrad nun hinführt. Die Bäume hier sehen jung aus, kaum älter als dreißig Jahre. Ein Pionierwald, der nach der Wende emporgewachsen ist? Dann wäre ich schon mitten im einstigen Grenzstreifen. Ein kleines weißes Schild an einem Baum bestätigt meine Vermutung: Grünes Band Deutschland.

Nun sehe ich ein Stück Zaun, das stumpfgraue Streckmetall fast versteckt hinter dem schimmernden Grün des jungen Eichenlaubs. Er sieht harmlos aus nach all den Jahren, und doch spüre ich einen Anflug von Beklemmung. Auch die zwei Monate und 1400 Kilometer meiner Expedition entlang dieser vergangenen Grenze haben mich nicht dagegen abgehärtet.

Wieder der wilde Ruf von der *anderen Seite*. Vorbei an einem alten Wachturm, dessen untere Hälfte von Birken und Sträuchern fast zugewachsen ist und auf dessen oberstes Betonelement jemand in ungelenken Buchstaben »no borders« gesprüht hat.

Keine Grenzen. Ist das möglich? Können wir Menschen ohne Grenzen leben? Ist das überhaupt die richtige Frage? Vielleicht so: Können wir etwas lernen von dem, was von Grenzen bleibt? Kann diese alte Grenze hier uns etwas über die zwischen Mensch und Natur verraten?

Ich habe das, was von der deutsch-deutschen Grenze übriggeblieben ist, als eine Art Kompass benutzt, um mich diesen Fragen anzunähern. Irgendwann begann ich, meine Expedition als eine Art Studien- und Pilgerreise zugleich zu betrachten; meine Navigationsstrategie als »strukturiertes Herumwandern«. Während die alte Grenze die geografische Struktur vorgab, war der Geist meiner Reise von Henry David Thoreaus Essay *Walking* durchzogen, der das Wort Saunterer (Herumwanderer) von »Sainte-Terrer« ableitete: von »[…] müßigen Menschen, die im Mittelalter durch das Land zogen und unter dem Vorwand, *à la Sainte Terre*, in das Heilige Land zu pilgern, um Almosen baten, bis die Kinder riefen: ›Da geht ein Sainte-Terrer‹, ein *Holy-Lander*. […]. Einige leiten das Wort jedoch auch von ›sans terre‹ ab, ohne Land oder Heimat, was im positiven Sinne bedeutet, keinen bestimmten Wohnort zu haben, sich aber überall zu Hause zu fühlen.«

Sans Terre. Ohne Land oder Heimat. Ist *das* möglich? Schon muss ich die Frage erweitern. Wo wir herkommen und wo wir uns zuhause fühlen, oder eben nicht: Auch das hat mit Grenzen zu tun. Mit der Unterscheidung zwischen hier und nicht hier, dort und nicht dort. Jede Geflüchtete, jeder Emigrant weiß das; sie sind vor die Frage gestellt, wie werde ich hier zugehörig? Wie schlage ich neue Wurzeln?

Diese Landschaft. Oder vielmehr, diese Landschaften entlang der Nicht-mehr-Grenze, von der Ostseeküste bis nach Tschechien. Der Ostseestrand, Saum zwischen Wasser- und Landwelt, an dem jede Spur der martialischen Grenzanlagen verschwunden ist. Die sattgrünen Erlenbrüche der Wakenitz bei Ratzeburg; die Weite der Elbauen. Die verwunschenen Mini-Urwälder an unzugänglichen Stellen der einstigen Grenze, die kilometerlangen Abfahrten in der Rhön und die unweigerlichen Steigungen, die mich und mein Fahrrad an unsere eigenen Grenzen brachten. Die unwirklichen Wasserlandschaften des Schaalsees. Die Einsamkeit. Das Fernab-Sein von der Schnelligkeit, dem Verkehr, der konstanten Ablenkung durch Geräte. Mitten in Deutschland.

Auch die Menschenleere, dieses Fernabgefühl, geht auf die Grenze zurück: 11.000 Menschen wurden in zwei groß angelegten Aktionen aus dem Sperrgebiet auf DDR-Seite entlang der Grenze zwangsausgesiedelt, ganze Dörfer geschleift. In Gesprächen mit denen, die bleiben durften, kommen Geschichten hervor, die von einer erstaunlichen Widerstandskraft zeugen. Die Dorfgemeinschaft, die sich zur unabhängigen Republik erklärte. Das Ehepaar, das den Grenzzaun aufbrach, um einen Mann vor dem Ertrinken zu retten – und dann den scharf bewaffneten Grenzern gegenüber darauf bestand, dass der fast Erfrorene von einem Arzt begutachtet werden müsse. Auch dies Momente einer Pilgerreise: Statt um Almosen bat ich die Menschen, denen ich begegnete, um Erinnerungen. All dies, die Landschaften und die Menschengeschichten, verbunden durch eine schmale Spur in der Landschaft.

Kai Frobel, heute als ›Vater‹ des Grünen Bandes bekannt, konnte den Grenzstreifen von seinem Kinderzimmer im nordöstlichen Bayern aus sehen. Im Elternhaus gab es Vogelbücher und Ferngläser; bei Spaziergängen und Fahrradtouren lernte er die Vogelwelt kennen. Schon als Dreizehnjähriger stellte er fest, dass bestimmte seltene Vogelarten nur in der Nähe des Grenzstreifens vorkamen. Vor allem das Braunkehlchen hatte es ihm angetan, ein kleiner, braun-weißer Vogel mit orangefarbener Brust und hellem Augenstreif. Auf seinen Streifzügen entlang der Grenze sah der junge Kai oft Braunkehlchen auf Büschen, Schilf oder den schwarz-rot-goldenen DDR-Grenzmarkierungen sitzen. Wie auch andere Vogelarten, die im Grenzstreifen bessere Lebensbedingungen fanden als im Rest der Landschaft, sind Braunkehlchen Bodenbrüter. Sie brauchen offene Flächen und Ansitze, um ihre Umgebung zu überblicken und die Insekten zu sehen, von denen sie sich ernähren. Der junge Kai beobachtete nicht nur, er führte auch Buch über seine Beobachtungen. Mit siebzehn bereitete er seine Aufzeichnungen für einen Wissenschaftswettbewerb auf und gewann den ersten Preis. Das Jahr war 1976, das Ende des Kalten Krieges lag noch in unvorstellbarer Ferne. Über den Preis habe er sich gefreut, sagt der heute 67-jährige Frobel, »aber viel wichtiger war, dass dieser Bericht die erste wissenschaftliche Dokumentation der bemerkenswerten Artenvielfalt im Grenzstreifen war.« In weiteren Kartierungen seit der Grenzöffnung wurden dort mehr als 1200 Pflanzen- und Tierarten dokumentiert, die im Rest der Landschaft selten geworden, teils vom Aussterben bedroht waren.

Es war ein bemerkenswertes Ergebnis. Die Natur gedeiht, wenn wir Menschen sie in Ruhe lassen, schien mir die Lehre aus dem Grenzstreifen zu sein. Ein Beweis für den Wert der Wildnis, so dachte ich.

Die Verbindung zwischen Militärgebieten und biologischer Vielfalt ist kein seltenes Phänomen: Auch an Orten wie der Demilitarisierten Zone in Korea und der Landschaft um das Kernkraftwerk Tschernobyl wurde erhöhter Artenreichtum nachgewiesen. Braucht es ausgerechnet brutale Eingriffe in die Natur wie den Eisernen Vorhang als Hinweis, dass menschliche Aktivitäten nicht zwangsläufig Zerstörung bedeuten müssen, sondern auch Artenvielfalt fördern können? Könnte dieses Paradox eine Botschaft über unser kompliziertes Verhältnis zum Rest der Natur enthalten? Unsere Sehnsucht nach Natur pur, die unseren Blick auf den eigenen Platz im großen Ganzen so oft verstellt?

Irgendwann im Laufe meiner Expedition wurde ich auf eine Studie des Biologen Stefan Beyer aufmerksam. Durch Vogelkartierungen aus den Jahren 1990 und 2011 entlang des Grünen Bandes im Landkreis Coburg hatte Beyer einen erheblichen Rückgang der Artenvielfalt festgestellt. Zwei der typischen und gefährdeten Vogelarten des Grünen Bandes, Grauammer und Ziegenmelker, waren in den Untersuchungsgebieten völlig verschwunden. Drei weitere Arten, unter ihnen das Braunkehlchen, waren um 66 bis 90 Prozent zurückgegangen. Fotodokumentationen zeigten, dass im gleichen Zeitraum 60 Prozent der ehemals offenen Lebensräume zugewachsen waren. Das war nicht völlig überraschend. Wer auch nur ein kleines Gartenbeet pflegt, weiß aus Erfahrung, dass die Natur in dem Moment, in dem man wegschaut, die Kontrolle übernimmt. Sobald ein Sturm Lichtungen in einem Wald aufreißt, kommen die Schößlinge der nächsten Baumgeneration hervor; das Blätterdach schließt sich wieder. Die ökologische Sukzession nimmt ihren Lauf. Nur: Der Natur ihren Lauf lassen führt eben nicht automatisch zu höherer Artenvielfalt.

Es steht außer Frage, dass die militärische Infrastruktur des Grenzstreifens schwerwiegende ökologische Einschnitte verursachte, insbesondere dort, wo sie Wälder durchschnitt oder die Hydrologie von Feuchtgebieten veränderte. Minenfelder waren für Rehe und andere Wildtiere ebenso tödlich wie für Menschen. Beyer kam jedoch auch zu dem Schluss, dass die DDR-Grenzer durch ihre Wartungsarbeiten – gleichwohl unbeabsichtigt – nahezu perfekte Bedingungen für die biologische Vielfalt geschaffen hatten. Die Grenztruppen brauchten ein freies Sicht- und Schussfeld; sie waren angewiesen, Büsche und Bäume regelmäßig zu entfernen. Ohne landwirtschaftliche Nutzung blieb der Grenzstreifen frei von Traktoren, Düngemitteln und Herbiziden. Die Grenzzäune und -pfosten boten Vögeln wie dem Braunkehlchen ideale Ansitze.

Von hier spannt Beyer den Bogen zu einem viel früheren Kapitel in der Geschichte der mitteleuropäischen Landschaften: eines, das vor etwa 12.000 Jahren begann, nachdem sich der letzte kontinentale Gletscher zurückgezogen hatte. Sobald das von den Eismassen abgeschürfte Gestein zu genügend Boden verwittert war, um einer Pionierflora Halt zu geben, zogen wieder Tiere ein. Bäume siedelten sich an, formten Wälder. Gewitter entfachten Brände und schufen Lichtungen. Große Pflanzenfresser – Wildpferde, Mammuts und eine prähistorisch anmutende Wildrindart namens Auerochse – trugen ihren Teil dazu bei, dass sich der Wald nicht wieder schloss. Anders als lange angenommen, war Europa nicht durchgängig von dichten Wäldern bedeckt; bald nahm die Landschaft eine halboffene, mosaikartige Struktur aus Wiesen und Wäldern an. Auch die wiedereinwandernden Menschen sorgten über einen Zeitraum von einigen tausend Jahren als Kleinbauern und Hirten weiterhin für eine vielfältige Struktur der nacheiszeitlichen Landschaft – und damit für ein breites Spektrum an Flora und Fauna. Patch dynamics nennen Ökologen diese Art von Prozess, bei dem ein gewisses Maß an Störungen eine hohe Artenvielfalt fördert. Nach den Erkenntnissen der Störungsökologie führt eben nicht die unberührte Natur zurück zu hoher Artenvielfalt, sondern die von Menschen und Tieren bewohnte und gestaltete.

Das Gleichgewicht änderte sich, als die zunehmend intensive Landwirtschaft Mitte des 20. Jahrhunderts die Landschaft beherrschte. Immer größere Pflüge und Mähdrescher erforderten immer größere Felder und weniger Hecken. Pestizide töteten nicht nur die beabsichtigten Zielarten, sondern setzten sich in der Nahrungskette fort und trugen, wie im Fall des Insektizids DDT, zum Beinahe-Aussterben von Arten wie dem Seeadler bei. Mitte der 1970er Jahre bestanden weite Teile der westdeutschen Landschaft aus riesigen Monokulturen, in denen kein Bodenbrüter noch Nahrung finden konnte. In der DDR hatte die Kollektivierung der landwirtschaftlichen Flächen schon früher zu riesigen Ackerflächen geführt.

Nach Ansicht von Naturwissenschaftlern wie Beyer war es genau dieses Kapitel der europäischen Landschaftsgeschichte, in dem der Eiserne Vorhang der bedrängten Flora und Fauna eine ungeplante Lebenslinie zuwarf. Der tödliche Grenzstreifen hatte eine halboffene, vielschichtige Landschaft mit sich gebracht, die sich dem Einfluss von Pflügen, Düngemitteln und Pestiziden entzog. In und entlang dieses schmalen Streifens befanden sich Lebensräume, die eine Vielzahl verschiedener Arten beherbergten. Nicht den Auerochsen oder das Wildpferd, sondern Säugetiere wie Luchs und Wildkatze und Vögel wie Braunkehlchen, Schwarzstorch und Kranich.

Die Bedeutung des Grünen Bandes war also nicht nur »Die Natur gedeiht, wenn wir Menschen sie in Ruhe lassen«, sondern auch »die Grenze selbst hat die Bedingungen für die hohe Artenvielfalt geschaffen«. Der Grenzstreifen am Ende des Kalten Kriegs war keine vom Menschen unberührte Wildnis. Und wie alle Landschaften befindet er sich in ständigem Wandel. Um die bemerkenswerte biologische Vielfalt des Grünen Bandes zu erhalten, müssen Menschen also weiter eine aktive Rolle spielen. Das führt an manchen Stellen zu Landschaftspflegemaßnahmen, die sich gegen den ›Lauf der Natur‹ richten. So auch an der Wirler Spitze, wo der Grenzstreifen zwischen Sachsen-Anhalt und Niedersachsen eine Schneise durch ausgedehnte Kiefernwälder geschlagen hatte. Für die Artenvielfalt ein Glücksfall: So entstand dort ein in der modernen Agrarlandschaft selten gewordenes Offenland-Biotop, das ebenso selten gewordenen Arten wie Heidelerche, Ziegenmelker, Schlingnatter, Kreuzotter und Zauneidechse und zahlreichen Insektenarten ein Refugium bot. An anderen Stellen des Grünen Bandes liegt der Schwerpunkt auf Rewilding – Maßnahmen mit dem Ziel der Wiederverwilderung mit, zum Beispiel, halbwilden Pferde- oder Rinderrassen.

Das Grüne Band als wilder Korridor inmitten des dicht besiedelten Deutschlands, befreit von militärischen Einrichtungen wie auch von anderen menschlichen Einflüssen: Lange hing ich an dieser Vorstellung. Aber meine Expedition hat meinen Blick auf das Grüne Band landschaftsgeschichtlich geschärft. Zwar negiert diese neue Sichtweise nicht den Wert von Wildnis, von Räumen, in denen die Gesetze von Ökologie und Evolution ihre Wirkung entfalten können. Nur hat im Lauf der Geschichte der Mythos der Wildnis allzu oft dazu gedient, die menschliche Präsenz in der Landschaft auszuradieren, sowohl im gesellschaftlichen Bewusstsein als auch durch die tatsächliche Entfernung der Menschen aus der Landschaft. Diese Art von Naturschutz hat zahllose Indigene Menschen in Nord- und Südamerika, Afrika, und Asien um ihr Land, ihre Heimat gebracht.

Wie der Umwelthistoriker William Cronon es ausdrückt, »verkörpert der Begriff der Wildnis eine dualistische Vision, in der der Mensch völlig außerhalb der Natur steht. Wenn wir uns erlauben zu glauben, dass die Natur, um wahrhaftig zu sein, auch wild sein muss, dann bedeutet unsere bloße Anwesenheit in der Natur ihren Untergang.«

Als ob wir Menschen tatsächlich außerhalb der natürlichen Welt existieren könnten, dachte ich, als ich mit dem Fahrrad ein Stück der alten Grenze entlangfuhr und den wilden Duett-Rufen eines Kranichpaares lauschte.

Das Grüne Band gibt uns den Impuls, einen Blick in frühere Kulturlandschaften zu werfen. Könnte dieser Blick uns helfen, uns in der Natur zugehörig zu fühlen, sie als unser ökologisches Zuhause zu begreifen?

Der Biologe Bernd Heinrich erinnert uns in seinem Buch *Der Heimatinstinkt* daran, dass unser Zuhause dort ist, wo unser Verhalten

Konsequenzen hat und wo wir Rückmeldungen – positiv oder negativ – auf das, was wir tun, erhalten. Zuhause sind auch Orte, mit denen wir vertraut sind. Und genau das ist die Herausforderung, vor der viele von uns stehen, wenn es um unser ökologisches Zuhause geht: Wir sind nicht damit vertraut, was um uns herum ist, nennen es nur vage Umwelt. Der Autor Robert Michael Pyle nennt dies das Aussterben des Erlebens. Studien zeigen regelmäßig, dass Kinder im Durchschnitt 1000 verschiedene Firmenlogos erkennen können, aber nur wenige Pflanzen und Tiere, die in ihrer Umgebung heimisch sind. Wenn wir nicht imstande sind, eine Art von der anderen zu unterscheiden, wie können wir dann den Verlust der biologischen Vielfalt überhaupt bemerken? Können wir uns wiederbeheimaten auf diesem Planeten?

Auch dazu gibt das Grüne Band Impulse. Wir können uns, egal in welchem Lebensalter, wie Kai Frobel mit Bestimmungsbüchern umgeben und unsere tierischen und pflanzlichen Mitbewohner in diesem irdischen Zuhause kennenlernen. Wir können kleinere oder größere Expeditionen unternehmen und selber zu Forschungsreisenden in der Landschaft werden. All das in dem begründeten Vertrauen, unsere Lebenszufriedenheit zu vertiefen: In den letzten Jahren kamen mehrere wissenschaftliche Studien zu dem Resultat, dass biologische Vielfalt und Vögel beobachten glücklich machen.

Bearbeiteter Auszug aus: Über Klanglandschaft und Naturstille im Nationalpark Harz, Schriftenreihe des Nationalparks

Gerhard Trommer: Klangland

Mit Pauken und Trompeten! Taramm! Krach, Lärm, Toben, Knallen, Jauchzen, Anfeuern, tosende Wasserfälle, schäumende Brandung, Feuer speiende Vulkane – das kann unterhaltsam sein, Spaß machen, kann spektakulär sein und aufregend, und lässt sich irrwitzig übertreiben: Der amerikanische Klang-Manufaktur-Award, der im Jahr 2000 für das weltweit lauteste Autoradio vergeben wurde, zeichnete ein Gerät aus, das zweimal so laut aufgedreht werden kann wie der Schall einer abgefeuerten »a. 357«-Magnum-Pistole im Abstand einer Armlänge vom Ohr (Krause 2016).

Eine vom Sturm geworfene Fichte am Bruchberg im Harz. Der Länge nach hingekracht, hat sie mit ihrem Wurzelteller schwere Felsblöcke angehoben. Noch von Wurzeln umklammert, drohen die dicken Steinbrocken irgendwann herunterzustürzen. Man kann sich das Spektakel vorstellen. Akut rieselt aber nur trockenes Bodensubstrat unregelmäßig und leise aus dem Wurzelteller oder wird in kleinen Klumpen von Schmelzwasser und Regen heruntergewaschen. Das Raspeln fressender Käferlarven und Holzwespen in dem am Boden liegenden Stamm wäre mit Mikrophonen wahrscheinlich hörbar zu machen. Mikrophone können darüber hinaus das Tierartenspektrum rings um diesen Stamm aufzeichnen, den Gesang diverser Vogelarten, das Hämmern von Kleibern und Spechten, Summ- und Brummtöne vorbeifliegender Insekten. Ein vom Wind durchströmtes, stehendes lichtes Fichten-Totholz mit aufkommendem Laubholz im Unterwuchs lässt andere Geräusche entstehen als das Fauchen, das aus den Kronen eines dichten dunklen Fichtenforstes zu vernehmen ist.

Uns fehlen oft Worte, um Töne, um Klänge, die wir hören, zu beschreiben. Wir behelfen uns mit »is-is-is-früh«, um den Gesang der

Goldammer sprachlich nachzuahmen oder »ich-ich-ich-schreib-an-die-Regierung« für den Gesang des Buchfinks. Es gab einmal einen Lehrer, der die Vogelstimmen in musikalische Noten fasste, als Einprägehilfe für seine Schüler (Schmitt, 1918). Ist lang her. In der Regel sind wir auf aktuelle Geräusche hier und jetzt getrimmt, um sofort reagieren zu können, oder auf aufgezeichnete und wiedergegebene Geräusche auf Tonträgern, Rekordern, um sie zu genießen.

Ungestörte natürliche Klanglandschaften gehören weltweit zu den rasant schwindenden Naturressourcen. Immer mehr Menschen leben und arbeiten in urban-industriellen Ballungsräumen, Metropolen, Großstädten. Menschen aber auch Tiere sind einer oft überbordenden Lärmkulisse technophoner Geräusche ausgesetzt. Flughäfen und Verkehrsachsen breiten sich aus. Über das Verkehrsnetz wird technisch erzeugter Lärm in abgelegene ländliche Räume übertragen, so dass davon Elemente der natürlichen Klanglandschaft übertönt werden. Laut Braunschweiger Zeitung vom 6. Dezember 2018 fuhren damals auf der Autobahn A 2 schon etwa 25.000 Lkw pro Tag, und eine noch höhere Zahl Kleinlaster und Pkw. Je nach Windrichtung beschallte und beschallt der Lärm kilometerweit die Landschaft. Leise zirpende Gesänge, wie jener der Feldgrille, verschwinden dann unter dem Geräusch singender Reifen, heulender Motoren und vorbeirauschender Fahrzeugaufbauten. Einige Vogelarten, zum Beispiel Rotkehlchen müssen an verlärmten Straßen lauter singen, um sich für Rivalen bemerkbar zu machen, und das kostet die Vögel mehr Energie.

Großschutzgebiete wie Nationalparks haben eine besondere Verantwortung für den Schutz natürlicher Klangwelten. *Der Spiegel* berichtete in seiner Ausgabe vom 5. Mai 2017, dass der von Menschen verursachte Lärm in zwei Dritteln der US-amerikanischen Nationalparks die natürliche Geräuschkulisse überlagert. Bernie Krause (2016), ein amerikanischer Musiker und Klangökologe, berichtet von atemloser Stille in einem tief verschneiten Tal des Yellowstone Nationalparks. Die vom Schnee verdichtete Ruhe in der Landschaft wurde nur hin und wieder vom Rufen, Kreischen oder Zwitschern der Raben, Häher, Elstern und Ohrenlerchen unterbrochen – bis vorbeistiebende Schneemobile die leise Landschaft zerschmetterten.

In deutschen Nationalparks, in der Informationsarbeit, in der Bildungs- und Öffentlichkeitsarbeit, vor allem aber in der wissenschaftlichen Begleitung sind die Erfassung und der Schutz der natürlichen Klangumgebung bislang kaum ein Forschungs- und Entwicklungsziel. Gelegentlich wird dem Lauschen in der Natur nachgegangen. Ornithologen gehen auf Vogelgesangsexkursionen.

»Unzerschnittene verkehrsarme Räume« (UZVR), »Soundscapes«, »Quiet Areas«

Natural Sounds (Naturgeräusche), Natural Soundscapes (Natürliche Klanglandschaften), Quiet Areas (Ruhegebiete) sind international eingeführte Begriffe der Soundscape Ecology. Das ist ein Bereich der Landschaftsökologie im engeren und der Umweltwissenschaften im weiteren Sinn. In Soundscapes werden akustische Merkmale eines Gebietes erfasst, die sowohl natürliche Prozesse widerspiegeln, als auch die, welche die natürlichen Prozesse durch Verlärmung beeinträchtigen.

»Unzerschnittene verkehrsarme Räume« (UVZR) bezeichnen Gebiete, die nach Größe, Struktur und Nutzungsintensität von der Randwirkung und Eindringtiefe her eine erheblich geringere Störung aufweisen als Siedlungs- und Verdichtungsräume mit einem hohen Zerschneidungsgrad durch Straßen, Bahntrassen und Kanäle sowie durch Barrieren wie etwa Zäune, Mauern, Lärmschutzwälle, Stromleitungen. Die UVZR sind auf Lebensräume, Ökosysteme, Lebensgemeinschaften, Populationen und auf Individuen bezogen. Es läge nahe, natürliche Klangumgebungen in die UVZR einzubeziehen. Nach dem Bundesamt für Naturschutz gab es im gesamten Bundesgebiet im Jahr 2010 noch 471 UVZR mit einer Größe von über 100 Quadratkilometern. Als UVZR-Indikator gelten Straßen, die eine Verkehrsdichte von 1000 Motorfahrzeugen am Tag nicht überschreiten[1], was bedeutet, dass etwa 42 Fahrzeuge pro Stunde für UZVR noch als tolerabel angesehen werden. Im Hinblick auf die von der Europäischen Umweltagentur (EEA) definierten »Quiet Areas« ist zu diskutieren, ob dieser Wert nicht schon zu hoch angesetzt ist.

Die EEA hat 2016 einen umfassenden Report zu »Quiet Areas« in Europa herausgegeben. Grundlage dafür ist ein definierter »Quietness Suitability Index« (QSI), der auf einer Skala von 0 (artifiziell verlärmt) bis 1 (naturstill) die Umgebung skaliert. Umgebungslärmkartierungen nach QSI-Standard werden von Bundesländern durchgeführt, zum Beispiel vom Land Brandenburg (MLUL 2017). Nach EEA-Angaben ist die Bundesrepublik Deutschland zu mehr als 55 Prozent lärmbelastet. Nur etwa 1 Prozent der Bundesfläche erreicht noch den QSI-Wert 1. Dazwischen liegen mehr oder weniger lärmbelastete Bereiche. Umgebungen außerhalb von Siedlungsbereichen sollen am Tage eine Lärmbelastung von 40 Dezibel (dBA) und am Abend/in der Nacht den Wert von 35 dBA nicht überschreiten. Auf der QSI-Karte für Deutschland wird sehr grob der gesamte Harzraum mit einem QSI-Wert zwischen 0,75–0,99 indiziert, wobei die dem QSI-Wert 1 nahekommenden Gebiete im Nationalpark Harz von der Flächengröße her eher klein sind. Haupthindernisse, noch unverlärmte Naturräume zu sichern oder zu entwickeln sind:

– mangelnde Unterstützung durch die laufende Gesetzgebung,
– fehlende Kompetenz in den Fachbehörden,
– dass sich Lärmschutzinitiativen oft nur siedlungsnah eines öffentlichen Interesses und der Unterstützung von Behörden erfreuen,
– Vorrang kommunaler Erschließung stiller Landschaften zugunsten anvisierter finanzieller Einnahmen aus Gewerbe und Industrie.

Quiet Areas sind die Voraussetzung für ungestörte Naturbeobachtung und Erholung. Wildtiere benötigen sie, um Signale für ihre Kommunikation erfolgreich abzusetzen und störungsfrei zu empfangen – und damit für Nahrungserwerb, Revierverteidigung, Wanderungsbewegungen und Fortpflanzung.

Stille Natur und tosende Spaßerwartung

Freizeit und Erholung in Naturschutzgebieten unterliegen der Begrenzung und Lenkung (Deutscher Rat für Landespflege 1990). Stille suchende leise Menschen sind ein bisher kaum erfasstes Potenzial für Naturschutz. Das Gehör lässt sich nicht abschalten, und Erholung

Suchende versuchen nicht nur der aktuellen Lärmkulisse, sondern auch der zunehmenden Resonanz einer innerlich schon verlärmten Körperwelt zu entkommen. Die bezieht sich auf Blutdruck, Herzrhythmus, Atemrhythmus, die Verdauung, auf den Hörsinn und geht psychisch mit Irritationen, Ablenkungen, Stimmungsschwankungen, Konfusion, Konzentrationsstörungen, Unruhe, aber auch mit Aggression einher. In der breiten Öffentlichkeit ist noch zu wenig Verständnis für die gesundheitliche Bedeutung natürlicher Klanglandschaften vorhanden, obgleich der ungestörten Naturwahrnehmung eine stressabbauende und das Immunsystem stimulierende ›Wohlfahrtswirkung‹ nachweislich zugeordnet wird, für die sich in Japan bereits Krankenkassen interessieren (›Waldbaden‹[2]).

In Rheinland-Pfalz ist für Großschutzgebiete »Erholung in der Stille« bereits eine gesetzlich festgeschriebene Vorgabe. Im Nationalpark Schwarzwald gehört Stille zum Modul »Gesundheit und Erholung«. Im Flyer *Sagenumwobene Bergwildnis im Nationalpark Harz* sind das Erlauschen von Stille in den Mooren und das Hören von Rufen des Schwarzspechts und Zaunkönigs einleitend erwähnt.

Wie wenig ruhige Naturumgebungen und Naturstille die Tourismusplanungen bewegen, ging schon aus einer 2003–2005 vom Bundesamt für Naturschutz in Auftrag gegebenen Studie *Tourismusleitbild der Nationalparkregion Harz* hervor. Zwar wird darin die Nachfrage nach Naturerleben, Entspannung in der Natur, Abstand vom Alltagsstress für das Tourismusmarketing hervorgehoben. Jedoch ist von der natürlichen, ökologisch erzeugten Klanglandschaft des Harzes und deren Störung durch technische Lärmquellen ebenso wenig die Rede, wie die durch Trendsport- und Eventtourismus beeinträchtigte Landschaft. Die Studie ist noch darauf abgestellt, die Nationalparkregion in die Tourismusoffensive des Harzer Verkehrsverbandes einzubinden.[3] Dem stehen außerhalb des Nationalparks Angebote gegenüber, welche die gegebene natürliche Klanghülle des Mittelgebirges durch Lärmkulissen rücksichtslos überfrachten. Dazu gehören Rocken am Brocken, Bikertreffs und Trends wie Sommerrodelbahnen, Monsterroller fahren, Motorradtouren, private Rundflüge über den Harz oder als Harzdrenalin bezeichnete sensationell hochstilisierte Mutproben wie das Gleiten über Abgründe (Gigaswing, Megazipline) oder ein Erlebnis-Spaßturm mit Rutsche am Torfhaus. Für solche und ähnliche kostenpflichtige Spaßattraktionen wird Natur nur als Kulisse gebraucht. Touristen werden mit erhofften ›Spaß-Aktiv‹-Gewinnangeboten angelockt und zur Kasse gebeten. Es steht zu befürchten, dass die vom Marketing angefachte Harzspaß- und Eventerwartung auf den Nationalpark übertragen wird. Naturstille dagegen kostet nichts, obgleich auch sie zu finanzieller Wertschöpfung der Region beiträgt. Es wird oft behauptet, in der stillen Natur sei nichts los. Aber in dem scheinbaren Nichts-Los in der Natur liegen Chancen, sich am leisen naturakustischen Kontrast neu zu justieren. Das setzt voraus, dass Lärm und Verlärmung aus dem Nationalpark herausgehalten werden. Es ist ein oft schwieriger Spagat für Ranger, wie sie reagieren sollen, wenn sie mit lärmenden Touristen konfrontiert werden. Sie können in der Regel Touristen nur ermahnen. Und es gibt noch kein verkehrspolitisches Konzept, das die Belastung durch Motorfahrzeuge (vor allem durch Motorräder und Lkw) auf den durch den Nationalpark Harz führenden Straßen hörbar eindämmt oder gar beendet.

Natural Sound Conservation

In den USA wird dem Schutz natürlicher Klanghüllen in Nationalparks schon länger nachgegangen. Wild Soundscapes sind dort in die Nature Interpretation (Naturbildung) des Parks oder als Guidelines (Richtschnur) für das Verhalten im Park durch Bildungs- und Öffentlichkeitsarbeit einbezogen. Lärmvermeidung gehört unter der Überschrift Minimal Impact (minimaler Eingriff) und Leave No Trace (Keine Spuren hinterlassen) zu den Regeln der Wildnisethik des National Park Service. Alles, was Geräusche transportiert (Luft, Boden, Wasser, dazu die Vegetation und die Tierwelt), wird in den Wildnisschutz einbezogen.

Der National Park Service hat dazu eine Abteilung »Natural Sounds and Night Skies Division« eingerichtet. Diese Abteilung ist zur Registrierung, zur Abwehr und zur Vermeidung von Lichtverschmutzung und Verlärmung in den Nationalparks aufgestellt worden. Für die Bildungs- und Öffentlichkeitsarbeit gibt es die informative und interaktiv zu bedienende Plattform Natural Sounds.[4] Sie ist mit Naturklang-Archiven in Bibliotheken der Universität von Colorado, dem Yellowstone-Nationalpark und dem Rocky-Mountain-Nationalpark verlinkt. Außerdem werden Unterrichtsmaterialien, ein Soundscape Curriculum und ein Power of Sound Interpretive Handbook angeboten. Darin wird populärwissenschaftlich in akustische Messmethoden eingeführt und die Bedeutung von Naturgeräuschen interpretiert. Ergänzt wird dies durch Übungen zum Lauschen und Leisesein, wobei aufgezeichnete Klangbeispiele einbezogen werden können, zum Beispiel vom Schwarzkinnkolibri am Columbia River, von Kojoten in der Sagebrush Steppe, von Flussgeräuschen des Fremont Rivers im Capitol-Reef-Nationalpark, von einer Sturzflut im Whitmore Wash auf dem Colorado Plateau, von Pinienhähern (zum Beispiel Clarks Nutcracker) oder vom Knurren eines Bären. Jedes Klangbeispiel ist einem konkreten Fall, einer konkreten Situation, an einem konkreten Ort zugeordnet.

Die Aktivitäten zur Soundscape Conservation begannen etwa 1987 mit dem National Park Overflight Act. Seit 2000 ist ergänzend dazu der National Park Air Tour Management Act in Kraft getreten. Kommerzielles Überfliegen der Nationalparks und die Einhaltung von Flughöhen müssen mit dem National Park Service abgestimmt werden. Dieser ist verpflichtet, über die Auswirkungen des Überfliegens von Nationalparks an den Kongress Bericht zu erstatten.

Eine wesentliche Voraussetzung für den wirkungsvollen Schutz von Soundscapes ist bereits im US-amerikanischen Wildnisschutzgesetz aus dem Jahr 1964) angelegt worden. Danach wurden und werden auf Land, das sich im Besitz der US-Bundesverwaltungen befindet, nur solche unerschlossen gebliebenen Gebiete registriert, evaluiert und gegebenenfalls als geschützte Wilderness Areas ausgewiesen, die keinerlei Fahrwege enthalten. Jede Form motorisierter, aber auch mechanischer Fortbewegung ist hier untersagt (eine Ausnahme bilden die für Motorboote zugelassenen Gewässer des Everglades-Nationalparks in Florida; für diese gelten Geschwindigkeitsbegrenzungen). Durch die Größe vieler amerikanischer Wilderness Areas und durch den limitierten Zugang ist ein weitreichender Schutz natürlicher Klanglandschaften gewährleistet. Nach dem US-amerikanischen Wildnisgesetz bieten Wildnisgebiete Besuchern »outstanding opportunity for solitude« und ermöglichen somit individuellen Naturgenuss durch Rückzug in die Natureinsamkeit. Es ist zu hoffen, dass solche ermutigenden Vereinbarungen nicht durch willkürliche Maßnahmen der vorwiegend an Wirtschaftsinteressen orientierten Trump-Administration in Frage gestellt werden.

Erfassung der Klanglandschaften (Soundscapes)

Rachel Carson (1907–1964) hat schon im Titel ihres Sachbuchs *Stummer Frühling* (1962) auf die durch Umweltgifte weltweit verstummende Natur verwiesen. Eine ökologische Soundscape-Erfassung hatte sich in den USA zunächst an der Archivierung von Soundscapes für die Unterhaltungsindustrie orientiert und wurde dann von Komponisten, Musikern und Ökologen, wie Raymond Murray Schafer (1933–1921), Bernie Krause und anderen auf die Erfassung und Archivierung von Naturgeräuschen übertragen.

Hierzu werden Klanglandschaften an ausgewählten Orten digital nach Frequenz und Intensität (Dezibel-Amplitude) erfasst und nach ihren Herkünften beziehungsweise Quellen pro Saison, Tages- und Nachtzeit ausgewertet. Dabei sind geophone Quellen (Geräusche von Wasser, Wind, abgehende Gerölle), von biophonen (vor allem Tiere, Pflanzen) und von anthrophonen Quellen (technische Geräusche, menschliche Geräusche) zu unterscheiden beziehungsweise deren wechselseitige Überlagerung. Neben der Datenerfassung werden Klangdokumente für Soundscape-Archive erstellt, die zum Vergleich oder auch zur Demonstration herangezogen werden. Generell lässt sich als Hypothese formulieren, dass sich für die stille Erholung im Nationalpark die Wahrnehmung von geophonen und biophonen Quellen mental eher attraktiv und positiv stimulierend auswirken und die von anthrophonen (besonders die von technischen Quellen herrührenden Motorgeräusche, Handy-Telefonie, Musikrekorder) eher ablenkend und störend.

Die Soundscape-Erfassung in US-amerikanischen Nationalparks konzentriert sich auf konkrete Ereignisse und Fallstudien mit automatischer Messung und Aufzeichnung des Klangspektrums über 24 Stunden an ausgewählten Standorten je nach Saison, um herauszufinden, welches Ausmaß menschlich verursachter Geräusche ökologisch noch tolerabel ist, und was dabei an Daten für die Erfassung der Biodiversität genutzt werden kann. Für Lärmpegelerfassungen werden kalibrierte Messungen zugrunde gelegt, bei denen die Mikrophone erst dann eingeschaltet werden, wenn ein bestimmter Schallpegel überschritten wird. Die Fallstudien tragen dazu auch bei, das Bewusstsein der Ranger für den eigenen Betriebslärm im Nationalpark zu schärfen, der etwa durch den Einsatz von Fahrzeugen und Maschinen entsteht und wie durch Lärmvermeidung und Vorbildwirkung die ökoakustische Managementpraxis im National Park verbessert werden kann.

In Deutschland vertritt Prof. Dr. Michael Scherer-Lorenzen in der Fakultät für Biologie/Geobotanik an der Universität Freiburg das Fachgebiet Ökologie der Klanglandschaften[5]. Seine Mitarbeiter erforschen mit Mikrophonkästen Klangwelten in der Schwäbischen Alb, im Biosphärenreservat Schorfheide-Chorin und im Nationalpark Hainich unter dem Gesichtspunkt eines Beitrags zur Artenvielfalt.

Impulse

Der Schutz natürlicher Klanglandschaft in Schutzgebieten wie etwa dem Nationalpark Harz kann sich derzeit nur auf relativ kleine Flächen beziehen, die noch vom Verkehrslärm durch Straßen und Schienen weitgehend abgeschirmt liegen, und die auch vom Überfliegen durch niedrig fliegende Flugzeuge und vom Massentourismus kaum betroffen sind. Ruhezonen (Quiet Areas) ließen sich nach European Environment Agency erst bei einem Mindestabstand von circa 1,0 bis 1,2 Kilometern zu beiden Seiten einer Straße ausweisen. Es fehlen dazu Lärmpegelmessungen. Soundscape-Forschung und Soundscape-Management sind hierzulande noch Pionierarbeit. Geschwindigkeitsbeschränkungen auf allen durch Großschutzgebiete führenden Bundes- und Landesstraßen sollten angeregt und durchgesetzt werden.

Hörte am Ilsestein im Harz mal ein Handy klingeln und dann, ohne es zu wollen, ein Streitgespräch über einen irgendwo zu Hause verlegten Garagenschlüssel. Und dann – blöderweise – tauchte in meiner Einbildung der Garagenschlüssel auf: Missfällig und hässlich schwebte dieser am Himmel, über mir, und diese Einbildung überdeckte für mich das leise Rauschen des Flusses im Talgrund und den schönen Horizont des großen blauen Berges, dem Brocken. Im ICE der Deutschen Bahn gibt es Abteile für Handy-Ruhezonen. Klanglandschaften ohne Handys gibt es noch nicht. Es sei denn fernab, wo noch keine Netzabdeckung vorhanden ist.

Literatur und Quellen

Deutscher Rat für Landespflege (Hrsg.) (1990): Freizeit und Erholung – Herausforderungen und Antworten der Landespflege. Schriftenreihe des Deutschen Rates für Landespflege 57.

European Environment Agency (2016): Quiet Areas in Europe. The environment unaffected by noise pollution. EEA_Report 14/2016. https://www.eea.europa.eu/publications/quietareas-in-europe

Krause, B. (2002, 2016): Wild Soundscapes: Discovering the Voice of the Natural World. Revisited Edition. Yale University Press.

Levine, S. (2017): The Sound of Silence. https://www.psychologytoday.com/us/blog/our-emotional-footprint/201706/ the-sounds-silence

MLUL, Ministerium für ländliche Entwicklung, Umwelt und Landwirtschaft des Landes Brandenburg (2017): Umgebungslärmkartierung 2017 für das Land Brandenburg. Methodik zur Aufbereitung der Eingangsdaten. Berlin, 25.08.2017. https://www.amt-temnitz.de/inhalte/amt_temnitz/_inhalt/aktuelles/veroeffentlichungen/ laermaktionsplanung/methodik-laermkartierungbrandenburg- 2017.pdf

National Academy of Engineering (2013): Protecting National Park Soundscapes. https://www.nps.gov/subjects/sound/upload/ProtectingNationalParkSoundscapesby-NAE.pdf

National Park Service, Director's order #47 (Robert Stanton, 2000): Soundscape Preservation and Noise Management. In: Krause, B. 2016.

Nationalpark Harz (2018): Sagenumwobene Bergwildnis Nationalpark Harz. Flyer,

4. Auflage. https://www.nationalpark-harz.de/de/downloads/allgemein/Nationalpark_Harz_2018.pdf

Pijanowski, L. J. et al. (2011): Soundscape Ecology: The Science of Sound in the Landscape. BioScience 61 (3): 203–216. https://doi.org/10.1525/bio.2011.61.3.6

Schafer, R. M. (1998): The Book of Noise. Indian River. Ontario

Schmitt, C. (1918): Vogelbeobachtung und Schule. Monatshefte II, S.142–150 und S. 203–211

Trommer, G. (2006): Die Stille wilder Klänge. Nationalpark 132 (2): 38–39.

Trommer, G. (2018): »Die müssen was machen!« – Naturstille im Nationalpark. Nationalpark 145 (2): 30–33.

Trommer, G. (2019): Niemandland. Naturerfahrung zwischen Metropole und Wildnis. Natur + Text. Rangsdorf.

Trommer, G. (2019): Über Klanglandschaft und Naturstille im Nationalpark Harz. Schriftenreihe aus dem Nationalpark Harz – Bd. 17, S. 75–82.

Wilken, T. und Neuhaus, J. (2005): Tourismusleitbild der Nationalparkregion Harz. Projektstudie im Auftrag des Bundesamtes für Naturschutz, Projektpartner Nationalpark Harz. Projektkontor 21. Hamburg.

1 https://www.umweltbundesamt.de/indikator-landschaftszerschneidung#textpart-1
2 http://www.waldbaden.org/definition-waldbaden/
3 https://www.harzinfo.de/erlebnisse/spass-aktiv.html
4 https://www.nps.gov/subjects/sound/index.html
5 http://www.bio.uni-freiburg.de/news/20140306-scherer

Auszug aus: Schirmbacher Berg-Projekt, Trockenbiotopkomplex
Schirmbacher Berg 1 Gemarkung Reinsbronn

Bernd Gonner: Schirmbacher Berg-Projekt

Land
das ich bewohne
mit meiner Liebe zu dir
den Schlangen Dornen
Disteln und Steinen
(…)[1]

Klassisch – und etwas einfältig, so dass man gleich einfallen mag – singt sich das so:

Die Schlehenbüsche schmiegen sich an den Bergeshang,
und bunte Falter fliegen am steilen Pfad entlang.
Die Silberdisteln ducken sich in das kurze Gras
von Sonne überflutet, und noch vom Frühtau naß.
Das Gold der Königskerzen reckt sich ins Himmelsblau,
und Purpurlichter flimmern auf Feldern, Wald und Au.
Am Hange weiden Schafe, wie Tulpen hingestreut:
Hier ist die Hast zu Ende, hier endet alle Zeit!
(…)[2]

Ein weites Ödland ist das Tälchen, das sich zwischen Reinsbronn und Schirmbach zur Tauber hinzieht. Die ausgedehntesten Ödflächen liegen hier in Nordexposition! Dies zeigt, daß der Schafweide schon früher nur die ungünstigsten Plätze verblieben sind, zeigt aber zugleich, daß viele xerotherme Pflanzen auch in Nordlage ganz gut gedeihen können. In Südexposition findet sich dort weithin Kulturland. Nur ein recht schmaler Streifen zieht sich entlang der Hangkante noch unterbrochen hin, wenn auch nur in Gestalt von dünnen Feldsäumen. So mag es vor 100 Jahren auf Blatt Creglingen an vielen Stellen ausgesehen haben!
(…)[3]

Wir sind hier am letzten Wochenende für zwei erste Tage im Trockenbiotopkomplex am Schirmbacher Berg schuftenderweise mit Entbuschen tätig gewesen; nun sonnt und regnet es wie im April und die Arbeit ruht. Dabei brennt es mir/uns doch so unter den Nägeln! Und sind noch mindestens sieben volle Tage, die anstehen. Und eigentlich wollten wir dann gleich auf einem (fast) benachbarten Grundstück weitermachen mit dem Freischneiden der Magerrasen; mal schauen, wann der Himmel wieder auf- und die Sonne durchreißt/sich durchbeißt.

Das Gelände ist in vielerlei Hinsicht hochinteressant.

Die Begehungen vorweg (mit meinem Mann [Gerhard]: mal getrennt, mal gemeinsam, immer war was…) Mitte Juli, um uns und die anstehenden Arbeit zu sortieren, haben sich mir wahrlich eingeschrieben. Und gleich habe ich mich in Karten vertieft: an erster Stelle in die sog. Württembergische Urflurkartierung von 1833, in der scheinbar jeder Stein im Königreich eingemessen wurde. Bis ich aber gefunden hatte, welches Stück von damals heute wo genau ist (obwohl erstaunlich wenig verändert wurde!)…Aber dann! Und siehe da: »Haide« ist für das besagte Gelände vermerkt. Was heißt: Beweidung (Ziegen, Rinder, Kühe wohl), mehr gibt/gab der karge Grund nicht her. Was zugleich heißt, da die Landnahme damals, um 1833, selbst in diesen ziemlich abgelegenen Gegenden abgeschlossen war (noch Ende des 18. Jahrhunderts allerdings vermerken Akten, dass Gelände zur Bewirtschaftung für »Neusiedler« – ich habe das entsprechende Kartenwerk mit dem Beiheft gerade nicht zur Hand, deshalb der leicht schräge Hilfsbegriff – zu vergeben sei…), dass noch keines Menschen Hand den Boden dort je bearbeitet hat.

Was so vieles erklärt. Das Terrain steht minimal zwei, eher drei bis vier Meter hoch über dem umliegenden Gelände an (umliegend also Erosion durch Bewirtschaftung; die Stücke sind auch mit der Signatur »Weinberg« versehen) und weist Arten der pannonischen Steppen auf, die weit und breit nicht zu finden (und nicht kartiert) sind (Relikte vor der letzten Eiszeit vor ca. 12.000 Jahren?); ich stand staunend; meine Finger streiften das erste Mal über die leicht pelzigen, sehr schmalen (dadurch hitzewiderständigen) Blättchen der Centaurea pannonica, im kleinsten Fall nur zehn Zentimeter hoch über dem herrlichsten

Volltrockenrasen (alles an Pflanzen dort in Beinah-Miniatur), eben am Blühbeginn, zwischen Lila und Blau changierend der Kopf… und sindallenthalben dort, tw. versteckt. (Verstecken sich?) Ging mir ein wenig ans Herz, wie sie da ausharren all die Jahrtausende (nun gut: in Kindeskindern)… In den angrenzenden Halbtrockenrasen stock(t)en nun, nachdem wahrscheinlich fünfzig, eher sechzig, siebzig Jahre nicht(s) mehr beweidet wurde, die Schlehen und Hartriegel, bis knieauf. Dazwischen der Magerrasen noch intakt. Wunderbar durchsetzt mit den wärmeliebenden Saumarten. Also Schlehen und Konsorten mit dem Freischneider raus – und abräumen. Sagt sich so (leicht und lustig). Was in dem unwegsamen Gelände ein vielfaches Zickzack bedeutet, da außenrum manns- und übermannshohe Hecken, innendrin ebenfalls (Mosaik) Heckenstücke, Einzelbäumchen etc. Es ist ein wenig wie im Irrgarten. Dazu kommt, das Schnittgut zig Meter herauszuschleifen, um es an einem geeigneten Platz unter Kiefern, wo kein Magerrasen mehr ansteht, aufzuschichten; ebenfalls übermannshoch. (Geeignete Plätze konnten nur solche sein, die von Haus aus keine mageren Flecken sind. Und die kundschaftete ich vorweg aus – und habe mir den Zugang teils freigeschnitten. (Wären schöne Geschichten davon zu erzählen.) Abfahren kann man nichts, alles zu eng, zuviel, zu irre. Wohin auch?

Über dem auch Luftbilder aus den 50er- und 60er-Jahren angeschaut, die meine Vermutungen weiter bestätig(t)en und die Kartierungen des Biologen unterfütter(te)n. Und alles ist zugleich eine Reise in meine Kindheit, in die Magerrasen am Galgenberg in Lauda, dort damals, ich ein vielleicht (?) 10-, 12-Jähriger, in die Tiefen der Geschichte, Geologie und Botanik eingetaucht zudem mit einem ständigen Aha-Gefühl begabt, als kennte ich das längst. Eigen-artig. Und so meine Wiederbegegnungen anderer Art am Schirmbacher Berg. Es sind fast ein wenig nüchterne Rausch-Räume. Stets das bekannte (und berichtete) Insel- und Aus-der-Welt-Gefühl dabei. [4]

(…)

Über die industrialisierte Landwirtschaft wäre viel zu reden; es ist ein sich durchziehendes Thema bei uns im Haus. Hier im Tauberland sind es Kippfiguren. Die zahllosen geschützten Flächen – im Grunde ein vor aller Augen liegendes Landnutzungsmuseum von vor hundert und (viel) mehr Jahren – können nur durch kleinbäuerliches Wirtschaften oder Pflegemaßnahmen instand gehalten werden. Noch sind hier viele eher klein aufgestellte Betriebe – mit abnehmender Tendenz und Überalterung. Die Landschaftspflege kann das nicht (mehr) (oder nur im Groben) auffangen und kann auch nicht mehr als ein Durchgangsstadium hin zu einer anderen Art von Landwirtschaften sein, welches wirtschaftlichen Nutzen (freilich niedrigerer Auskömmlichkeit als jetzt – wieder so ein langes Feld ...) und Artenvielfalt in ein, stets bewegliches, Gleichgewicht bringt.

Immer wieder gibt es, dem Himmel sei Dank, hier in der Gegend Leute, die da etwas ausprobieren, z.B. mit der Beweidung durch alte Rassen wie Hinterwäldler Rinder oder auch alternative wie Zwergzeburinder oder sogar Schottisches Hochlandrind.

Wir können uns auch vorstellen, da im längeren Lauf noch das ein oder andere auszuprobieren, jenseits des Mähens. Jedoch braucht das Geduld und Atem. Alles geht nur kleinklein.

Zugleich bin ich kein Freund von einseitigem Zugang: So entwickelt sich ja so langsam eine Tendenz, die der Fläche angepasste Beweidung als eine Art Allheilmittel für die Artenvielfalt auf Grünland zu sehen. Jan Haft schreibt darüber in seinem neuen Buch (und widerspricht sich ab und an selbst, wenn man sein Wiesen-Buch im Hinterkopf hat); anderen Namen kennen Sie sicher; ich habe mich, ohne es recht zu wissen bzw. das Kind beim Namen zu nennen, eigentlich auch schon lange damit befasst; in meiner Heimat(klein)stadt gibt es das besagte langlaufende Projekt mit den Hinterwäldlern ... auf den Spuren von Franz Karl Rödelberger ... das hat mich schon mit 16, 18 fasziniert ... Es kommen halt dann doch immer/oft andere Pflanzen-Bestände zustande, je nachdem, ob man beweidet oder ob man mäht. Und klar: Schafe allein sind eine ziemliche Plage oder können es sein, wenn sie mono eingesetzt werden; aber Schafe zwischendurch schaden allein nicht, können sogar hilfreich sein; meiner Erfahrung nach entsteht der größere Schaden durch die Wiederholung immer dergleichen Fehler beim Bewirtschaften.

Der Blick in noch einigermaßen intakte Nutzungssyteme z.B. in den rumänischen Karpaten hilft, ist zugleich meines Erachtens nicht eins zu eins übertragbar. Man müsste mehr noch in die Archive vor Ort schauen, was an Beweidung wo und welcher Art gemacht wurde – und sich von daher anregen lassen.

Aber das sind fast Pirouetten vor dem Hintergrund, dass/ob wir überhaupt einen ansehnlichen Bestand an Arten (Flora und Fauna) in eine nähere Zukunft bringen. Es sind für mich Flaschenhalserfahrungen. Wie eng wird der Hals noch? Und wie viel oder wie wenig geht durch.

Gegen die EU-Landwirtschaftspolitik und die Gen-Verblendung lege ich die gerüttelte Zahl von Leuten, die sich mit alten Sorten und deren Erhalt und Vermehrung ins Zeug legen, in die Waagschale. Mal schauen, wer den längeren Atem hat. Ich hoffe immer noch, dass sich dieses Zeitfenster der Vernutzung vor der Zeit schließen wird.[5]

(…)

Wir haben von Ende Juli weg bis Ende letzter Woche am Schirmbacher Berg entbuscht, unterbrochen von einer langen Regenphase. Nun sind wir großteils durch. Nachpflege im Oktober. (Ich kann fürs erste keine Hartriegel mehr sehen. Ganze Heerscharen. (…) Wunderbar die eingestreuten, nun oft wieder freigestellten Elsbeeren. Die Farbe der Beeren dem mittelalterlichen Hortus conclusus entnommen, in dem die Maria sitzt. Nicht ganz rot, nicht ganz purpur, nicht ganz von einem samtenen Vollrosa. Alles vereint. Und strahlt beinah von innen. Scheint es wenigstens zu tun.)

Eine gute Woche drinnen mit Erholen ist angesagt (Büroarbeit sowieso im kleinen Anstau); ab Mitte nächster Woche steht dann das Mähen der Magerrasen an. Es heißt also: Kräfte sammeln.[6]

(…)

Wir waren, nach wie vor, am heftig-deftigen Werkeln draußen. (Letzten Freitag noch ein letztes Mal wie im Hochsommer: bei annähernd 30 Grad. Gut geschwitzt.) Nun haben wir auch den von uns sogenannten »Spitz« am Schirmbacher Berg entbuscht: ca. 600 bis 700 qm herrlichster Halbtrockenrasen mit sehr viel Teucrium chamaedrys, teils dicht an dicht. Knabenkräuter auch; ein hochgelegenes, wie von Wellen bewegtes steiles Stück, zwei bis drei Meter über dem umliegenden Gelände (letzteres durch Nutzung erodiert über die Jahrhunderte oder, vermutlich, um etliches länger).

(…)

Hier sind mit dem Sensen des Steinriegel-Auswuchses, leider, auch die Königskerzen gefallen; die Rosetten der nächsten sind zugleich schon bereit fürs neue Jahr. (Interessant: Der Grasbewuchs der Steinriegel (Annuelle) dieses Jahr tw. enorm, teils hüfthoch, wie durch Dickicht gestapft – und nach dem Zusammenbruch unterm Ende-Juli-Regen gleich nochmal nach- und hochgelegt, so dass alles doppelt zugange war, wo sonst fast nichts wächst; das Jahr zuvor war sehr trocken: daher die enorme Menge an Samen (sozusagen Flucht nach vorne um zu (über)leben in den Nachkommen) – so meine Vermutung. Lorenz Flad vom Landschaftspflegeverband äußerte – soviel der Zufälle – gestern am Telefon dasselbe, von sich aus, ungefragt. Er lachte nur: über die dreißig Jahre durch nichts mehr aus der Ruhe zu bringen.)

(…)

Bin ziemlich, ach was: von Herzen traurig, dass sich nun der lange lange Sommer draußen schließt. Es ist für mich das Schönste, was ich da tun darf. Alles wie ein Geschenk; alle Dornen sogar in so ziemlich allen Fingern. (Autsch.) Noch nächste Woche eine Handvoll Tage zu tun. Dann eventuell noch eine kleine Entbuschung im Winter von einer knappen Woche. (Eigentlich halte ich es sonst wie die alten Kelten: Das Arbeitsjahr draußen schließt mit dem Oktober.) Der kommende Sommer aber: wartet.[7]

Anekdotisches

Verzeichnis der Abgänge und Beschädigungen: Schuhe/Gummistiefel, Jacken, T-Shirts, Motorsense, Rechen, Handschuhe, Kopf angestoßen, blaue Zehennägel, Wildbienennester im Boden (mit Angriffen zur Abwehr, Stichen (und teils wochenlangen Schwellungen) und Halsüber-Kopf-Flüchten unsererseits) etc.; Verzeichnis der Funde auf 122 (historische Ackergeräte (kompletter mechanischer Pferde-Heurechen, Heuwender), Plastikeimer (vollständig wie halbkaputt), Emailleeimerreste, Lederriemen, Metallstangen/-teile, Holzstangen, Ofenrohrstücke, Betonsteine, Tierknochen, in einer Senke noch mit Kadaverresten, Biberschwanzziegellager (tw. zusammengebrochen, die zerbrochenen Ziegel in die Grasnabe (teils völlig) eingewachsen), verrottende Plastikplanen (eine Mörtelwanne voll und mehr) etc.)

***

Nicht enden wollender Bericht über die schweißtreibenden Landschaftspflegearbeiten auf unserem Gelände am Schirmbacher Berg (Erstentbuschung(en), Folgepflege(n) auf vier von mehreren Flurstücken), verbunden mit der Befragung historischer Zeugen/Zeugnisse: der württembergischen Urflurkarte (Kartenblatt NO XCV 63 1833: Reinsbronn, Schirmbach, Creglingen), Luftbildern der 1960er-Jahre, Biotopkartierungen des Geländes (2019 im Vergleich zu 1999), der Mergentheimer Oberamtsbeschreibung von 1880, der Geologischen Karte von Baden-Württemberg, Blatt 6525 Weikersheim (1973), der Vegetationskundlichen Karte Blatt 6526 Creglingen (1951/52 bzw. 1961), Arbeiten über Orts- und Flurnamen in Württemberg sowie orts- und heimatkundliche Literatur; das Ganze eingebunden in das (wortwörtliche) Feld der Arbeit und des Bauerntums bzw. überlieferter bäuerlicher Lebensformen als Überlebensformen für eine widerständige Zukunft; Wandel und Bewahrung einer historischen Kulturlandschaft im Wandel der Bewirtschaftung (bis hin zur Aufgabe der Bewirtschaftung); Landschaftspflege als Durchgang durch ein Nadelöhr; Fazit: Kulturlandschaft und Landkultur als wechselseitiges Aufeinander-Angewiesensein. Alles handfest. Wir: Zwerge auf den Schultern unserer Vorfahren. (Verkopftes bleibe fern!) Nicht zuletzt (und immer wieder): eine Blütenlese schönster Magerrasenvegetation, Überlebenskünstler aus den pannonischen Steppen im Gepäck.

1 Gottlob Haag, Mein Land. In: ders., Mondocker. Gedichte. Verlag Nürnberger Presse 1966, S. 56
2 Erich Schweinhardt, Die Brauneck, In: Erich Schweihardt, Creglingen einst und heute. Bad Mergentheim (Thomm'sche Druckerei) ^{2}1975, eingebundenes Blatt zwischen S. 32 und 33, Rückseite
3 Karl Baur, Erläuteringen zur vegetationskundlichen Karte, Die Weinberge in Südexposition auf den Flurstücken 125/1, 125/2 und in der unteren Hälfte von 129 waren bei der vegetationskundlichen Aufnahme von Baur wohl noch in (auslaufender?) Bewirtschaftung (oder lagen erst seit kurzem brach); auf diesen Flächen (125/1 und 129) stockt heute sekundärer Magerrasen (Halbtrockenrasen, Trockenrasen) bzw. Gebüsch und Feldhecken trockenwarmer basenreicher Standorte. (siehe Biotoperfassung 1999 und 2019)
4 Aus einer Mail an Ludwig Fischer vom 26. Juli 2023
5 Aus einer Mail an Ludwig Fischer vom 27. Juli 2023
6 Aus einer Mail an Ludwig Fischer vom 18. September 2023
7 Aus einer Mail an Ludwig Fischer vom 17. Oktober 2023

Norbert Fischer: Der Warder und das Wasser

Was ist ein Warder?

Warder ist die niederdeutsche Bezeichnung für das sonst geläufigere Wort Werder und meint eine in einen Fluss, See oder ins Meer hineinragende Landschaftsformation. In der Regel handelt es sich um flache Halbinseln, Landzungen oder nahe am Ufer liegende kleine Inseln. Charakteristisch für diese Landschaftsformation ist, dass sie immer wieder dem Wasser ausgesetzt ist – bei Hochwasser also überflutet wird. Dies hat zu besonderen Nutzungsformen sowie spezieller Flora und Fauna geführt.

Eines der bekanntesten Beispiele in Norddeutschland ist der Graswarder an der Ostsee, gelegen nahe des holsteinischen Städtchens Heiligenhafen. Mit seiner rund zweieinhalb Kilometer langen Nehrungslandschaft ist er größtenteils ein Naturschutzgebiet. Auf der nördlichen Seite mit ihrem schmalem Dünenzug und Strand zeugen bis heute historische Strandvillen aus der Zeit um 1900 davon, dass er einst auch Schauplatz eines gescheiterten Seebad-Projektes war. Das pittoreske Ensemble steht unter Denkmalschutz und zählt zu den bekanntesten Ansichten der deutschen Ostseeküste.

Ich lernte die Nehrungslandschaft des Graswarders vor 20 Jahren kennen, als ich begann, dort als Seevogelwart für den Naturschutzbund NABU zu arbeiten. Seitdem begleitet mich die faszinierende Wasserwelt dieser Halbinsel an der Ostsee, und ich kehre jedes Jahr für einige Wochen in die Blockhütte des NABU zurück. Im Frühjahr und Sommer melden sich die unterm Dach brütenden Rauchschwalben als frühmorgendlicher Wecker und umhersegelnde tägliche Wegbegleiter.

Klaus Dürkop und das Naturschutzgebiet

Das Naturschutzgebiet wurde 1968 eingerichtet und umfasst die im Laufe der Jahrhunderte nach und nach von West nach Ost laufend angewachsenen Nehrungshaken. Dazwischen liegen kleine Buchten. Alle zwei bis drei Jahrzehnte bildet sich ein neuer Haken und schlickt langsam auf. Der »Vater« dieses Naturschutzgebietes heißt Klaus Dürkop. Der Seevogelexperte kam in den 1960er-Jahren als Lehrer nach Heiligenhafen. Rasch erkannte er die ökologische Bedeutung des Graswarders, der damals zum wiederholten Mal von touristischer Erschließung bedroht war. Klaus Dürkop verhinderte dies und ließ das Gebiet von der schleswig-holsteinischen Landesregierung unter Naturschutz stellen. Viele von uns ehrenamtlichen Seevogelwarten haben von Klaus Dürkops Wissen profitiert, das er – immer mit Fernglas oder Spektiv ausgerüstet – vor Ort vermittelte. Er starb im Oktober 2025, symbolische Sturmmöwen schmücken sein Grab auf dem Alten Friedhof von Heiligenhafen.

Der Warder ändert sich durch das stete Steigen und Fallen des Wasserspiegels immer wieder: Mal sind die salzigen Wiesen auf den Nehrungshaken überschwemmt, dann wieder fallen weite Teile der schmalen Buchten trocken. Bei Nordwind schlagen die Wellen zwischen den Strandvillen hindurch, fluten den einzigen Weg und treiben den Sand des fragilen Dünenzuges auf den Hof der NABU-Hütte. Bisweilen wache ich frühmorgens auf und sehe mich von einem riesigen Wassermeer umgeben. Immerhin: Die Blockhütte selbst steht aufgesockelt und ist von der Ostsee nicht bedroht.

Über Sturmmöwen und Eisenten

Die wechselnden Wasserstände haben Flora und Fauna geprägt. Gleich unregelmäßig eintretenden Gezeiten reichern sie die Nehrungshaken mit allerlei Nährstoffen an. Viele Vogelarten brüten in den höher gelegenen Bereichen der Nehrungslandschaft, darunter Hunderte von Sturmmöwen in einer weithin bekannten Kolonie – einer der größten in Schleswig-Holstein. Zahlreiche Watvögel, wie Rot- und Grünschenkel, Brachvogel und Austernfischer, Ufer- und Pfuhlschnepfen, Alpenstrandläufer und Sandregenpfeifer nutzen die Schlickränder der Buchten zur Nahrungssuche. Auch die Blumen- und Pflanzenwelt ist dem steten Kommen und Gehen des Wassers angepasst. Auf den Salzwiesen der Nehrungshaken sind unter anderem Grasnelke, Meerkohl, Queller, Meerstrandsimse, Echter Sellerie, Meerstrandwegerich, Rotschwingel, Stranddistel und Strandhafer zu finden.

Jedes Jahr kann ich von der sicheren Warte der Blockhütte die Überflutungen des Gebiets beobachten. Immer wichtiger wird es, die Wettervorhersage zu beachten: Treiben Wind und Regen den Wasserstand in die Höhe, ist auch der einzige Weg auf dem Graswarder, der den Dünenzug vom Naturschutzgebiet trennt, überschwemmt und nicht passierbar. Rechtzeitige Vorsorge ist vonnöten, um sich mit Nahrungsmitteln einzudecken. Bisweilen komme ich ein, zwei Tage nicht aus der Blockhütte, will ich keine nassen Füße bekommen. Dem Seeadler machen die Überflutungen nichts aus – von seinem wenige Kilometer entfernt gelegenen Horst kommt er mit langsamen, mächtigen Flügelschlägen gern zur Halbinsel, um auf Beutejagd zu gehen.

Im Herbst und Winter häufen sich die Überflutungen. Es ist die Zeit des Vogelzuges. Dann wird der Warder von Tausenden aus Skandinavien einfliegenden Wasservögeln als Rastplatz begehrt. Die Pfeifenten sind mit ihrem charakteristischen, namengebenden Ruf zu hören, Reiher-, Krick-, Löffel- und Tafelenten auf dem Wasser zu sehen. Weißwangengänse heben sich vom Grün der Nehrungshaken ab, Trauerenten sammeln sich zu Hunderten offshore vor dem Warder.

Bisweilen kommt im Winter die Eisente aus der Arktis an die Ostseeküste. Mit ihrem schön gescheckten Gefieder und dem langen Schweif ist sie von weitem gut zu erkennen. Auch im Januar 2026 schwimmt sie nahe des Warders. Vielleicht gefallen ihr die aus der Heimat vertrauten Eisschollen auf dem Wasser, denn es ist einer der frostigsten Wintermonate seit Jahren. Andere Wasservögel mögen diese Witterung nicht so gern: So suchen die Weißwangengänse vergeblich auf den schneebedeckten Nehrungshaken nach Nahrung …

Ein Blick in die Geschichte: Viehweide und Seebadprojekt

In früheren Jahrhunderten war das Wasser des Warders noch häufiger zugefroren. Im Frühjahr und Sommer aber waren die Nehrungshaken begehrtes Weideland. Wie es in einer Chronik aus dem 18. Jahrhundert hieß, wurde Vieh vom Festland mit dem Boot herübergebracht. Der Graswarder bildete damals noch eine Insel für sich und wuchs erst sehr viel später mit dem benachbarten Steinwarder zusammen. Seit dem frühen 19. Jahrhundert war er dann durch einen provisorischen Damm mit dem Festland verbunden. Rund 800 Meter lang, bestand er aus großen Findlingen, die in einer Pfahl- und Flechtwerkreihe lagen. Schon dieser Damm wurde häufig überflutet, aber er bot Zugang zur attraktiven Strandseite des Warders. Um 1870 gab es einen ersten Badepavillon. Knapp 20 Jahre später wurde am westlichen Ende des Graswarders eine Strandhalle gebaut. Ab 1900 sollte das gesamte Areal des Gras- und Steinwarders touristisch entwickelt werden. Vorgesehen waren Hotel, Strandhalle (›Warderhalle‹), Badeeinrichtungen, Erholungs- und Kinderheime sowie die erwähnten Villen als Sommerfrischen.

Aber das großdimensionierte Seebad-Projekt scheiterte, weil sich die Strömungen entlang des Graswarders änderten – es kam zum anhaltenden Abbruch des Strandes. Die Wucht der Wellen rückte in der Zeit nach dem Ersten Weltkrieg stetig näher an den Dünenzug heran, Villen wurden zerstört. Schließlich rettete der Bau mehrerer hundert Meter langer Buhnen aus Holzpfählen und Findlingen, quer zum Strand in die Ostsee hineinragend, die verbliebenen Sommerfrischen. Diese Uferschutzwerke brachen die Wellen, nun sammelte sich in ihren Winkeln wieder Sand. Dennoch wurde das Seebad-Projekt auf dem Graswarder aufgegeben und auf den westlich angrenzenden Steinwarder verlegt.

Bedrohte Idylle

Nur einige der historischen Strandvillen blieben bis heute übrig. Sie bilden – vorwiegend im Sommer bewohnt – eine Welt für sich. Ihr Anblick ist pittoresk, eine Postkartenidylle. Aber es ist eine bedrohte Idylle, denn der vorgelagerte Strand leidet seit einigen Jahren aufs Neue unter fortschreitendem Abbruch. Die alten Buhnen sind inzwischen weitgehend verfallen, Wasser und Witterung haben an ihnen genagt. Die Holzpfähle sind nur noch Stümpfe, die Findlinge verrutscht. Ihre eigentliche Funktion erfüllen sie nicht mehr.

Immer häufiger werden die Villen und der Dünenzug unterspült. Die tonnenschweren Wellen schädigen die Bauten erheblich. Als ich zum ersten Mal auf den Graswarder kam, gab es noch einen bis zu 50 Meter breiten Strand. Heute ist davon nurmehr ein schmaler Saum vor den Villen übriggeblieben, der an einigen Stellen nicht mehr passierbar ist. Gegenwärtig – Anfang 2026 – werden vor dem Warder wieder neue, Hunderte Meter lange Holzbuhnen errichtet, um das wilde Wasser vielleicht doch noch zu zähmen …

Auszug aus: Leben am Fluss, Neuausgabe, 2026

Hella Kemper: Ich musste lange im Fluss schwimmen, um das kalte Wasser zu mögen

Im Januar 2021 – mitten in der Covid-19-Pandemie – beschlossen meine Kollegin Lisa und ich, in der winterkalten Elbe zu schwimmen. Lisa hatte schon als Schülerin im Winter in der Ostsee und in den Seen nahe Helsinki gebadet – ihr Vater ist Finne. Still zogen wir unsere Kleidung aus, legten sie auf einen Weidenstamm und gingen langsam barfuß in den Fluss. Wir trugen nur unsere Badeanzüge. Wir jauchzten nicht und schrien nicht, trotzdem erregten wir Aufsehen, als wir nach ein oder zwei Minuten aus dem Wasser ans Land kamen und uns abtrockneten. Es war ein Sonntag, und manche der Spaziergänger hatten keine Hemmungen, zu uns zu treten und zu glotzen, als wären wir Aliens oder doch zumindest lebensmüde.

Dieses erste Winterbaden war vollkommen unspektakulär. Lisa und ich hatten im Wasser Blickkontakt gehalten und waren rechtzeitig aus der Elbe zurückgekehrt. Ihr Wasser mag drei oder vier Grad kalt gewesen sein. Der Wind kam aus Osten, und Ostwind ist im Winter immer eisig und auf nackter Haut noch eisiger. Unsere Hände und Füße, die durch die Kälte steif geworden waren, taten weh, sodass wir eine Weile brauchten, um uns anzuziehen. Wir setzten uns auf unsere Fahrräder und fuhren nach Hause.

Endlich war ich eine Winterschwimmerin.

Was ich noch nicht wusste: Man kann sich nach dem Baden gar nicht genug anziehen. Manchmal lege ich mir zuhause eine Wärmflasche unter die Füße, um wieder warm zu werden, ich trinke Tee oder Kaffee und ziehe dicke Socken an. Aber niemals bade oder dusche ich nach dem Schwimmen.

Eigentlich mag ich kaltes Wasser nicht. Die Frage ist aber nicht, ob ich kaltes Wasser mag, sondern warum ich trotzdem in kaltem Wasser bade. Als kalt gilt Wasser ab einer Temperatur von unter elf Grad. Warum elf Grad? Sie reichen aus, um beim Menschen eine Kälteschockreaktion auszulösen. Wer diese Reaktion einmal erlebt hat, wer durch das Tor der Kälte geschlüpft ist, wird es immer wieder tun. Kaltes Wasser macht süchtig. Mich katapultiert es in einen anderen Zustand.

Vor ein paar Jahren im November in Oslo: Ein Weg führt am Fjord entlang zur neuen Oper und weiter zum großen Munch-Museum. Unterhalb der Kaimauer befinden sich Dutzende Hütten, manche stehen auf Pontons. Viele haben eine Sauna, aus der dampfende Männer und Frauen treten. Sie springen in den Fjord oder stellen sich unter die kalte Dusche. Die Luft hat sechs Grad, der Fjord ist so warm wie schon seit vielen Jahren nicht mehr. Knapp neun Grad. Das laute Lachen, das aus dem Dampf schallt, ist noch an der Oper zu hören.

Ein paar Gehminuten westlich der Oper liegt Tjuvholmen, ein neuer Stadtteil, der fast zeitgleich entstanden ist wie die Hafencity in Hamburg, sich aber mit seinem eindeutigen Bezug zum Wasser von ihr unterscheidet. Gleich neben dem von Renzo Piano entworfenen Astrup Fearnley Museet gibt es nicht nur einen kleinen Strand, sondern auch einen Badesteg mit Leiter und Stufen, die in den Fjord führen – mitten in der Stadt. Man stelle sich das in Hamburg vor: eine Treppe neben der Elbphilharmonie, über die man in die Norderelbe gelangt. Als ich an diesem Novembersamstag zur Badeleiter neben dem Museum komme, treffe ich die Norwegerin Lotte, die mir von Henning Mankells Roman »Die schwedischen Gummistiefel« erzählt. Der Chirurg, um den es darin geht, so Lotte, sage sinngemäß: »Das Wasser lässt mich spüren, dass ich lebe.«

Auch ich kenne kaum andere sinnliche Erlebnisse, die mich das Leben so stark und körperlich spüren lassen.

Inzwischen kostet es mich weniger Überwindung, ins kalte Wasser zu gehen. Ich stelle mir vor, dass es eine Erlösung ist. Endlich darf ich ins Wasser, seine Kälte ist ein Geschenk. So lautet mein Mantra. Die Kälte nimmt die Schwere des Tages und stoppt Gedankenschleifen. Wer seine Furcht vor der Kälte überwindet, wagt sich an eine Grenze und verschiebt sie womöglich. Winterschwimmen ist ein Akt der Selbstermächtigung.

Es ist das einfachste der Welt, es ist furchtbar, und es ist großartig.

Am Anfang ist es schwer, sich an die Kälte zu gewöhnen. Wer morgens kalt duscht, um seinen Körper auf den Kälteschock beim Schwimmen vorzubereiten, muss sehr kalt duschen. Es funktioniert nur, wenn das Duschwasser mindestens so kalt ist wie das Wasser, in dem man baden will. Auch beim Duschen schwindet der anfängliche Kälteschmerz. Sobald die Kälte die Haut betäubt, fühlt man sie nicht mehr, nicht die Kälte und auch nicht die Haut. Die ersten 20 bis 30 Sekunden sind deshalb die schlimmsten. Aber sie sind auch die wichtigsten, sie stärken das Immunsystem. Kaltduscher haben – das zeigen Studien – fast ein Drittel weniger Krankentage als Normalduscher.

Beim Winterbaden dreht sich alles um den Atem. Wenn ich in kaltes Wasser gehe, atme ich zunächst tief aus und dann erst langsam ein. Ich wiederhole das ein paarmal, während ich vorsichtig ins Wasser gehe, bis es mir bis zum Bauchnabel reicht. Mit einer langen und bewussten Ausatmung lasse ich mich dann langsam nach vorn ins Wasser gleiten, ohne dabei mit dem Ausatmen aufzuhören. Das kalte Wasser wirkt wie ein Schock, der einen unwillkürlich nach Luft schnappen lässt. Ich atme erst wieder ein, wenn mein Körper schwimmt und ich das Kinn kontrolliert über Wasser halten kann. Dann zähle ich meine Schwimmzüge. Im Lauf des Winters werden es mehr. Aber die Zahl ist egal. Hauptsache ich zähle. Solange ich zähle, atme ich. Ich bin im Moment. Leichter ist dieser Zustand nicht zu erreichen. Dabei kann es helfen, geräuschvoll auszuatmen, zu stöhnen oder zu schreien. Dabei vergesse ich die Außenwelt, die anderen, die vielleicht gerade vorbeispazieren.

Ich höre nur meinen eigenen Atem, ich bin mein Atem.

Der Niederländer Wim Hof nennt den Atem eine Tür zu uns selbst. Er geht täglich durch diese Tür und hält den Rekord für das längste Eisbad (1 Stunde, 52 Minuten, 42 Sekunden) und für das Schwimmen unter Eis (66 Meter).

Wim Hof hat mit Buch-Bestsellern und Workshops kaltes Wasser zum erfolgreichen Geschäftsmodell gemacht. Eine spezielle Atemtechnik hilft ihm dabei, indem sie den Sauerstoffgehalt im Blut erhöht. Das kalte Wasser habe ihn geheilt, schreibt Hof in einem seiner Bücher. »Sobald du im kalten Wasser bist, hat dein Kopf Sendepause.«

Seine Frau hatte sich das Leben genommen, er blieb mit vier kleinen Kindern allein. Das kalte Wasser rettete ihn.

Ich bin keine Wim-Hof-Jüngerin, aber das mit der Sendepause stimmt. Oft bin ich müde am Elbstrand in Hamburg baden gegangen und wie neu geboren aus dem Wasser wieder aufgetaucht. Ist Kälte die Superkraft der Elbe?

Entscheidend für den Effekt der Kälte ist, dass ihr die Wärme folgt. Das ist das Prinzip der Hormesis, der Stimulation: Man setzt sich gezielt einem Stressreiz aus, um dadurch langfristig eine positive Reaktion zu erzeugen. Durch das Training wird Winterschwimmern schneller wieder warm. Ihr Blutkreislauf reagiert flexibler. Der menschliche Körper ist ein erstaunlich formbares Gebilde.

Im Wasser nimmt die Kälte meine ganze Aufmerksamkeit in Anspruch. Ich komme vom Kopf in den Körper, weil alles sich aufs Überleben konzentriert. Der durch die Kälte ausgelöste Schmerz lässt den Körper mit Glückshormonen fluten. Endorphine werden ausgeschüttet, aber erst, wenn die Gefahr überstanden ist. Endorphine sind vom Körper selbstproduzierte Morphine, die schmerzlindernd wirken. Der Körper produziert sie in Notfallsituationen – und das Eintauchen in kaltes Wasser ist ein Notfall. Dass wir das willentlich tun, weiß der Körper ja nicht. Er reagiert.

Die Natur bleibt bei sich. Der Fluss spiegelt den Himmel, der Fluss fließt gleichmäßig zum Meer hin und zurück in die Stadt. Ob Ost- oder Westwind, absolute Stille oder ein Kräuseln auf der Wasseroberfläche – die Bewegungen und Farben des Wassers sind mir vertraut und werden doch nie langweilig: Winterschwimmen zwingt uns in die Gegenwart. In diesem Moment fühle ich eine fast unerklärliche Leichtigkeit.

Aus: Notizen für das Projekt
»Was unterm Straßenbaum liegt«

Hans-Helmut Poppendieck: Winter

1. Dezember
Meteorologischer Winter

Am 1. Dezember beginnt der meteorologische Winter, der genau bis zum 28. oder zum 29. Februar dauern wird, Letzteres aber erst wieder im Jahr 2028. Die Meteorologen teilen die Jahreszeiten nämlich der einfachen statistischen Auswertung wegen exakt in jeweils vier Dreimonatsperioden ein, die jeweils am Ersten der Monate Dezember, März, Juni und September beginnen.

Bergahorn: Ein Meister der Verzögerung

Beim Bergahorn vor meinem Fenster verzögert sich der Jahresabschluss. Schon am 17. September, also vor zweieinhalb Monaten, hatten sich bei spätsommerlichem Wetter die ersten Schraubenflieger vom Baum gelöst. Damals war er noch voll belaubt, heute steht er völlig blattlos da, aber er trägt immer noch viele Trauben mit braunen Früchten. Man bezeichnet solche Bäume als Wintersteher. Zögern kann in der Politik eine kluge Taktik sein. »Nur keine Eile« war das Motto des bedeutenden französischen Diplomaten Talleyrand. Das scheint auch in der Pflanzenwelt zu gelten, wo die langsame und zögerliche Freisetzung von Samen und Früchten durchaus vorteilhaft sein kann und entsprechend weit verbreitet ist. Wenn nämlich viele Samen auf einmal auf einem Haufen liegen, lockt das die Samenfresser an, die die ganze Ernte auf einen Rutsch verputzen können. Wenn die Samen dagegen den ganzen Winter über einzeln und dann auch noch weit weg voneinander verweht werden, lohnt es für die Tiere kaum der Mühe sie aufzulesen.

12. Dezember

Lederhülsenbaum: Die süßen Früchte liegen am Boden

Beim Barmbeker Krankenhaus stehen kahle Gleditschien, die mit vielen braunen Hülsen behangen sind, aber mindestens genauso viele liegen darunter auf dem Boden. Die reifen Früchte sind schön rotbraun gefärbt. Die Samen sind nicht an allen vorgesehenen Stellen ausgereift, aber wenn dies der Fall ist, sind sie abgeflacht, eiförmig, neun Millimeter lang und fünf Millimeter breit, und ziemlich hart. Es lohnt sich, ein wenig an den ledrigen Hülsen zu knabbern, denn sie schmecken angenehm süß, und keine Angst: Sie sind nicht giftig, sondern im Gegenteil für Mensch und Vieh durchaus genießbar. Aber vorher gut waschen, oder sie direkt vom Zweig pflücken! Der Baum ist nahe verwandt mit dem mediterranen Johannisbrotbaum, der ja auch süße und essbare Früchte hat. In der amerikanischen Heimat besiedelt der Lederhülsenbaum ein Areal, das sich ziemlich genau mit dem Einzugsgebiet des Mississippi deckt. Man vermutet, dass seine süßen Früchte ursprünglich von Rüsseltieren wie dem amerikanischen Mammut gefressen und die Samen über den Dung kilometerweit ausgebreitet wurden. Pech für den Lederhülsenbaum war, dass diese großen Säugetiere in Nordamerika am Ende der letzten Eiszeit

vor rund 10.000 Jahren ausgestorben sind, denn nun fielen seine großen Früchte nutzlos zu Boden, und kaum ein Tier sorgte mehr für die Ausbreitung über den Mutterbaum hinaus. Besser ging es ihm erst, als um 1500 die Irokesen begannen, in den südlichen Appalachen Ackerbau zu treiben und dabei auch den schmackhaften Lederhülsenbaum bei ihren Siedlungen pflanzten.

Stieleiche: Sprengmast

Von den Stieleichen in unserem Stadtteil hat nur eine einzige in diesem Jahr eine reiche Samenernte produziert, nur beim Baum am Warnckesweg Ecke Frustbergstraße liegen die Eicheln dicht an dicht auf dem Boden. Man spricht in diesem Fall von einer Sprengmast. Wenn alle Eichen synchron fruchten, ist dies eine Vollmast, wenn nur die Hälfte des Bestandes fruchtet, nennt man das Halbmast. Aber Vorsicht: Wir haben es bei den städtischen Eichen ja nicht mit einer natürlich gewachsenen, genetisch homogenen und über Jahrhunderte sich selbst regulierenden Population zu tun, sondern mit einzelnen, vom Menschen willkürlich gepflanzten Bäumen, die aus ganz unterschiedlichen Teilen Europas stammen können. Insofern ist schon der Begriff »Bestand« ein wenig fragwürdig für ein Konglomerat von Gehölzen, die zu unterschiedlichen Zeiten aus unterschiedlichen Baumschulen bezogen wurden. Ich finde bei diesen Eicheln nur wenige Löcher vom Eichelbohrer, und an einigen von ihnen sind schon kleine Keimwurzeln zu sehen. Sie werden wohl kaum den kommenden Winter überleben.

Goldregen: Die letzten grünen Blätter

Der Goldregen ist kein Straßenbaum, aber hier ragen ein paar Zweige aus einem Vorgarten über den Gehsteig. Er ist ein Schmetterlingsblütler wie die Robinie, und wie die Robinie sind seine Wurzeln mit Knöllchenbakterien besetzt, die den Stickstoff aus der Luft binden und ihn der Pflanze zur Verfügung stellen können. Daher kann er es sich leisten, ebenso wie die Robinie seine stickstoffreichen Blätter grün abzuwerfen.

15. Dezember

Stieleiche: Die letzten Mohikaner mit braunem Winterlaub

Zum dritten Mal in diesem Jahr faszinieren mich die Unterschiede beim Eichenpärchen an der Ecke Moorweg und Köppenstraße. Sie haben sich schon im Zeitpunkt des Laubaustriebs und des Laubfalls unterschieden, und sie behalten ihre Eigentümlichkeiten bis in den Winter hinein bei. Der vordere Baum ist völlig kahl, aber sein Gegenüber trägt immer noch das abgestorbene kupferbraune Herbstlaub. Offenbar hat er ›vergessen‹, rechtzeitig ein Trenngewebe an der Basis der Blattstiele zu bilden, und nun ist es zu spät, denn die Blätter sind abgestorben und funktionieren nicht mehr. Auch ein Wintersteher, dessen Blätter nur durch starke Winde vom Baum zu trennen sein werden. Wenn auch fast alle Eichen jetzt kahl sind, finde ich an einzelnen Stellen immer wieder Eichbäume mit persistierendem Laub, so heute einen Jungbaum am Merkelweg.

29. Dezember

Sommerlinde und Holländische Linde: Das ist was für die Mäuse

»Dat is för de Müüs« ist ein plattdeutscher Ausdruck, der unterschiedliche Bedeutungen haben kann. Meist soll er etwas Unwichtiges bezeichnen, wie etwa wenn ein Engländer sagt: That is for the birds. Die Früchte der Linden scheinen aber tatsächlich etwas für die Mäuse zu sein, denn die haben sich offenbar hier am Rande eines Supermarkt-

Von Mäusen angenagte Früchte der Sommerlinde. Wahrscheinlich waren hier Gelbhalsmäuse am Werk, die an den Nüssen fransige Ränder hinterlassen

Die Früchte der Sommerlinde (links) kann man an den hervortretenden fünf Rippen gut erkennen, die bei der Holländischen Linde (rechts) fehlen

platzes am Lokstedter Steindamm an ihnen gütlich getan. Ich hatte unter den Lindenbäumen nach reifen Früchten gesucht und fand zu meiner Überraschung, dass die meisten von ihnen geknackt und ihre Samen entfernt waren. Geknackt ist nicht der richtige Ausdruck, denn beim näheren Hinsehen zeigt sich, dass sie mehr oder weniger fein aufgenagt wurden. Dies aber nur unter den Bäumen am Rande, unter denen im Zentrum des Parkplatzes waren die meisten Lindennüsse noch intakt. Das können nur Mäuse gewesen sein! Ich nehme an, dass sie im Randbereich einen besseren Sichtschutz genießen, so dass sie die Samen an Ort und Stelle verzehren und die Schalen zurücklassen. Auf exponiertem Gelände lassen sie sie entweder liegen oder schleppen sie von hier in ihre Bauten.

Die Früchte sind schon grau und leicht verwittert, sie müssen mindestens seit Oktober hier liegen, denn bei dem kalten Dezemberwetter werden die Mäuse sich hüten, ins Freie zu kommen.

Interessant ist, was ich dann nebenbei über Lindenfrüchte erfahren habe. Alle werden gern von Vögeln gefressen, ob nun Kernbeißer, Grünling, Fichtenkreuzschnabel, Buchfink, Bergfink oder Meisen. Am leichtesten haben es die Vögel mit der Winterlinde, denn deren Nüsse haben dünne Wände und sind leicht zu zerbrechen; man kann sie zwischen zwei Fingern zerreiben. Anders sieht es bei der Sommerlinde und der Holländischen Linde aus, denn deren Früchte haben eine harte Schale, an deren Merkmalen man sie gut unterscheiden kann. Die Sommerlinde ist an den stark hervortretenden fünf Leisten auf der Nussfrucht zu erkennen, bei der Holländischen Linde sind diese Leisten schwach oder gar nicht ausgeprägt.

Früchte der Winterlinde habe ich in diesem Jahr in unserem Stadtteil nirgends gesehen. Bei den Bäumen an der Schule Brödermannsweg habe ich unreife Infloreszenzen gefunden, aber keine reifen Nüsse. Warum mag die Befruchtung fehlgeschlagen sein? Die Winterlinde ist selbstverträglich und nimmt den eigenen Pollen normalerweise gut an. Aber der englische Lindenspezialist Piggott hat bereits 1981 festgestellt, dass bei diesem Baum nicht in jedem Jahr eine volle Samenernte zu erwarten ist. Es braucht zur Blütezeit Lufttemperaturen von über 15 Grad Celsius, sonst wachsen die Pollenschläuche im Fruchtknoten nicht bis zur Samenanlage. Diese Abhängigkeit von relativ hohen Temperaturen wird als Grund dafür angesehen, dass sich die Winterlinde am Nordrand ihres Verbreitungsgebietes in England und Skandinavien fast nur vegetativ vermehrt, und extrem selten – und dann nur in ganz heißen Sommern – Samen bildet. In diesem Jahr 2025 hatten wir vom 6. bis 12. Juni sehr kühles Wetter, genau zur Blütezeit der Winterlinde. Ob dies für das Ausbleiben der Fruchtbildung verantwortlich war, ist schwer zu sagen. An den Bäumen der beiden anderen Lindensippen gab es in diesem Jahr ausreichend Früchte.

Durch die Beschäftigung mit Lindensamen habe ich auch mehr über die Hamburger Stadtmäuse erfahren. Aus Studien in Polen, England und Frankreich wissen wir, dass in naturnahen Lindenmischwäldern die harten Lindensamen im Herbst so effizient von Mäusen vertilgt werden können, dass im Frühjahr kaum Keimlinge zu finden sind. Man kann die Mäuse anhand der Fraßspuren bestimmen, die sie hinterlassen. Der unsaubere fransige Schnittrand unserer Früchte spricht für die Gelbhalsmaus, denn die Rötelmaus nagt einen sauberen Rand. Das stimmt überein mit dem Atlas der Säugetiere in Hamburg, wonach die Gelbhalsmaus die häufigere Art ist und auch für unser Gebiet gemeldet wurde. In ihren Nestern im Boden oder in Baumhöhlen und Nistkästen findet man stets größere Vorräte an Eicheln und Nüssen. Gelbhalsmäuse sind in der Dämmerung und der Nacht aktiv und haben für ihre geringe Größe einen großen, bis zu 200 Meter weiten Aktionsraum. Es versteht sich von selbst, dass man solche Beobachtungen nicht auf dem Gehweg oder am Straßenrand machen kann, sondern nur dort, wo sich die Mäuse unbeobachtet und geschützt fühlen können.

3. Januar
Wintersteher im Neuschnee

Es hat geschneit. Die Wintersteher sind jetzt besonders schön anzusehen, weil ihre Früchte mit kleinen Schneehauben bedeckt sind. Dazu zählen Platane, Feldahorn, Bergahorn, Esche, Götterbaum, Hainbuche, Robinie und die Linden.

Feldahorn, Hainbuche, Robinie, Sommerlinde

7. Januar

Mehr über Wintersteher: Botanische Beobachtungen bei Schnee und Frost

Nachdem es am Mittag zu schneien aufgehört hat, habe ich auf der weißen Schneefläche und auf dem Gehweg die Früchte vom Feldahorn entdeckt. Ein paar Meter weiter auch Lindenfrüchte und Flügelnüsse, sogenannte Samaren, von der Hainbuche, dann Esche und Bergahorn und schließlich auch noch Hülsen der Robinie. Gestern waren sie noch nicht dort, jedenfalls nicht in diesen Mengen. Auf dem weißen Untergrund sind sie nicht zu übersehen. Auch bei den Götterbäumen in der Anlage Roggenbuckstieg liegen viel Samaren auf der Erde, ausgestattet mit mittelgroßen und halbwegs nahrhaften Samen und einem Flugorgan, mit dessen Hilfe sie vom Wind verbreitet werden. Die meisten Wintersteher haben einen ähnlichen Fruchttyp und ein ähnliches Ausbreitungsverhalten. Dies Schraubenflieger-Prinzip ist ja allgemein bekannt. Die meisten Früchte segeln im Herbst zu Boden. Aber warum behalten die Bäume einen so großen Teil davon zurück?

Vermutung eins: Die Winde erreichen bei uns im Winter höhere Geschwindigkeiten und werden nicht durch das Laub gebremst. Dadurch können die Früchte zu dieser Jahreszeit weiter verweht werden als im Herbst. Das ist für die Ausbreitung günstig. Diese Annahme hat viel für sich.

Vermutung zwei: Die Strategie »Wintersteher« könnte auch einen effizienten Schutz bieten gegen Fraßfeinde. Da sie für Eichhörnchen nicht genug bieten, dürften dies vor allem Mäuse sein, wie wir schon im Dezember bemerkt hatten. Auf den Bäumen sind die Früchte vor ihnen sicher, und wenn sie schließlich im Dezember oder Januar oder sogar noch später weitab vom Mutterbaum zu Boden fallen, befinden sich die samenfressenden Säugetiere in der winterlichen Ruhephase. Soweit ich sehe, haben die Wintervögel die Früchte am Boden noch nicht angerührt.

Aber warum dieses merkwürdige Timing? Warum warten die Bäume auf den Schnee? Ob der Frost durch Eisbildung im toten Gewebe beim Absprengen der Früchte hilft? Das würde auch erklären, warum gerade heute so viele abgeworfene Zweige unter den Birken und Linden liegen. Bei den Früchten liegt der Nutzen für die Pflanze wahrscheinlich darin, dass die glatte Schneefläche ein ideales Gelände bietet, um die Flügelfrüchte auf dem Boden mit dem Wind weit wegzurollen oder taumeln zu lassen. Von der Robinie wird berichtet, dass in ihrer amerikanischen Heimat die einzelnen Hülsen auf einer Schneeoberfläche bis fast siebzig Meter weit verweht werden können, und dass dies dort eine der wichtigsten Ausbreitungsmethoden für die Art ist.

Früchte von Winterstehern, von oben rechts im Uhrzeigersinn: Robinie, Feldahorn, Esche, Bergahorn, Holländische Linde

17. Januar

Nach dem Frost: Buche, Esskastanie, Baumhasel und Gleditsie

Nicht nur die Bäume mit Flügelfrüchten haben auf Schnee und Frost reagiert, sondern auch bei vielen anderen Bäumen muss der Frost Auslöser gewesen sein, sich von den letzten Früchten zu trennen. Unter den Buchen habe ich allerdings nur leere Fruchtbecher gefunden. Bei der Esskastanie waren es neben den Fruchtbechern auch eine Handvoll später Kastanienfrüchte. Reiche Ernte gab es dagegen bei den Baumhaseln an der Eppendorf Landstraße, dort lagen buchstäblich Hunderte der Fruchtaggregate und eine unübersehbare Zahl von kleinen Haselnüssen unter den Bäumen, fast mehr als zur Zeit des ersten Fruchtfalles im September. Ein paar dieser eigenartigen Sammelfrüchte hatten sich sogar in den Speichen eines abgestellten Fahrrades verfangen. Auch die Gleditsien haben jetzt den größten Teil ihrer ledrigen Hülsen abgeworfen, und unter den Platanen findet man einige wenige stachelige Bälle, die ein wenig an die mittelterliche Waffe der Morgensterne erinnern.

Laubzersetzung

Aufschlussreich ist es jetzt, das Laub des Bergahorns mit dem der Platane zu vergleichen. Beim Bergahorn schon in Zersetzung begriffen, ist es sehr dünn und beginnt zu zerfallen. Die Blätter der Platane dagegen sind noch hart und fest und rascheln, wenn man am Wegrand darüber geht.

Lann Hornscheidt: Trauern als Ausdruck von lebendiger Verbundenheit

Als ich vor zwei Jahren einen Podcast in der Serie Lifeworld von Alexa Firmenich mit Alexandra Blakely hörte, hatte ich die starke Intuition in mir, dass Trauern ein vernachlässigter Teil eines VerbundenSeins mit allem Lebendigen sein könnte für uns westlich sozialisierte Menschen. Trauern als Verbunden-Sein zu verstehen mag zunächst rätselhaft erscheinen. Trauern als kollektiver Prozess ist aus dem gesellschaftlichen Raum weit entfernt. In der westlichen Moderne ist das Trauern vor allem auf gestorbene Zugehörige sowie auf wenige öffentliche Räume und reglementierte Zeiten beschränkt. Trauern ist hier ein intimer, individueller Akt, der jenseits von Beerdigungen hinter geschlossenen Türen stattfindet oder den Menschen mitunter vor sich selbst verheimlichen.

Was hat mich so angesprochen in dem Podcast? Heute – einige Podcasts, Bücher, Gespräche und Workshops später – würde ich sagen, dass es mehreres war und ist. Das versuche ich hier kurz zu skizzieren und ist der Beginn meines momentanen Erforschens eines Handelns, das eines Tages Gegenstand eines neuen Buches sein wird.

In dem Gespräch von Alexa Firmenich mit Alexandra Blakely hat mich die heilende Kraft des Trauerns, die für mich beim Zuhören deutlich wurde, angesprochen. Dazu gehört zentral, Trauern aus seiner individuellen Isolierung zu entlassen und es als kollektives Handeln und Sein zu verstehen. Mit dem Zuhören kommt mir das kollektive Betrauern von Verlusten jeglicher Art auf einmal und unerwartet für mich als ein wichtiger Weg zur Heilung und Transformation einer Gesellschaft vor, die auf vielen Dimensionen von Gewalt gezeichnet und durchzogen ist. Eine Gewalt, die dazu führt, abgeschnitten zu sein von dem Fühlen des Verbunden-Seins mit anderem Lebendigen. Sich der Trauer über das Sterben, Leben Verhindern, über den Tod in vielfacher Weise von vielem unterschiedlich Lebendigem zuzuwenden, erscheint mir als eine Tür hin zur Verbindung, die ich bisher nicht wahrgenommen hatte in meinem Aktivismus für eine gewaltfreiere Welt und eine größere Verbundenheit von westlichen Menschen mit allem Lebendigen. Ganz zentral geht es dabei auch um das Trauern um den Verlust von Lebendigem, von Insekten und Vögeln in meinem Garten, von dem Austrocknen von Bächen und Verdorren von Bäumen, dem Zerstören der Atmosphäre, der Ausbeutung der Erde für menschliche Gier und vieles andere mehr. Von dem eingeschränkten Lebensraum für Igel und Ameisen über die fehlenden Nahrungsquellen für Amseln und Delfine. Um nur ein paar Beispiele zu nennen.

Trauern lässt nicht etwas Geliebtes los, Trauern kultiviert das Verbunden-Sein. Wenn ich diese Tür des Trauerns nicht öffne, nicht durchschreite, kann ich eine tiefere Verbindung mit anderem Lebendigen nicht erfahren. Ohne zu trauern, kann ich die Verbindung nicht wahrnehmen, ich sperre sie weg hinter der Tür, um mit meinem funktionierenden Alltag weiterzumachen. Trauern jedoch schenkt mir eine Verbindung zu der Baumperson vor meiner Wohnung, die gefällt wurde. Zu dem Käfer, der überfahren wurde. Zu dem Tod der Schnecke, die zwischen zwei Salatblättern in meinem Kühlschrank erfroren ist. Trauern verbindet mich in einer tiefen spürenden Dimension. Sie entlässt mich aus der Gleichgültigkeit eines abgetrennten Lebens, welches nicht die tiefe Verbindung wahrnehmen will. Die tiefe Verbindung ist sowieso da, ob ich sie wahrnehme oder nicht. Wenn ich anfange, sie über mein Trauern über Verluste und Tode, Verlassen-Sein und Verarmung in mein Fühlen und Spüren zu lassen, bin ich gleichzeitig im Trauern tief verbunden und von dieser Verbindung getragen. Und auf einmal kommt es mir so vor, als hätte ich Teile meines Lebens darauf verwendet, genau diese Verbindung nicht zu spüren. Ich habe, mit Pema Chödrön buddhistisch gesprochen, mein Ego genährt und meine Verbundenheit verkümmern lassen.

Im Zuge meines Bemühens, Trauern stärker in mein Leben zu lassen, bin ich vor einem halben Jahr am Ende des Winters zu einer kollektiven Trauer-Zeremonie nach Schweden gefahren. Als wir ankamen, war alles tief vereist, der Himmel grau und die Tage des Trauerns waren eingehüllt in Nebel. Ich war dort mit knapp 40 Menschen, die ich alle zuvor nicht kannte. Wir bildeten so etwas wie eine ›sudden village‹, ein kurzzeitig vorhandenes Dorf oder eine Trauergemeinschaft. Durch die Vorbereitung in den fünf Tagen gemeinsamer Zeit, das Einführen in Riten und Ebenen des Trauerns, war das eigentliche Trauern dann selbstverständlich. Alle, die wollten, konnten trauern im Rahmen des Trauerrituals und in Anwesenheit und Bezeugung aller anderen. Alle dort waren getragen vom gemeinsamen Singen, der Energie miteinander. Diese Tage waren eine verbindende Erfahrung.

Was hat dieses Trauern nun mit Naturverbindung zu tun?

Ich spüre im Trauern die Wunden, die eine gewaltverzerrte Wirklichkeit auch in meinem Leben hinterlässt. Ich spüre den Schmerz, der unter dem vernarbten Gewebe nistet, der dort nicht raus kann, keinen Ausdruck findet, nicht fließt, sondern eingekastelt und zurückgehalten ist. Um nicht den Schmerz zu spüren. Um nicht überwältigt zu sein von einem Welt- und Klimaschmerz, einem Vernichtungsschmerz. Weil ich Angst habe, was das mit mir machen würde. Weil ich auch gar nicht weiß, wie damit umgehen. Weil ich Angst habe, was es mit meinem Umfeld macht. Viele Wunden, das ist eine meiner vielen Erfahrungen auf dem Workshop, sind mir auch gar nicht klar. Es war für mich so, dass im Trauern in der Gruppe und bezeugt durch Andere sich viel in mir gelöst hat, von dem ich vorher teilweise gar nicht wusste, dass es verkrustet, festgehalten, blockiert in mir ist. Dass hinter dem Groll, der Verzweiflung, dem Schock und der Wut auch Trauern wohnt. Ich habe mich im Einlassen auf das Trauern vor mir selbst und mit mir selbst verwundbar gemacht. Ich fühle mich jetzt angeraut. Angeraut in einer für mich positiven Weise. Die glatte Oberfläche hat Falten bekommen, Poren, in die das Leben sickern kann und die mich durchlässig machen. Ich atme meine Trauer aus, ich spüre die Verbindung mit dem Lebendigen, dessen Leiden, Sterben und Tod ich betrauere. Dessen Leiden auch mit meinem Sein verbunden ist, untrennbar und jetzt auch von mir gespürt.

Auf diese Weise verlasse ich eine paternalistische Haltung zu anderem Lebendigen: Ich habe im Trauern keine Umweltschutz-Haltung mehr – weder Schutz noch Umwelt. Ich habe Mitwelt-Trauern. Auf diese Weise bin ich sehr viel tiefer und spürbarer verbunden mit dem Lebendigen, das genauso wie ich ein Teil eines gemeinsamen Lebens ist. Mit jeder Mücke, die gewaltsam stirbt, stirbt ein Teil von mir. Nicht, weil ich Welt bin, sondern weil wir ebenbürtige, untrennbar verbundene Teile der untrennbar verbundenen lebendigen Welt sind. Die Trennung, die die Moderne dem Lebendigen in Form von Kategorisierungen und Sortierungen als natürlich auferlegt, erschwert es, das grundsätzliche Verbunden-Sein wieder wahrnehmen zu können. Im Trauern habe ich es in mir fließen gespürt.

Die Prozesse auf dem Workshop waren noch weitaus komplexer, als ich es hier jetzt formulieren will. Eine Erkenntnis, die ich teilen will und die mich weiterhin bewegt: Die sudden village weiß nicht, worüber ich getrauert habe. Und ich weiß nicht, was die anderen betrauert haben. Es war nicht relevant. Wichtig war das miteinander Bezeugen des Trauerns, das da sein mit dem jeweils eigenen. Es ging nicht um Bekenntniszwang, darum, sich vor Anderen offenzulegen. Es ging um das miteinander Tragen unserer individuellen Prozesse und Formen des Trauerns – die auch zu einer starken Verbindung zwischen uns Trauernden und Bezeugenden in der Situation geführt haben. Francis Weller schreibt: »When we open ourselves and take in the sorrows of the world, letting them penetrate our insulated hut of the heart, we are both overwhelmed by the grief of the world and, in some strange, alchemical way, reunited with the aching, shimmering body of the planet. We become acutely aware that there is no ›out there‹; we have one continuous existence, one shared skin. Our suffering is mutually entangled, the one with the other, as is our healing.«

Als wir fuhren, hatte es angefangen zu tauen. Die Sonne kam raus.

Im ersten virtuellen Nachgespräch einen Monat nach dem eigentlichen Ritual haben 50 Prozent von uns Teilnehmenden gesagt, wie viel stärker sie sich seit dem Trauern verbunden fühlen mit der Erde an der Stelle, an der sie leben. Als würde das Trauern uns ein bewussteres Leben geben, unsere Poren öffnen hin zu der Verbundenheit mit allem Lebendigen, mit dem zusammen wir leben.

Podcast Lifeworld zum Trauern: https://www.lifeworld.earth/episodes-blog/griefsongceremoniesofmourning (Zugriff 6.5.26)
Chödrön, Pema 2023, Wie wir leben so sterben wir. München (Arkana)
Hornscheidt, Lann 2025, Lebendig-Sein. Kapitalismus die Grundlage entziehen. Insel Hiddensee (w_orten & meer)
Weller, Francis 2025, The Wild Edge of Sorrow. San Francisco (North Atlantic Books), 52

Das Trauer-Ritual, an dem ich teilgenommen habe, ist hier zu finden:
https://www.leavesoflien.com/grief (Zugriff 7.5.26)

ANHANG

Abbildungen

Die diversen gezeichneten Baum- und Landschaftsabbildungen, die für das Cover, Kapiteltrennungen, Mottotafeln etc. verwendet wurden, stammen von Rüdiger Tillmann, www.ruedigertillmann.de und www.derwaldrauscht.de

S. 48 Thomas Kunadt www.thomas-kunadt.photoshelter.com

S. 52 »Strelitzia 1«, 2025, Gouache und Graphit auf Leinwand, 90 x 85 cm, »Chanel Bag 1«, 2021, Gouache und Graphit auf Leinwand, 115 x 90 cm, »Farn«, 2025, Gouache und Graphit auf Leinwand, 160 x 130 cm, stammen von Dos Pfeil/Doris Feil www.dos-pfeil.com

S. 58 »Yakushima«, die Zeichnung des japanischen Urwaldes, stammt von Rüdiger Tillmann www.ruedigertillmann.de und www.derwaldrauscht.de

S. 60 stammt von ATAK Georg Barber, Insel Suhrkamp Verlag 2026

S. 63 stammt von ATAK Georg Barber TAK/Kunstmann Verlag München www.fcatak.de

S. 66 , 68, 70, 72, 74, 76, 77, 78, 79, 81, 84, 85, 99, 105, 112, 113, 116, 117, 123, 126, 127, 129, 132, 133, 139, 142 (2x), 143, 147, 153, 159, 180, 185, 190, 191, 206 (3x), 207 (2x), 208, 209 Archiv Nature Writing Festival, Klaas Jarchow, Hannes Franzke, Johanna Rädecke-Maßmann, Bianka Schaffus, Julia Klinckmann, Clara Gold, Marie Husar u.a. – wir bedanken uns bei den Rechtegebern für die Erlaubnis zur Verwendung der Autorinnen- und Autoren-Porträts (die jeweiligen Urheber der Porträts sind auf unserer Website www.europeanessays.eu/teilnehmende bei den jeweiligen Autorinnen und Autoren genannt)

S. 171 stammt von Dos Pfeil/Doris Feil www.dos-pfeil.com

S. 176 stammt von Dos Pfeil/Doris Feil www.dos-pfeil.com

S. 334–339 die Rechte der Cover-Abbildungen liegen bei den jeweiligen Verlagen

S. 342/434 die Rechte der jeweiligen Logos liegen bei den jeweiligen Stiftungen/Institutionen

S. 212, 213, 214, 215 Mara-Daria Cojocaru https://thedrynosedprimate.substack.com

S. 227 Miek Zwamborn www.knockvologan.net
S. 228 und 229 Astrid Kaminski www.astridkaminski.com/info
S. 239 Andreas Unterweger
S. 247, 248, 249, 253, 255, 256, 257, 259 Mara-Daria Cojocaru https://thedrynosedprimate.substack.com
S. 283 Archiv Kerstin Lange Luftbild.KlausLeidorf@t-online.de
S. 302 Archiv Bernd Gonner
S. 307 Archiv Norbert Fischer
S. 313, 314, 316 (2x), 319 (4x), 321 Archiv Hans-Helmut Poppendieck
S. 348 Patrick Gabler

Autorinnen und Autoren und ihre Texte (gefettet) sowie Erwähnungen im vorliegenden Buch

Tilo Wesche
Die Rechte
der Natur
suhrkamp taschenbuch
wissenschaft

Marion
Poschmann
Die Winter-
schwimmerin
Suhrkamp
Verslegende

ESTHER KINSKY Morârs – Amôrs
Maulbeerzeilen
Edition Thanhäuser

strange paradise
KERBER

SPIEGEL
Bestseller-
Autor
MATTHIAS
GLAUBRECHT
DAS STILLE
STERBEN
DER NATUR
Wie wir die Artenvielfalt
und uns selbst retten
C.Bertelsmann

Bernhard Kegel
GRAS
Roman
DÖRLEMANN

LAURA BURGERS
JESSICA DEN OUTER
DAS MEER
KLAGT AN!
DER KAMPF
FÜR DIE RECHTE
DER NATUR
Embassy
of the
North Sea
HIRZEL

NIEMANDLAND
leibhaftig, einsam, fern und wild –
Naturerfahrungen zwischen Metropole und Wildnis
Gerhard Trommer
Natur + Text

Marie
Gamillscheg
ROMAN
Aufruhr
der
Meeres
tiere
LUCHTERHAND

Martha
die letzte Wandertaube
ATAK
KUNSTMANN

FRA
FEHREN
LEON
DA
VINCI
IMPETUS
FRANK FEHRENBACH
Leonardo da Vinci
Der Impetus der Bilder
DE NATURA VI
MATTHES & SEITZ BERLIN

Von Norden rollt ein Donner
Markus Thielemann
2024 deutscher buch preis Shortlist
C.H.Beck
Roman

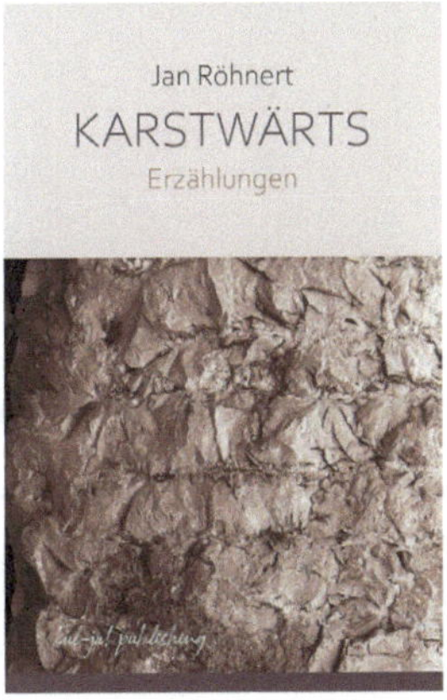
Jan Röhnert
KARSTWÄRTS
Erzählungen

Eva Strasser
WILDHOF
Roman
Wagenbach

Historisches Wörterbuch der Biologie
Band 2 Ge–O
Geschichte und Theorie der biologischen Grundbegriffe
Georg Toepfer
J.B.METZLER

Mara-Daria Cojocaru
Buch der Bestimmungen
Gedichte
Schöffling & Co.

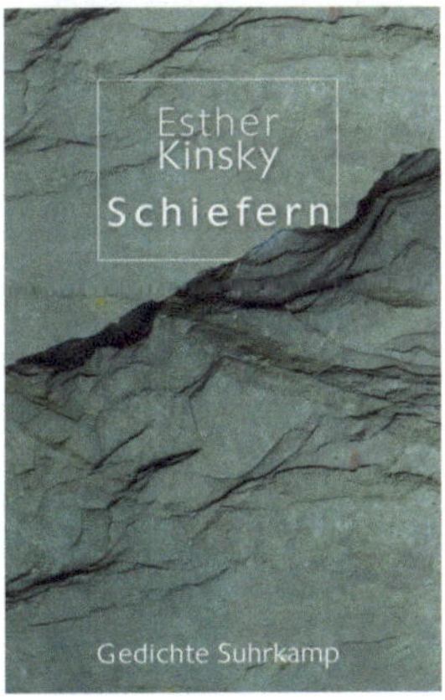
Esther Kinsky
Schiefern
Gedichte Suhrkamp

KJM
ESSAYS ÜBER NATUR UND LANDSCHAFT IN EUROPA
LEBEN AM FLUSS
HELLA KEMPER

NATUR

IN DEN
WÄLDERN DES
MENSCHLICHEN
HERZENS
ANTJE RÁVIK STRUBEL
Episodenroman
Gewinnerin des Deutschen Buchpreises 2021
S. FISCHER

GIANNA
MOLINARI
HINTER
DER HECKE
DIE WELT
ROMAN
a
aufbau

KATHARINA
HAGENA
ROMAN
FLUSSLINIEN
KIEPENHEUER & WITSCH

Bernhard Kegel
Die Natur
der Zukunft
Tier- und Pflanzenwelt in
Zeiten des Klimawandels
DUMONT

Daniela Danz
Wildniß
Gedichte
WALLSTEIN

BÖHME
MATTHES & SEITZ BERLIN
SICHTEN
HARTMUT BÖHME
Aussichten der Natur

Jan Röhnert
Wildnisarbeit
Schreiben, Tun und
Nature Writing
Arco

Sebastian Brackhane
Klaus Hackländer
(Hrsg.)
Die Rückkehr
der großen
Pflanzenfresser
Konfliktfeld oder Chance
für den Artenschutz?
oekom

B
EUROPEISKA ESSÄER
OM NATUR
OCH LANDSKAP
ÄLV
JANNETE HENTATI

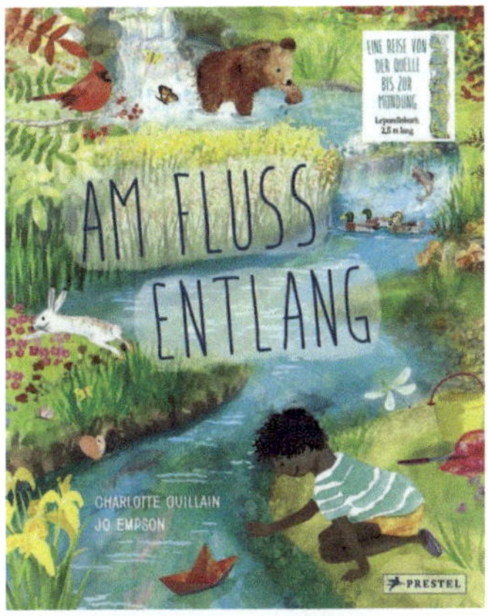
AM FLUSS ENTLANG
EINE REISE VON DER QUELLE BIS ZUR MÜNDUNG
CHARLOTTE GUILLAIN
JO EMPSON
PRESTEL

HANS-HELMUT POPPENDIECK
HELMUT SCHREIER
BAUMLAND
Mit einer Karte zu 100 Baumorten in Norddeutschland
Was Bäume erzählen

Sediment und Sedum
Bernd Marcel Gonner
KILLROY media

DIE GRÜN GRENZ
ISABEL FARGO COLE
DIE GRÜNE GRENZE
ROMAN
NAUTILUS

Bernhard Malkmus
Himmels-striche
Vom Leben der Vögel und Überleben der Menschen
NATURKUNDEN

Algen

Georg Winter (Hrsg.)
DER SCHÜLER
MIT DEM
WEGERICH
Loki Schmidt
zum 100.

Andreas Unterweger
Haus ohne Türen
Gedichte
Droschl

EUROPEAN ESSAYS
ON NATURE
AND LANDSCAPE
HOCH
SCHWARZ
WALD
DORIS FEIL

EUROPEAN ESSAYS
ON NATURE
AND LANDSCAPE
UNTERM
HIMMEL
LAURA KRANICH

EUROPEAN ESSAYS
ON NATURE
AND LANDSCAPE
HÜGEL
LAND
THOMAS KUNADT

EUROPEAN ESSAYS
ON NATURE
AND LANDSCAPE
SPREE
UWE RADA

Mona Harry
Fliegen
ist doch
eigentlich
ganz
leicht
Liebeserklärung an den Norden
und andere Geschichten

LAWINENGESPÜR
Roman von
PAULA
SCHWEERS
FRANKFURTER VERLAGSANSTALT

EUROPEAN ESSAYS
ON NATURE
AND LANDSCAPE
UNTER
BÄUMEN
HELMUT SCHREIER

Anna-Katharina Wöbse
SYLT
Die fragile Schönheit
100 Jahre Naturschutz
Eine Inselgeschichte

LEBENDIG
SEIN
KAPITALISMUS DIE
GRUNDLAGE ENTZIEHEN
LANN
HORNSCHEIDT

BIRGIT LUTZ
Mein Spitzbergen
mare

KJM
EUROPEAN ESSAYS
ON NATURE
AND LANDSCAPE
MARSCH
LAND
NORBERT FISCHER

KJM
Karsten Reise
DAS
WATT
Erlebt, erforscht
und erzählt
Wunderwelt
zwischen Land
und Meer
HEIMAT
BUND

Die
Ein
sam
keit
wohn
te im
Zim
mer
gegen
über
Volha Hapeyeva
SAMOTA
ROMAN
DROSCHL

SCHAM
LEA SCHNEIDER

KJM
EUROPEAN ESSAYS
ON NATURE
AND LANDSCAPE
TAL
MÄANDER
LENA FRINGS

Kerstin Lange
PHANTOM
BORDER
A Personal Reconnaissance
of Contemporary Germany
ibidem

Lothar Frenz
WER WIRD
ÜBERLEBEN?
Die Zukunft von
Natur und Mensch
rowohlt
BERLIN

WIE MAN
ILLEGAL
EINEN
WALD
PFLANZT

Veranstaltungsorte des Nature Writing Festivals

Zentralbibliothek, Hühnerposten 1, 20097 Hamburg https://www.buecherhallen.de/zentralbibliothek.html

Loki Schmidt Stiftung, Versmannstraße 60, 20457 Hamburg https://loki-schmidt-stiftung.de/

Universität Hamburg, Empirische Sozialwissenschaften, Universität Hamburg, Westflügel HS 221, Edmund-Siemers-Allee 1, 20146 Hamburg

Hilldegarden e. V., Grüner Bunker (5. Stock), Feldstraße 66, 20359 Hamburg https://www.hilldegarden.org/

Museum der Natur Hamburg, Martin-Luther-King-Platz 3, 20146 Hamburg , https://hamburg.leibniz-lib.de/ausstellungen.html

Buchhandlung Wassermann, Elbchaussee 577, 22587 Hamburg https://wassermann-buecher.de/

Multiple Box, Admiralitätsstraße 76 20459 Hamburg https://aktiv-bruecke.de/hamburg-mitte-hamburg-freie-und-hansestadt-hamburg/kunstgalerie/multiple-box-kunsthandel-hamburg-mitte--hamburg/

Lüders Buchhandlung & Antiquariat, Heußweg 33, 20255 Hamburg https://buchhandlunglueders.buchhandlung.de/shop/

Literaturhaus Hamburg, Schwanenwik 38, 22087 Hamburg https://www.literaturhaus-hamburg.de/

Botschaft der Wildtiere, Lucy-Borchardt-Straße 2, 20457 Hamburg https://www.botschaftderwildtiere.de/

Buchhandlung Christiansen, Bahrenfelder Straße 79, 22765 Hamburg https://www.buchhandlung-christiansen.de/de/

Globetrotter Hamburg-Barmbek, Wiesendamm 1, 22305 Hamburg https://www.globetrotter.de/filialen/hamburg-wiesendamm/

cohen + dobernigg, Sternstraße 4, 20357 Hamburg https://codobuch.buchkatalog.de/impressum

Buchhandlung Am Sand, Hölertwiete 5, 21073 Hamburg https://am-sand.de/

Teehaus in Planten un Blomen, Holstenwall 28, 20355 Hamburg https://plantenunblomen.hamburg.de/freizeit-und-erholung/tee-haus-grosse-wallanlagen-622196

Buchhandlung Blattgold, Alter Steinweg 10, 20459 Hamburg https://grossneumarkt-fleetinsel.de/impressum/

Rathauspassage, Rathausmarkt 3, 20095 Hamburg https://www.rat-hauspassage.de/

Buchhandlung Felix Jud, Neuer Wall 13, 20354 Hamburg https://fe-lixjud.com/

Kapelle Friedhof Nienstedten, Rupertistraße 37, 22609 Hamburg

Buchladen Osterstraße, Osterstraße 171, 20255 Hamburg https://www.buchladen-osterstrasse.de/ueber-uns/

hinterconti, Balduinstraße 24, 20359 Hamburg

Büchercafé Kapitel Drei, Hospitalstraße 69, 22767 Hamburg

NABU Landesgeschäftsstelle, Klaus-Groth-Str. 21, 20535 Hamburg

Veranstaltende, Partnerschaften und Unterstützung

WALDLICHTUNG

Die Waldlichtung UG veranstaltete das Nature Writing Festival Hamburg 2025 und förderte das Festival finanziell.

KJM BUCHVERLAG

Der KJM Buchverlag wurde 2014 in Hamburg gegründet. Das Verlagsteam war zentral verantwortlich für die Durchführung des Nature Writing Festivals Hamburg 2025. Verleger Klaas Jarchow ist Initiator und Festivalleiter.

Hamburg | Behörde für Kultur und Medien

Die Hamburger Behörde für Kultur und Medien unnterstützte die Durchführung des Nature Writing Festivals Hamburg 2025 mit dem zentralen Förderbetrag.

Bücherhallen Hamburg

Die Stiftung Hamburger Öffentliche Bücherhallen war zentraler Kooperationspartner des Nature Writing Festivals Hamburg 2025, insbesondere stellte sie mit dem ›Hauptdeck‹ am Hühnerposten 1 den zentralen Veranstaltungsraum mit kompletter, vielfältiger Ausstattung zur Verfügung.

LOKI SCHMIDT STIFTUNG
Naturschutz mit Hand und Herz.

Die Loki Schmidt Stiftung war ein weiterer Kooperationspartner des Nature Writing Festivals Hamburg 2025. Das Programm wurde in Absprache mit der Stiftung unmittelbar vor dem »Langen Tag der Stadtnatur« platziert, den die Stiftung jährlich veranstaltet.

Die Bodo Röhr Stiftung hat das Festival finanziell unterstützt.

Die Alfred Toepfer Stiftung F.V.S. hat das Festival ebenfalls finanziell unterstützt.

Die Winter Stiftung für die Rechte der Natur hat das Festival finanziell unterstützt.

RÜM HART Stiftung der Familie Janssen hat das Festival organisatorisch unterstützt.

Die Deutsche Wildtierstiftung hat mit dem Festival für Veranstaltungen kooperiert.

Die Universität Hamburg – Fachbereich Empirische Kulturwissenschaft – hat mit dem Festival für eine Veranstaltung kooperiert.

Der Naturschutzbund (NABU) Hamburg hat mit dem Festival für eine Veranstaltung kooperiert.

Das Umweltbundesamt hat mit dem Festival für eine Veranstaltung kooperiert.

Die Schwedische Botschaft und die Niederlande haben das Festival finanziell unterstützt.

NATURE
WRITING
FESTIVAL
DIE NATURGESPRÄCHE
Nach dem Nature Writing Festival 2025 veranstalten wir NATURGESPRÄCHE – an vielen Orten, interdisziplinär, wir bringen Naturschutz, Geistes- und Naturwissenschaften, Literarische Formate, Bildende Kunst und Musik miteinander und mit dem Publikum ins Gespräch.
Wir öffnen weiterhin das »Geheimfach Natur«.
www.dienaturansich.de
www.kjm-buchverlag.de

EUROPEAN ESSAYS ON NATURE AND LANDSCAPE

www.europeanessays.eu

WO WIR LEBEN

Landschaften und Naturphänomene in Europa. Beschrieben in ihrer Eigentümlichkeit. Berichtet wird davon, was die jeweilige Landschaft ausmacht, was sie war, was sie ist, was sie wird.
Die Autorinnen und Autoren haben freies Spiel, ihr persönlicher Zugang zur jeweiligen Landschaft bestimmt und führt den Text. Die Essays verleiten zum eigenen Naturerleben und -erforschen.

Die Bücher dieser Reihe erscheinen im Verbund mit Kolleginnen und Kollegen in Europa.

»Eine neue Buchreihe macht Lust auf deutsche und europäische Naturlandschaften. Man lernt, man staunt, lässt sich begeistern.«
Süddeutsche Zeitung

»Die reichhaltige und notwendige Reihe EUROPEAN ESSAYS ON NATURE AND LANDSCAPE. – Jeder Band lässt eine eigene Handschrift erkennen, in jedem trifft sich eine gründliche Recherche mit persönlichem Erleben. – Die Fotografien sind atemberaubend, so dass man auf der Stelle in den Himmel schauen möchte. Oder wandern. Oder Wellen beobachten. Oder über die Heide laufen. Oder …«
Frankfurter Rundschau

»Eine neue ambitionierte und wunderbar gestaltete Reihe.«
Welt am Sonntag

»Mit jedem neuen Band komplettiert sich eine Symbiose, die den Wert der Grenzüberschreitung zeigt – und damit des Gemeinsamen.«
taz nord

»Ein Perspektivwechsel in der Landschaftswahrnehmung.«
Natur und Landschaft

Hella Kemper ist auf vielen Flüssen und Seen gepaddelt und hat manchen Strom schwimmend gequert. Jetzt genießt sie es, nah der Elbe zu leben: am Wasser, bei den Schiffen und das Wetter immer im Blick. »Leben am Fluss« enthält die Beobachtungen der Elbschwimmerin im Laufe eines Jahres. Es erzählt von den Gerüchen des Wassers und überraschenden Uferbegegnungen.
Neuausgabe mit einem aktuellen Epilog.

Hella Kemper
LEBEN AM FLUSS
Essay. Neuausgabe.
Hardcover, 118 Seiten,
14,3 x 21 cm, 20,00 € (D),
ISBN 978-3-96194-264-0

Die Waldlichtung in dieser essayistischen Erzählung ist sowohl real als auch Bild für den Wahrnehmungsraum, den uns Natur öffnet. Jemand ist verschwunden, genauer: Er ist in den Wald gegangen. Die Protagonistin forscht seinen Motiven nach, seinen Erzählungen und Berichten in den Jahren zuvor. Wohin ist er gegangen?

Über die Wirkmächtigkeit der Natur auf den Menschen – und die Rolle der WALDLICHTUNG dabei.

Klaas Jarchow
WALDLICHTUNG
Erzählter Essay.
Hardcover, 132 Seiten,
14,3 x 21 cm, 20,00 € (D),
ISBN 978-3-96194-262-6

Aktuelle Inspiration: Foyles*/London im Mai 2026*